W0064290

Erfolgsrezept Internet –
Einfach zu mehr Umsatz, Zeit und Freiheit

Das bhv Taschenbuch

Johann Fischler

Erfolgsrezept Internet – Einfach zu mehr Umsatz, Zeit und Freiheit
Das bhv Taschenbuch

Bibliografische Information Der Deutschen Nationalbibliothek

Die Deutsche Nationalbibliothek verzeichnet diese Publikation in der
Deutschen Nationalbibliografie; detaillierte bibliografische
Daten sind im Internet über <http://dnb.d-nb.de> abrufbar.

Bei der Herstellung des Werkes haben wir uns zukunftsbewusst für
umweltverträgliche und wiederverwertbare Materialien entschieden.

Der Inhalt ist auf elementar chlorfreies Papier gedruckt.

ISBN 978-3-8266-7545-4
1. Auflage 2011

E-Mail: kundenbetreuung@hjr-verlag.de

Telefon: +49 89/2183-7928
Telefax: +49 89/2183-7620

© 2010 bhv, eine Marke der Verlagsgruppe Hüthig Jehle Rehm GmbH
Heidelberg, München, Landsberg, Frechen, Hamburg

Printed in Germany

Lektorat: Steffen Dralle
Korrektorat: Renate Feichter
Satz: Petra Kleinwegen

Inhaltsverzeichnis

Teil III: Konkrete Umsetzung   77

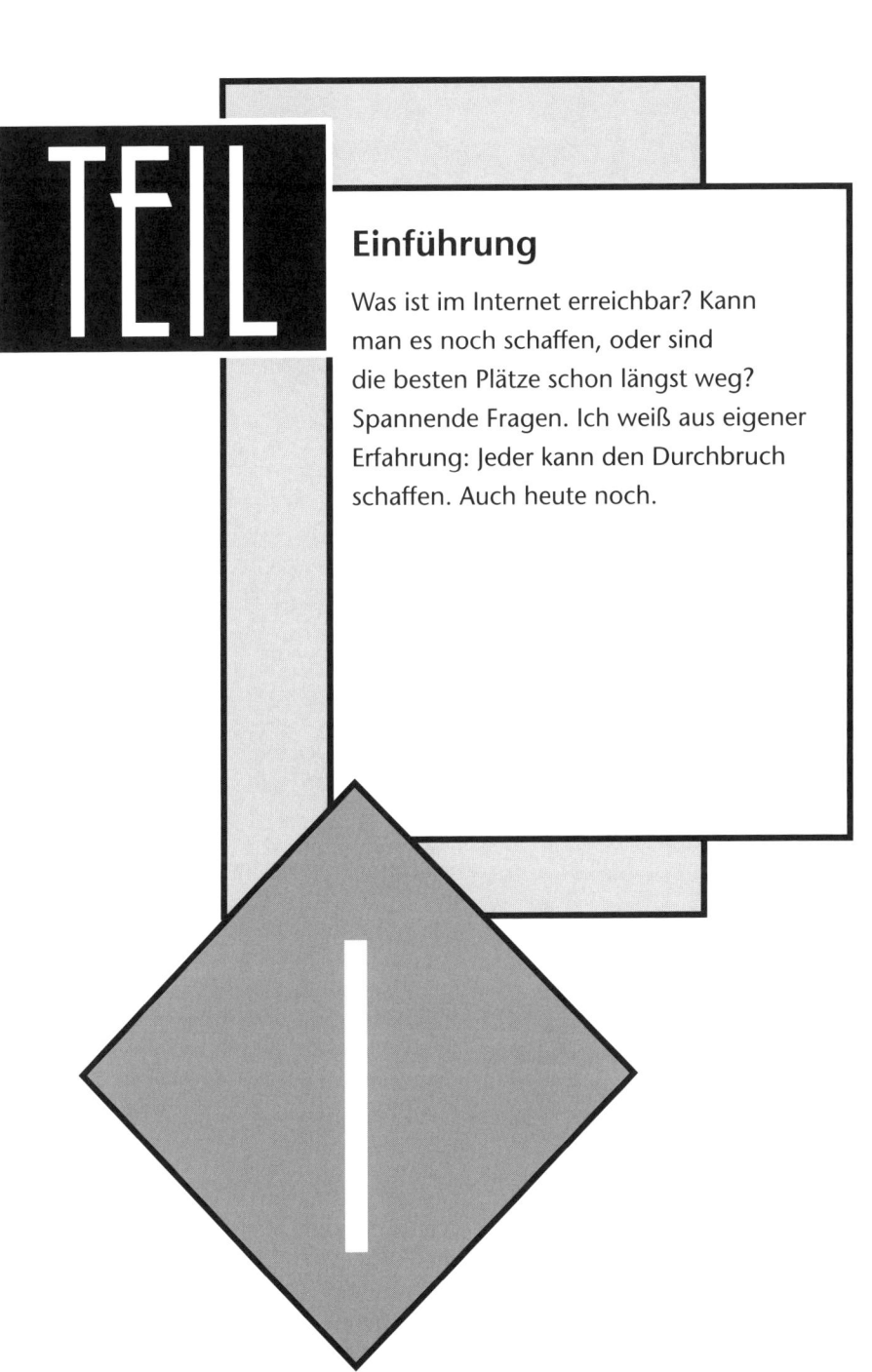

TEIL

Einführung

Was ist im Internet erreichbar? Kann
man es noch schaffen, oder sind
die besten Plätze schon längst weg?
Spannende Fragen. Ich weiß aus eigener
Erfahrung: Jeder kann den Durchbruch
schaffen. Auch heute noch.

I

Vorwort

Die Wirtschaft ist ein heißes Pflaster. Das weltweite Netz kann Ihnen wichtige Freiräume verschaffen. Was hätten Sie gerne? Mehr Umsatz, Rentabilität, Zeit, persönliche oder wirtschaftliche Freiheit? Alles zusammen? Dann spannen Sie das Internet vor Ihren Wagen. Es wird Sie und Ihr Unternehmen ziehen, wohin Sie wollen.

1 Vorwort

Sie sind selbständig oder wollen es werden? Das ist bewundernswert. Unternehmern von heute bläst ein kalter Wind ins Gesicht. Zum Zeitdruck und Preiskampf gesellen sich strenger werdende Rahmenbedingungen, pessimistische Banken und Kunden, die jeden Euro dreimal umdrehen, bevor sie ihn ausgeben. Klassische Werbung verpufft, Werbebotschaften verhallen ungehört. Gefangen im Tagesgeschäft schafft es der Chef gerade noch so, den Kahn über Wasser zu halten. Über neue Kunden oder die Zukunft der Firma kann er sich schon lange keine Gedanken mehr machen, obwohl das seine wichtigste Aufgabe wäre. Wie soll er visionär in die Ferne blicken, wenn ihn die Last des Alltags erdrückt? Doch es geht auch anders!

Sicher haben Sie schon mitbekommen, dass das Internet *die* Goldgrube vieler Unternehmen ist. Einige davon verdanken ihren Erfolg sogar ausschließlich dem Internet. Doch damit meine ich nicht Google, Facebook oder andere Online-Giganten, deren Gründer mehr Glück hatten als jeder Lottogewinner. Darum geht es hier nicht. Es gibt nur einen Mark Zuckerberg, doch es gibt Tausende Lotto-Millionäre. Wie sinnvoll mag es da wohl sein, das zweite Facebook gründen zu wollen?

In diesem Buch geht es um die Erreichung realistischer Ziele. Diese können viele Gesichter haben: Mehr Neukunden, zusätzliche Einnahmequellen, Schaffung einer Marke, bessere Reputation, mehr Zeit, geringere Kosten, neue Partnerschaften in Entwicklung, Herstellung, Vertrieb und Verwaltung, höhere Endkundenpreise, treuere Stammkunden und vieles mehr.

Egal, in welcher Branche Sie sind: Mark Zuckerbergs Glück haben Sie nicht nötig. Die wichtigsten Zutaten zum Erfolg sind: Durchblick, ehrliche Arbeit und Zielstrebigkeit. So wie im richtigen Leben. Ganz normale Betriebe um die Ecke verdienen gutes Geld, indem sie das weltweite Netz geschickt anzapfen. Handwerker, Dienstleister, Gastronomie- und Tourismusbetriebe, Berater, Ärzte, Produzenten, selbständige Buchhalter,

Künstler, Medien und viele andere haben das „Erfolgsrezept Internet" längst für sich entdeckt. So wie ich.

Als ich mich im Jahr 2007 in die Selbständigkeit wagte, hatte ich keinen Plan vom Internet. Selbst die einfachsten Grundlagen fehlten mir damals. Heute erwirtschafte ich mit Hilfe des weltweiten Netzes einen ordentlichen Gewinn, der sich von Jahr zu Jahr verdoppelt, bei gleichzeitig sinkendem Zeitaufwand. Meine Homepages, Webshops und Portale laufen für mich und meine Unternehmen, während ich neue Zukunftspläne schmiede, meinen Hobbys fröne – oder eben dieses Buch hier schreibe, um mir einen persönlichen Traum zu verwirklichen. Der hat übrigens nichts mit Geld zu tun.

Zwischen 2007 und heute liegt ein harter und lehr(geld)reicher Weg. Den sparen Sie sich lieber. Machen Sie das Internet zu Ihrem wichtigsten Mitarbeiter. Es schuftet rund um die Uhr, gabelt neue Kunden auf, macht Sie bekannt und bezahlt Sie sogar noch dafür. Nicht einmal am Heiligen Abend, zu Ostern oder an seinem Geburtstag werden Sie einen Seufzer hören, obwohl es auch dann für Sie läuft. Ein alter Traum wird greifbar: Der Arbeitsroboter, der Ihnen die lästigen Arbeiten abnimmt, während Sie sich wichtigeren Aufgaben widmen können. Sie brauchen dafür weder Berater noch Programmierer. Das Web 2.0 macht es möglich: Egal, ob Sie schon über EDV-Kenntnisse verfügen oder nicht, die Zutaten zum Erfolg sind dieses Buch, ein Internet-Zugang und Ihre eigene Zeit.

Ich habe sehr darauf geachtet, mein Wissen für alle Branchen verständlich aufzubereiten, samt vielen konkret und schnell umsetzbaren Beispielen. Vom Ein-Personen-Unternehmen bis zum mittelständischen Betrieb soll das „Erfolgsrezept Internet" möglichst großen Nutzen bringen, auch jenen Selbständigen, die das World Wide Web bisher vernachlässigt haben, und jetzt nicht wissen, wo sie anfangen sollen. Ich versichere Ihnen: Eine Welt neuer, ungeahnter Möglichkeiten wartet auf Sie.

Jetzt aber los: Unternehmen Sie noch heute den ersten Schritt in Ihre erfolgreiche Zukunft!

Meine Geschichte

Ich bin felsenfest davon überzeugt, dass jede(r) Selbständige und jedes Unternehmen vom Internet profitieren kann. Nicht nur Handwerk, auch das World Wide Web hat goldenen Boden. Lassen Sie mich zu Beginn kurz erzählen, wie mich das Internet zu einem glücklichen, freien und gut verdienenden Unternehmer gemacht hat.

Meine Geschichte

Stand der Dinge

Ich werde immer wieder dafür kritisiert, dass ich auf die Frage nach dem Gang meiner Geschäfte mit „Danke, sehr gut!" antworte. Das scheint in unserer Gesellschaft gegen die guten Sitten zu verstoßen. Die ehrliche Antwort wird gar nicht selten als Unter-die-Nase-reiben-Wollen missverstanden. Anders als in den USA, wo man sich den Erfolg gegenseitig vergönnt, ist der Neid bei uns sehr ausgeprägt. Doch ich kann mich nicht beklagen, dafür laufen die Geschäfte zu gut.

Mein Buchhalter wirkt nachdenklich, wenn er mir die Saldenlisten überreicht. Auch der Steuerberater fragt sich langsam, was denn mein Erfolgsgeheimnis sei (obwohl er es ja sehen und einfach nachmachen könnte ...). Jedes neue Projekt ist deutlich erfolgreicher als das vergleichbarer Mitbewerber. Der Gewinn liegt weit über dem, was ich als Abteilungsleiter einer Bank verdient habe – vor der Finanzkrise. Um mein Einkommen auf diesem hohen Niveau zu halten, benötige ich nicht mehr als eine halbe Stunde täglich. Da ich es aber weiter ausbauen möchte, findet man mich regelmäßig zwischen 9:00 und 17:00 Uhr in meinem Büro, wo ich mit Freude an meinen Webseiten und Projekten feile und neue Ideen in die Tat umsetze. Ich könnte auch den ganzen Tag in den Bergen wandern, Golfen oder die Welt bereisen, doch dafür bereitet mir die Arbeit zu viel Vergnügen. Ich habe es akzeptiert: Arbeit kann (und darf) Spaß machen!

Mein Werdegang

Im chinesischen Tierkreiszeichen bin ich Hase, und ähnlich dem knuffigen Gesellen schlägt auch meine Vita freudige Haken. Ich absolvierte die Handelsakademie, worauf das Studium der Rechtswissenschaften folgte. Statt aber dem vorgegebenen Weg zu folgen und Anwalt, Notar oder Richter zu werden, verschlug es mich in die Bankenwelt, wo ich eine steile Karriere hinlegte. Als Mitarbeiter des Vertriebs betreute ich von Beginn an Kommerzkunden aller Größenklassen. So konnte ich hinter die Kulissen vieler verschiedener Unternehmen blicken. Mit meinem zweiten Berufswechsel stieg ich zum Kommerzkunden-Abteilungsleiter einer mittelgroßen Bank auf, und geriet gleichzeitig in eine Sackgasse. Es war die schlimmste Zeit meines Lebens. Ohne einen neuen Job zu haben, wollte ich nur noch weg. Heute geht es in dieser menschenverachtenden Bank sogar noch schlimmer zu. Das war das Ende meiner Bankkarriere. Ich musste wieder von null beginnen und machte mich selbständig. Mein Bruder baute mir damals meine erste, sehr einfache Homepage, denn als angehender Unternehmensberater wollte ich *wenigstens irgendwie* im Netz präsent sein, hatte jedoch keinen Plan vom World Wide Web. Und so kamen die ersten Monate meiner Selbständigkeit.

Im ersten Jahr hatte ich kaum Aufträge. Ich begann daher, mehr mit meiner Homepage zu experimentieren. Ich registrierte mich bei Google für eine kostenlose Homepage („Blog") und fing an, mein Wissen und meine Erfahrung aus der Bank in kleinen Beiträgen niederzuschreiben. Ich werde nie das schlechte Gewissen vergessen, das ich dabei hatte. Denn eigentlich sollte ich doch Kunden akquirieren, Briefe aussenden, hinterhertelefonieren und Firmenbosse von meinem Angebot überzeugen. Was tat ich da bloß? Das Herumsitzen vor dem PC bringt doch kein Geld!

Das Publizieren meiner Inhalte war sehr einfach und ohne Programmierkenntnisse möglich. Mit dem preisgegebenen Wirtschaftswissen wollte ich neue Kunden auf mich aufmerksam machen. Ich begann, mich mehr für das Medium Internet zu interessieren. Über einen gemeinsamen Bekannten stieß ich auf den Marketing- und Internet-Experten Hannes Treichl, der mir meine erste „richtige" Homepage auf der Basis des Open-Source-Systems „WordPress" einrichtete. Fortan erhöhte ich die Frequenz, mit der ich neue Beiträge veröffentlichte, und überwachte anhand der Webseiten-Statistik genau, *wer warum* auf meine Homepage gelangte, *was* er dort suchte und vielleicht noch nicht fand, und vervollständigte mein Informationsangebot weiter. Tatsächlich wurden Firmen auf mich aufmerksam, und meine Webseite bescherte mir Aufträge, ganz ohne „Klinken putzen" zu müssen. In dieser Zeit kamen zwischen 50 und 100 Besucher pro Tag meine Seite.

Versuchsweise begann ich, Werbung auf meiner Webseite zu schalten. Wieder kostenlos, wieder über den Suchmaschinengiganten Google, wieder sehr einfach und ohne über Programmierkenntnisse zu verfügen. Google kümmerte sich um alles. Nun konnten andere Unternehmen bei mir inserieren, als wäre ich eine Zeitung. Und siehe da, schon bald stellten sich Tageseinnahmen von drei bis fünf Euro ein. Auf einen Monat gerechnet war das genug, um einen Teil meiner Fixkosten zu decken. Als ich Freunden und Bekannten voller Euphorie von diesem „Internet-Erfolg" erzählte, belächelte man mich ob der bescheidenen Summe. Manche hielten mich für übergeschnappt. Doch mir war jetzt klar: „Wenn 100 Besucher pro Tag 5 Euro einbringen, dann werde ich mit 1.000 Besuchern 50 Euro pro Tag machen!" Das öffnete mir die Augen: „Eigentlich geht es doch nur darum, die Zahl meiner Webseiten-Besucher zu steigern!"

Ich schrieb, schrieb und schrieb, und das Konzept ging auf. Die Webseite, mit der alles begann, besuchen auch heute noch mehrere Tausend Menschen pro Tag, obwohl ich schon lange keine neuen Inhalte mehr veröffentliche. Sie gehört zu den bekanntesten deutschsprachigen Finanzratgebern im Internet. Doch mit diesem Erfolg gab ich mich nicht zufrieden. Ich suchte nach neuen Standbeinen und mehr Unabhängigkeit von Google. Ich lernte das Online-Marketing-Business näher kennen und spezialisierte mich auf die Vermarktung fremder Produkte und Dienstleistungen. Dieses Business nennt man „Affiliate-Marketing", und bis vor wenigen Jahren konnte man damit sehr schnell sehr reich werden. Diese goldenen Zeiten sind längst vorbei, aber das Geschäft lohnt sich auch heute noch. Man empfiehlt fremde Angebote auf der eigenen Webseite, und bekommt Provisionen, z.B. für vermittelte Kredite, ausgefüllte Anfragen, Musikdownloads oder Buchverkäufe.

Durch „Learning by Doing" brachte ich mir selbst elementare Befehle und Programmierkenntnisse bei und erstellte einfache Webseiten für befreundete Unternehmer. So tauchte ich immer tiefer in die Materie ein. Heute spiele ich auf der gesamten Klaviatur des Internets. Neben Suchmaschinenoptimierung (SEO) und Suchmaschinenmarketing (SEM) bin ich auch im Webdesign und in der Webprogrammierung tätig. 2010 stellte ich meine ersten beiden Mitarbeiter ein, die mich in der Aufbauarbeit unterstützen.

Doch wissen Sie was? Niemals wieder entwickelte sich mein Einkommen so rasant weiter wie in der Anfangsphase, wo ich mich als Ein-Mann-Betrieb darauf konzentrierte, *mit einfachen Mitteln nützliche Inhalte für meine Besucher zu schaffen.* Meine damaligen Fähigkeiten erscheinen mir heute lächerlich. Und doch waren sie entscheidend für meinen Erfolg. Heute weiß ich konkret, wann, warum und wie genau mein Durchbruch zustande kam, und wie man ihn jederzeit wiederholen könnte. Dieses Wissen gibt mir Sicherheit, bringt aber keinen Cent in die Kasse. Hätte ich weniger experimentiert und mehr geschrieben, würde ich heute wohl wesentlich besser verdienen. Andererseits profitieren Sie jetzt von diesem Erfahrungsschatz. Also hat sich die Forschungsarbeit wohl doch gelohnt.

Meine persönliche Internet-Philosophie

Die folgenden Punkte stellen die Quintessenz meiner persönlichen Internet-Philosophie dar. Mehr darüber finden Sie in den nächsten Kapiteln.

✔ Das Internet ist immer noch eine Goldgrube. Es ist nie zu spät, damit anzufangen.

✓ Jeder mit dem Internet verbundene Einsatz erreicht seine Gewinnschwelle nach maximal einem Jahr.

✓ Die Qualität der Inhalte entscheidet über den Erfolg und ist wesentlich wichtiger als technische Raffinesse und optische Brillanz. Wer seinen Besuchern einzigartige und nutzbringende Informationen vermittelt, wird langfristig erfolgreich sein.

✓ Erfolge durch Trickserei, Schönfärberei und Suchmaschinenoptimierung „für Google" sind nicht nachhaltig.

✓ Alle Aktivitäten sollen Kunden *anziehen* und weder binden noch belästigen.

✓ Der Hype rund um Facebook, Twitter, Xing und andere soziale Medien ist maßlos übertrieben.

✓ *Google Blogger* lässt sich perfekt für die ersten Gehversuche im Internet einsetzen.

✓ *WordPress* ist das Inhaltsverwaltungssystem der Zukunft. *TYPO3, Joomla* & Co sind zu kompliziert und befinden sich nachweislich auf dem absteigenden Ast.

✓ *Kundenmeinung und Reputation sind Ihre beste Zukunftsvorsorge.*

Ausblick

So sitze ich hier und schreibe dieses Buch. Warum eigentlich? Für das Geld mache ich es sicher nicht, denn als Autor kann man im digitalen Zeitalter nicht überleben. Aber ich habe immer schon gerne geschrieben. Mir macht es einfach Spaß, andere an meinen Erfahrungen und meinem Wissen teilhaben zu lassen. Über einen „richtigen" Verlag veröffentlicht zu werden, ist für mich das Größte. Gleichzeitig ist es eine gute Gelegenheit, mich langfristig als Internet-Experte zu etablieren und neue Kontakte zu knüpfen.

Wichtige Hinweise zum Umgang mit diesem Buch

Ich habe den Inhalt dieses Buches so gereiht, dass er Ihnen den maximalen Nutzen bringt. Sie sollten wissen, welche Gefahren auf Sie lauern, bevor wir zu Erfolgsgrundsätzen und konkreten Umsetzungsschritten kommen. Die Praxisbeispiele bauen auf den Vorkapiteln auf. Daher macht es Sinn, die Reihenfolge einzuhalten.

Um den Lesefluss nicht zu unterbrechen, habe ich auf die explizite Nennung der weiblichen und der männlichen Form von Personenbezeichnungen verzichtet und geschlechtsneutrale Bezeichnungen gewählt, wo dies möglich war.

Ein Buch kann nie so aktuell sein wie eine Internet-Seite. Sobald es den Druck verlässt, haben sich mit Sicherheit schon manche Dinge geändert. Daher finden Sie auf *www.fischler.cc* Ergänzungen, genaue Anleitungen, Vorlagen, Hintergrundinformationen und vieles mehr. Ich hoffe, dass Sie dieses Angebot nutzen werden. Sie können mich gerne über die Homepage kontaktieren, wenn Sie weitere Fragen oder Anliegen haben.

TUN Sie es. In meinem Erfolgsrezept beschreibe ich die nötigen Zutaten und deren Kombination in der Praxis. Ich bin den Weg gegangen, und es hat sich gelohnt. Sie können das auch. Fangen Sie noch heute an, und bleiben Sie am Ball. Widerstehen Sie den Verlockungen der modernen Bauernfänger, und lassen Sie sich nicht vom Erfolgsweg abbringen.

Nie zuvor habe ich so viel Zeit, Energie und Gedanken in ein Projekt investiert wie in dieses Buch. Wenn es Ihnen genützt hat, so würde ich mich freuen, wenn Sie mir ein paar Minuten Ihrer Zeit schenken könnten. Mit Ihrer Bewertung bei Amazon, Weltbild, Buch.de, Buecher.de oder anderen Portalen würden Sie mir sehr helfen.

Ich wünsche Ihnen eine spannende Lesezeit, viel Glück und Erfolg für Ihre persönliche Zukunft!

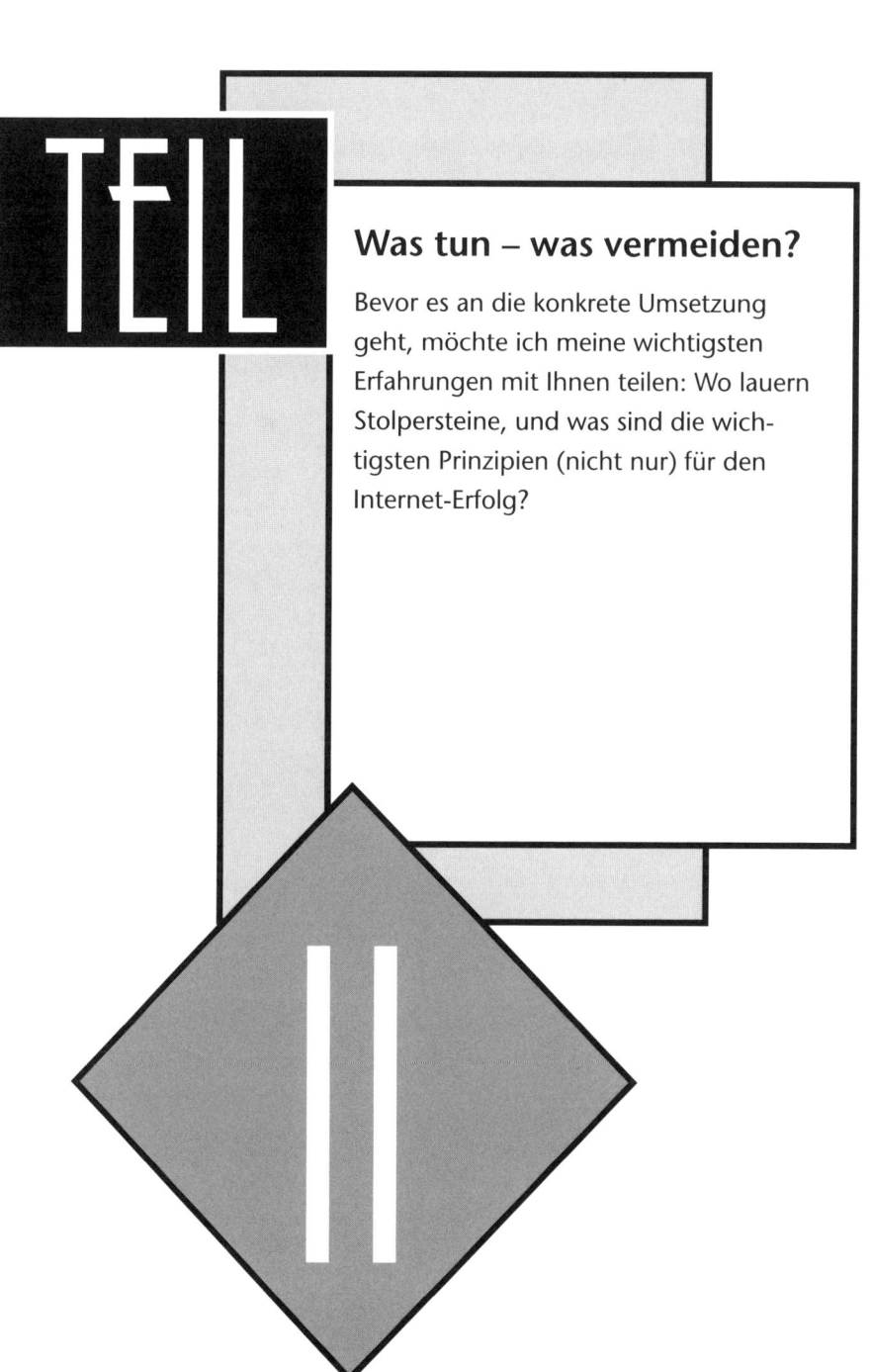

TEIL

Was tun – was vermeiden?

Bevor es an die konkrete Umsetzung
geht, möchte ich meine wichtigsten
Erfahrungen mit Ihnen teilen: Wo lauern
Stolpersteine, und was sind die wich-
tigsten Prinzipien (nicht nur) für den
Internet-Erfolg?

II

KAPITEL

Achtung: 11 Stolpersteine

Das Internet ist voller Stolpersteine. Links und rechts neben der Straße des Erfolgs lauern Gefahren. Viele Menschen wollen Ihnen das Geld aus der Tasche ziehen. Wer den Weg abkürzen will, riskiert den Absturz.

Achtung: 11 Stolpersteine

Ungeschickte Aktionen ruinieren Ihren Ruf schneller, als Ihnen lieb ist. Diese Fallen zu erkennen, kann die Zeit bis zu Ihrem Durchbruch beträchtlich verkürzen. Auch wenn viele diese Erfahrungen erst selbst machen müssen – versuchen Sie, mir zu glauben: Es lohnt sich definitiv nicht, über die folgenden elf Hürden zu stolpern.

Suchmaschinenmanipulation

Eine neue Branche, die mit dem Internet ihren Aufstieg schaffte, ist die Suchmaschinenoptimierung (SEO, für „Search Engine Optimization"). Vielleicht sind Ihnen die Angebote der schwarzen Schafe dieser Zunft (ich nenne sie „Suchmaschinenmanipulierer") schon bekannt. Man verspricht Ihnen, Sie binnen weniger Monate bei Google auf Platz eins zu bringen, Ihr „Ranking" oder Ihren „PageRank" zu verbessern, Ihnen Backlinks zu besorgen, Sie bei Tausenden Suchmaschinen einzutragen und so weiter.

Sehen wir uns diese Angebote näher an. Ein wichtiges Erkennungsmerkmal ist, dass sie Erfolge versprechen, die zu gut sind, um wahr sein zu können. Und woran erinnern solche Versprechungen? Ich habe da sofort den Wilden Westen vor Augen. Dort priesen Fahrverkäufer ihre Wundertinkturen für Liebeskraft, Haarwuchs und Schmerzlinderung an. Die Mittelchen waren bestenfalls wirkungslos, manche leider giftig. Aber es hat sich doch so vielversprechend angehört! Das ist heute nicht anders, nur die Verpackung ist neu. Auch im Internet gibt es keine Wunder! Seien Sie hellhörig bei allen Angeboten, die sich ausschließlich um die Beeinflussung von Suchmaschinen drehen. Denn eine *Webseite wird nicht für Suchmaschinen, sondern für Besucher aus Fleisch und Blut gemacht.* Wer wirklich glaubt, man könne mit Tricksereien und Optimierungen nach vorne kommen und dort bleiben, steht auf sehr dünnem Eis. Google hat seine eigene Tinktur gegen unlautere Beeinflussungsversuche gefunden. Dieser Algorithmus filtert Trickser gnadenlos aus, samt ihren Kunden.

„Wir bringen 10.000 Besucher auf Ihre Homepage – für nur 550 Euro!", las ich vor kurzem in einem Angebot, das mir ein Bekannter zusandte. Das seriös wirkende Unternehmen bot damit an, was ehrlicheren Online-Marketing-Agenturen die Haare zu Berge stehen lässt: *Irgendwelche* Besucher zu liefern, ohne diese einzugrenzen oder den Erfolg der Aktion zu messen. Augenscheinlich zapft der Anbieter die günstigsten Quellen an, zum Beispiel über Banner- oder Klickwerbung in großen Portalen und Foren, und leitet sie zu Ihnen um. Das ist ungefähr so, als würde man zufällige Passanten einer Fußgängerzone durch ein kleines Spezialgeschäft für Clownschminke schleusen. Zwar brummt der Laden wie noch nie, doch nur ein winzig kleiner Bruchteil der Menschen wird sich für Clownbedarf interessieren. Das einzige Resultat dieser Aktion wäre ein dreckiger Fußboden. Dabei wäre es so einfach, die richtigen Menschen anzusprechen! Mit wenig Geld erreichen Sie alle Clowns dieser Welt. Gewusst, wie – ganz ohne Alchemie. Wir kommen im Kapitel „Einfache Erfolgsprinzipien (nicht nur) für das Internet" darauf zurück. Wer Ihnen „einfach so" eine Menge Besucher um eine Menge Geld anbietet, hat vermutlich gute Gründe, nicht zu sehr in die Tiefe zu gehen.

„Aber es ist doch so bequem, ‚das mit dem Internet' einen anderen machen zu lassen. Probieren geht schließlich über Studieren, oder nicht? Nützt's nichts, schadet's nichts. Oder?"

Sie zahlen einen hohen Preis für solche Bequemlichkeit und Gutgläubigkeit. Die angebotenen Leistungen sind ausgesprochen teuer, und wenn Sie Pech haben, ist der Schaden, den sie anrichten, noch viel höher. Warum verkaufen die Anbieter wohl ihre Dienstleistungen an Kunden, statt sie in eigenen Projekten einzusetzen? Hätten sie wirklich so viel Erfolg damit, bräuchten sie nicht für andere zu arbeiten.

Wenn Sie wissen wollen, welchen Schaden ungeschickte Such-maschinenoptimierung verursachen kann, googeln Sie nach „Google verbannt BMW". Offensichtlich trickste BMW (oder deren Agentur?) bei der Optimierung der BMW-Webseite, und wurde von Google im Februar 2006 kurzerhand aus dem Index rausgeschmissen. Es rauschte im Blätterwald. BMW machte seine Hausaufgaben, entfernte die Manipulationen und wurde wieder aufgenommen. Man kann sich vorstellen, welchen Scha-den es bedeutet, wenn ein Konzern wie BMW plötzlich nicht mehr zu finden ist. Google entscheidet, wer existiert (= gefun-den werden kann) und wer nicht. BMW kam mit einem blauen Auge davon. Kleine und mittlere Unternehmen sind aber lei-der nicht so wichtig wie Großkonzerne. Wenn sie rausfliegen, bleiben sie draußen, und Google bleibt stumm. Wenn sie Pech haben, für immer. Und allen ist es egal, selbst der Lokalzei-tung. Selbst schuld. Keine rosigen Aussichten für blauäugige Firmenbosse, die auf leere Versprechungen windiger Bauern-fänger hereinfallen!

Abbildung 3.1: Um Suchmaschinen-Trickserei zu unterbinden, macht Google auch vor großen Namen nicht Halt

Natürlich gibt es sehr viele seriöse Internet-Dienstleister. Diese leiden unter den schwarzen Schafen, die die gesamte Branche in Verruf bringen. Wie bei den Unternehmensberatern und Finanzdienstleistern gibt es nur wenige Perlen, die noch dazu schwer zu finden sind. Ich kann Ihnen Spezialisten nennen, bei denen Sie nur dann etwas zahlen, wenn deren Aktivitäten dauerhaft mess- und sichtbaren Erfolg bringen. Um so arbeiten zu können, muss der Inhalt stimmen, und nicht nur die Fassade.

Zusammenfassend rate ich Ihnen zur Vorsicht, wenn es um Suchmaschinenoptimierung und wundersame Wege zum Internet-Erfolg geht. Auch im weltweiten Netz gilt: Niemand hat etwas zu verschenken, und alles hat seinen Preis!

Kriminelle

Über die Angebote der Suchmaschinenoptimierer und Besucherlieferanten kann man geteilter Meinung sein, und es gibt gute und weniger gute Anbieter. Weitaus schlimmer sind jene betrügerischen Firmen, denen man nur deshalb nicht das Handwerk legen kann, weil sie über andere Staaten und verwinkelte Firmenkonstrukte operieren. Wer auf den Betrug reinfällt, sieht sein Geld nie wieder. Einige besonders beliebte Maschen als Beispiel:

✔ *Sie bekommen ein Fax* mit dem Logo von Google, der Telekom oder einem anderen seriösen Konzern, mit dem Angebot, Sie kostenfrei in Suchmaschinen, Firmenverzeichnisse und andere Kataloge aufzunehmen. Der Trick dahinter: Mit dem offiziellen Logo hat die Firma nichts zu tun, das gehört zur Täuschung. Zwar ist das Basisangebot kostenfrei, doch über das Kleingedruckte schließen Sie einen mehrjährigen Vertrag für sonstige Leistungen ab, der Sie um mehrere Tausend Euro erleichtern könnte. Wer nicht genau liest, zahlt eben. Noch dazu ist der Eintrag bei Google und anderen Suchmaschinen nicht notwendig, da diese von selbst auf Ihre Seite kommen, und die Aufnahme in Kataloge und Re-

gister dieser Abzocker schaden Ihnen. Denn damit outen Sie
sich als potentielles Betrugsopfer.

✓ *Domainverlängerungen:* Sie bekommen ein offiziell wirken-
des Schreiben, in dem Sie zur Verlängerung („Renewal")
Ihrer Domain aufgefordert werden. Zum Verständnis: „Domain" ist der Name, unter dem Ihre Webseite erreichbar ist,
also z.B. *google.de* oder *malerei-meier.com.* Nun können Sie
ankreuzen, ob Sie ein, zwei oder drei Jahre verlängern wollen, und das Schreiben an den Anbieter zurücksenden. Der
Trick: Der Dienstleister hat mit Ihrer Domain (noch) gar
nichts zu tun! In Wahrheit sollen Sie keine Domainverlänge-
rung, sondern einen Domaintransfer zum Abzocker unterschreiben. Eigentümer von Domains lassen sich samt Post-
adresse ganz einfach abfragen, z.B. auf *whois.sc.* Der Erfolg
dieser Masche muss gigantisch sein, denn bisher haben mich
noch viele meiner Kunden und Bekannten angerufen und
gefragt, welchen Zeitraum sie ankreuzen sollen.

✓ *Domainprovider und Hoster, die sich selbst zu Webseiten-Eigen-
tümern machen:* Ganz einfach gesagt ist ein Domainprovider
ein Anbieter, der Ihre Domain (z.B. *malermeister-meier.de*)
für Sie registriert und verwaltet. Der Hoster, meist gleichzeitig Domainprovider, stellt Ihnen Platz auf einem seiner
Computer (Server) zur Verfügung. Dort liegt Ihre Webseite
und kann über das Netz erreicht werden. Findige Provider
und Hoster machen sich selbst zum Eigentümer Ihrer Domain und Ihrer Webseite, und erlauben sich diese Frechheit
im Kleingedruckten. Wollen Sie irgendwann zu einem anderen Anbieter wechseln, heißt es: „Leider nein!" Kündigen Sie den Vertrag, ist Ihre mühsam aufgebaute Homepage
futsch und wird mit Werbung zugeknallt.

✓ *Irreführende Angebote:* Manche Dienstleister versprechen
Ihnen die Gratis-Homepage für Ihre Firma. Man will Sie
als Referenzkunden gewinnen, lautet die Begründung. Man
möchte in Ihrer Region Fuß fassen. Wieder schlägt das
Kleingedruckte gnadenlos zu: Die Homepage ist zwar gratis, doch das Hosting nicht, und plötzlich werden Ihnen 150

oder 200 Euro monatlich abgebucht, und das über mehrere Jahre. Hinweis am Rande: Das Hosting einer durchschnittlichen Homepage kostet kleine und mittlere Unternehmen nicht mehr als 10 bis 20 Euro pro Monat. Alles darüber hinaus ist Lehrgeld. Sie haben zwar gute Chancen vor Gericht, doch wer sich vor dem Rechtsstreit drückt, zahlt. Wie schon gesagt: Alles hat seinen Preis!

✔ *Falsche Identitäten:* Täuschung gehört zum Betrug. Also gibt man sich einfach als Ihre Bank, Ihr Hoster, das Finanzamt, Google oder sonst jemand aus und schickt den Köder im Spamverfahren an Hunderttausende Empfänger hinaus. Ein paar Dumme gibt es immer, die in die offensichtlichsten Fallen tappen. Passwörter, Geldüberweisungen, Vertragsunterzeichnungen und Daten aller Art lassen sich ergaunern. Wir lesen dann garantiert wieder von „neuen, raffinierten Online-Betrügern", Phishing-Mails und Hackern, vor denen man uns schützen muss, und die Politik stimmt freudig mit ein und lässt Worte wie „Internet-Sperre", „Homepage-Löschungen", „Vorratsdaten" oder „Zugangssperren" fallen. Dass die Maschen teils ellenlange Bärte haben und selbst die Nigeria-Connection im digitalen Zeitalter weiter existiert, zeugt eher von mangelnder Zurechnungsfähigkeit der Opfer als von Raffiniertheit der Betrüger. Wer solch plumpen Betrugsmaschen Glauben schenkt, bräuchte eigentlich einen Sachwalter, doch das ist eine andere Geschichte.

Ein Universaltipp, nicht nur für Internet-Anbieter: Egal, 1. wer, 2. was, 3. wie, 4. wo, 5. warum von Ihnen eintragen, verbessern, vermehren oder verlängern will: Wenn es Ihnen nicht 100 % kosher vorkommt, googeln Sie einfach nach dem Namen des Anbieters und sehen Sie sich die ersten beiden Suchergebnisseiten an. Abzockfallen sind perfekt dokumentiert, samt ausführlicher Leidensberichte ihrer Opfer. Fragen Sie sich überdies, ob der Absender wirklich derjenige ist, für den er sich ausgibt. Beim leisesten Zweifel sollten Sie hellhörig werden. „Könnte es sich denn auch um einen Trick handeln?" Wer dann trotzdem in eine bekannte Falle tappt, ist wirklich selbst schuld.

Hippe Werbeagenturen

Die Erstellung Ihrer Homepage durch eine Werbeagentur kann sich negativ auswirken, wenn diese zu großes Gewicht auf trendiges Webdesign legt. Bis vor wenigen Jahren amüsierten sich Agenturen über Homepages, die nicht in Flash erstellt waren. Eine Webseite musste aus deren Sicht vor allem schön sein und mit optischen und akustischen Spielereien beeindrucken. Die Funktion war sekundär. Viele Agenturen glauben auch heute noch an diese Philosophie. Das ist fatal, denn der Kunde zahlt für Flash-Programmierung ein Vielfaches herkömmlicher Techniken und bekommt eine Seite, die von Suchmaschinen nicht richtig analysiert werden kann. Folgerichtig kommen Sie nicht nach vorne und werden von den Suchenden nicht gefunden. Wenn doch, können Benutzer mit iPhone oder iPad die Seite nicht sehen, weil diese Geräte das Flash-Format gar nicht mehr unterstützen. Und was nützt die schönste Homepage, wenn niemand sie sieht?

Natürlich sollen Webseiten ansprechend gestaltet sein und einen guten Eindruck machen. Damit sind aber weder Animationen noch verspielte Schriftexperimente gemeint. Ihr Besucher muss im Mittelpunkt des Designs stehen. Er soll schnell finden, was er sucht, auch auf einem Mini-Bildschirm samt Uralt-PC, selbst wenn er nicht mehr gut sieht oder gerade erst seine ersten Schritte im Internet macht. Gutes Webdesign berücksichtigt alle Menschen und alle Endgeräte, nicht nur Agenturmitarbeiter samt ihren stylischen 27-Zoll-Monitoren mit dem angebissenen Obst als Logo. Die unbequemen Stichworte lauten Usability (Bedienbarkeit) und Accessibility (Barrierefreiheit). Klopfen Sie Ihre Werbeagentur darauf ab, bevor Sie ihr einen Auftrag erteilen.

Als weitere Unart hat sich eingebürgert, Software und Systeme, mit denen man nicht vertraut ist, schlechtzureden. Jahrelang setzten Agenturen auf TYPO3, ein recht aufwändiges und kompliziertes CMS (Content-Management-System), mit dem Webseiten betrieben und verwaltet werden können. Aufgrund seiner Komplexität dauert es lange, sich damit vertraut zu machen. Wer den Durchblick hat, lässt ihn sich fürstlich bezahlen. Und weil das System so schwer zu durchschauen ist, kann man dem Kunden auch gleich die Einschulung mitverkaufen. Da käme es doch sehr ungelegen, wenn andere, wesentlich einfachere Systeme auf der Überholspur wären. Schließlich könnte der Kunde dort beinahe alles selbst machen, ganz ohne Einschulung! Also schimpft man über alles, was nicht TYPO3 ist. Systeme wie Joomla, vor allem aber WordPress, haben die Inhaltsverwaltung von Webseiten revolutioniert. Nie zuvor war es so einfach, eine eigene Homepage zu starten und deren Inhalte zu pflegen, ohne sich „mit Computersachen" auszukennen. Eine große Gemeinschaft trägt kostenlos zur Weiterentwicklung der kostenfreien Software bei. Die Systeme sind perfekt dokumentiert. Menschen rund um die Welt freuen sich, Anfängern helfen zu können. Klingt ganz nach einem Albtraum für TYPO3-lastige Werbeagenturen, finden Sie nicht? Genauso sollten Sie es auch sehen, wenn Ihre Agentur über WordPress, Joomla oder Drupal schimpft und Ihnen TYPO3 aufschwatzen will.

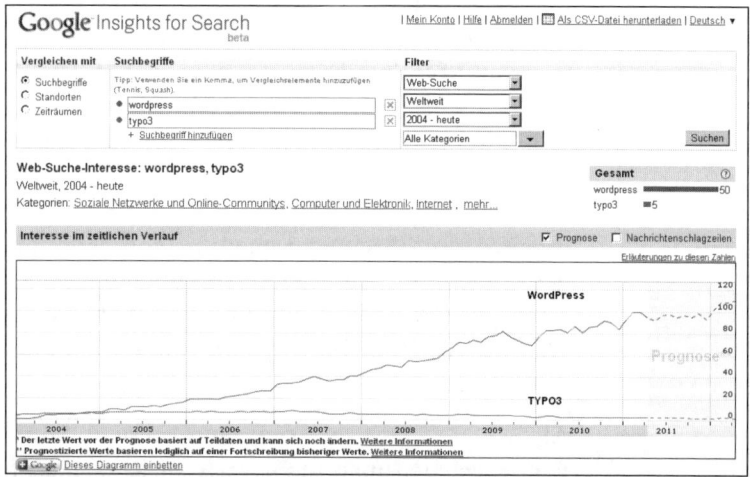

Abbildung 3.2: Auswertung weltweiter Suchanfragen bei Google: WordPress auf der Überholspur, TYPO3 kaum mehr vorhanden – was sagt wohl Ihre Werbeagentur dazu?

eBay-Auktionen für Domains und fertige Webseiten

Wozu die Webseite mühevoll aufbauen, wenn man Domains, Wunder-Skripts und alle möglichen Dienstleistungen für Webseiten auf eBay findet? Diese Überlegung dürfte der Grund sein, warum sich folgende Masche besonders hartnäckig hält. Um sie zu finden, gehen Sie einfach auf *eBay.de* und suchen nach dem Stichwort „Domain". Sehr viele Suchergebnisse sind der Rubrik *Geschäftsverkäufe und Domains* zugeordnet, die Sie über den Aufruf der einzelnen Auktionen leicht erreichen können.

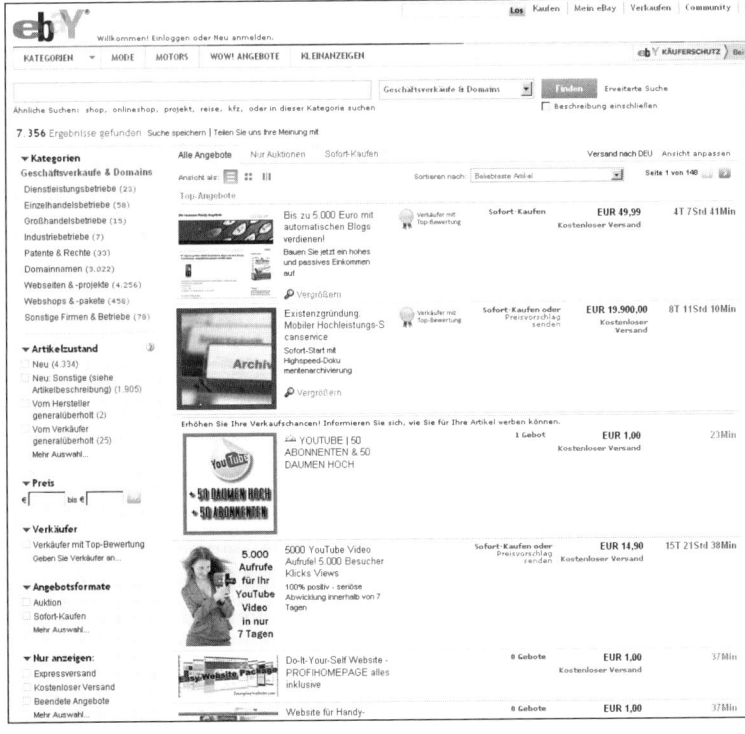

Abbildung 3.3: eBay-Rubrik *Geschäftsverkäufe und Domains*: Ein heißes Pflaster – perfekt, um sich im Internet mehr als nur die Finger zu verbrennen!

Zu den unzähligen Domainauktionen verrate ich Ihnen, dass eine „gute" Domain alleine, wie z.B. *kredit.de,* die Sie wohl niemals auf eBay finden werden, noch keinen Erfolg garantiert. Die paar Direktbesucher, die ohne Suchmaschine auf gut Glück kredit.de eintippen, sind den Domainpreis nicht wert. Auch der Suchmaschinenvorteil, den das Stichwort „Kredit" mit sich bringt, wird generell überschätzt. Google hat schon angekündigt, den Faktor „Keyword im Domainnamen", also beispielsweise „Kredit", künftig weniger stark zu gewichten. Man hat wohl gemerkt, dass Webseitenbetreiber, die viel Geld für Keyword-Domains ausgeben, nicht unbedingt diejenigen sind, die ihren Besuchern auch die besten Inhalte bieten. Eine Domain wie *kredit.de* würde ich vor allem deswegen haben wollen, weil sie sehr leicht zu merken ist und daher wiederkehrende Besucher (Stammbesucher) garantiert. Das gilt aber auch für Domains wie *checkfelix.com.* Es geht um die Originalität, und eingängige Namen lassen sich mit etwas Kreativität neu erschaffen und für wenig Geld reservieren.

Domainhändler sichern sich viel versprechende Webseitennamen, indem sie diese neu registrieren, von anderen Händlern kaufen oder binnen Sekunden automatisiert abgreifen, sobald der frühere Eigentümer sein Recht an der Domain verloren hat, sei es bewusst oder aufgrund eines Versäumnisses. Nicht nur deswegen sind mir Domainhändler äußerst suspekt. Sie zahlen nur wenige Euro pro Jahr und Domain und spekulieren damit, einen winzig kleinen Teil ihres Portfolios zu Wahnsinnspreisen an Interessenten verkaufen zu können. Es wird zunehmend schwieriger, freie Domains für Webseitenprojekte zu finden, da diese Geschäftemacher alles Denkbare und Undenkbare durchreservieren. Trotzdem suche ich lieber weiter nach freien Namen, als in Verhandlungen mit unverschämten Domainhortern zu treten.

Was nun auf eBay angeboten wird, sollte man sich aber trotzdem ansehen, weil es recht unterhaltsam ist. In unzähligen Auktionen ist von TOP-Domains die Rede, ohne die man gar nicht erst im Internet anzufangen brauche. Tatsächlich handelt es sich bestenfalls um B- und C-Domains, für die ich keinen Cent zahlen würde, mag der Anbieter noch so euphorisch sein und einen Startpreis von 9.000 oder 100.000 Euro angegeben haben:

Weiterhin findet man jede Menge Auktionen für Software und „Skripts", die Ihnen unschlagbare Webseiten ermöglichen sollen. Oft handelt es sich hierbei um frei zugänglichen Code, den man nicht ersteigern muss, sondern einfach vom wahren Schöpfer kostenlos herunterlädt. Nebenbei bemerkt: Mit dem Shop- oder Portal-Skript haben Sie weder Webshop noch das versprochene Portal im Netz, sondern nur einen Haufen komprimierter Dateien auf CD oder im Download. Und dann?

Neben den bereits erwähnten Linktausch-, Suchmaschineneintrags- und sonstigen SEO-Dienstleistungen findet man letztlich auch fertige, bestehende Webseiten auf eBay. Auktionsgewinner können diese oft sogar inklusive des Hostingpakets übernehmen. Das bedeutet, sie brauchen nichts von Webhosting, Domaintransfer, Datenbanken und FTP-Datenübertragung zu verstehen, und werden per Zuschlag zu Besitzern richtiger, funktionierender Webseiten. Fragt sich nur, ob die Angaben zu den fantastischen Einnahmen, der hervorragenden Google-Bewertung und den Hunderttausenden registrierten Teilnehmern wahr und frei von allen Haken sind. Ich sage mal auf Verdacht: Wohl kaum! Warum will der frühere Eigentümer seine Webseite wohl loswerden? Sinken die Einnahmen? Hat er eine Abmahnung erhalten? Gibt es sonstige rechtliche Probleme, die er auf den neuen Eigentümer schieben will? Handelt es sich um eine künstlich emporgehobene Webseite? Glauben Sie mir: Es gibt mehr Manipulationsmöglichkeiten, als man glauben möchte. Ich würde mich von keinem einzigen meiner Projekte trennen wollen. Und schon gar nicht von denen, die gut funktionieren.

Bevor ich jetzt aber weiterschimpfe, muss gesagt werden, dass es unter den Millionen Domain- und Projektauktionen auch eine Handvoll geben mag, bei denen sich das Mitbieten lohnen kann. Dazu gehörte die Versteigerung des Basic Thinking Blogs im Jahr 2009, die dessen Schöpfer Robert Basic einen Erlös von

46.902 Euro einbrachte. Das Medienecho war schon während der Auktion gewaltig. Angesichts der Tatsache, dass Basic Thinking zu den meistverlinkten Blogs Deutschlands zählt, waren sofort potente Bieter am Start.

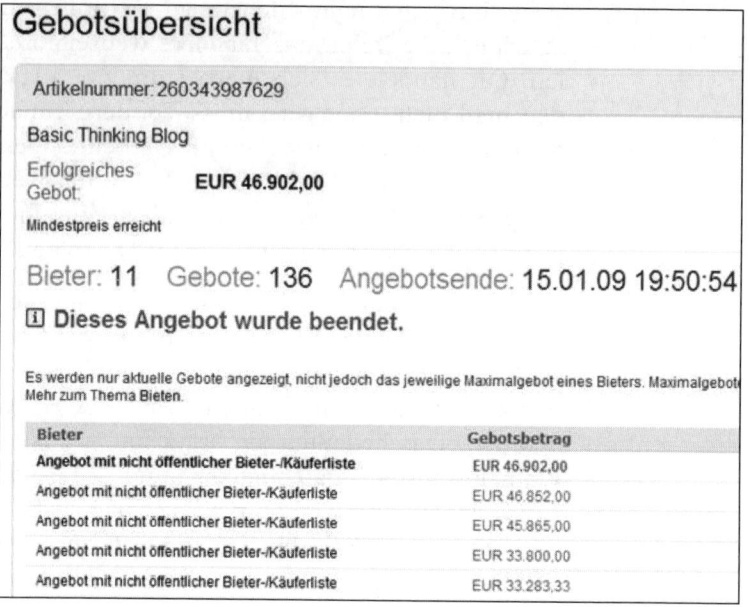

Abbildung 3.4: Eines der wenigen Highlights rund um Webseiten auf eBay: Der Verkauf des Basic Thinking Blogs 2009

Mein Fazit: So lange Sie nicht alle Tricks kennen, mit denen Online-Gauner arbeiten (und dazu müssten Sie wohl schon fast selbst einer sein), lassen Sie Ihre Hände von allen Auktionen rund um Webseiten.

Rechthaberei

Den Spruch „Es geht ums Prinzip" sollten Sie ganz schnell aus Ihrem Repertoire streichen. Wem es ums Prinzip geht, der bleibt besser offline. Dabei gäbe es gewiss sehr viele Gründe, sich aufzuregen. Zum Beispiel über Menschen,

✔ die alles gratis haben wollen,

✔ die die einfachsten Dinge falsch verstehen,

✔ die Unwahrheiten verbreiten,

✔ die das Urheberrecht und andere Gesetze verletzen oder

✔ die nur auf Streit aus sind.

„Seltsame Vögel" gibt es überall auf dieser Welt, auch im Internet. Man kann es nicht allen Menschen recht machen. Egal, wie gut Sie, Ihre Leistungen oder Ihre Produkte sind, hin und wieder *könnte* es krachen. Doch nur, wenn Sie sich auch darauf einlassen! Hitzköpfe seien gewarnt, ihre testosterongesteuerten Machtkämpfe im Internet auszutragen. Wer sich in Foren, Bewertungsportalen oder auf Facebook befetzt, kann hundertmal im Recht sein – das Einzige, was für immer und alle Zeiten dokumentiert bleibt, ist Ihre eigene Emotions- und Streitbereitschaft. Und die kommt bei potentiellen Kunden und möglichen Geschäftspartnern ganz schlecht an. Die Auseinandersetzung fällt immer auf Sie zurück, egal, wer oder was der auslösende Grund war!

Fügt man Ihnen Unrecht zu, so gibt es bewährte Methoden, darauf zu reagieren. Der offen ausgetragene Konflikt gehört nicht dazu. Mehr dazu im Kapitel „Kundenmeinung und Reputation".

Schlechte Bewertungen

Das Internet bietet Nutzern die Möglichkeit, sich auf neutralem Boden zu treffen und sich dort ganz offen über Produkte und Leistungen aller Anbieter auszutauschen. Das verstärkte die Bedeutung der Kundenmeinung und ist ein wichtiger Grund für den Erfolg des Internets. Man kann sich objektiv und frei von jedem Marketing-Blabla über alle Angebote informieren, bevor man zuschlägt. Ein schlechtes Durchschnittsrating auf Amazon, HolidayCheck, Ciao, Guenstiger.de und anderen Portalen kann sich sehr negativ auf den Absatz eines

Unternehmens auswirken. Wer kauft schon, wenn (scheinbare) Vorkäufer so unzufrieden sind, dass sie sich sogar die Mühe machen, andere davor zu warnen?

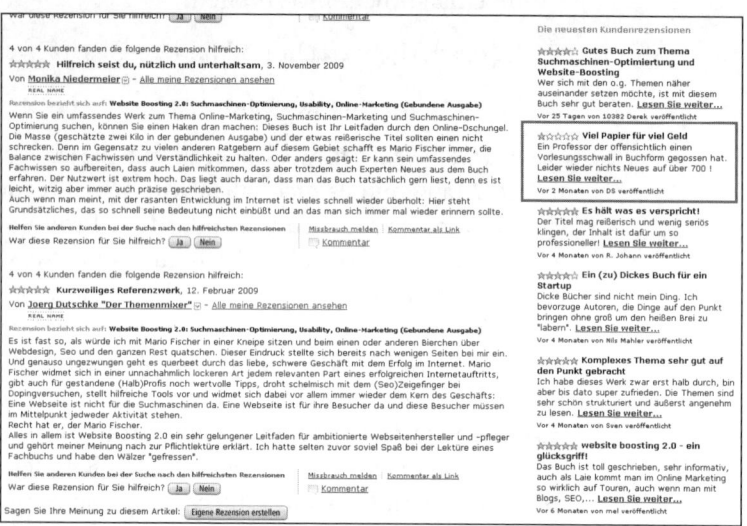

Abbildung 3.5: Bewertungen auf Amazon: Ein einsames, anonymes Rating fällt aus der Reihe – wer mag wohl dahinterstecken? Möglicherweise ein gekränkter Student?

Leider lassen sich Bewertungen ebenso leicht manipulieren wie Statistiken. Immer wieder versuchen Mitbewerber, unliebsame Konkurrenten loszuwerden und die eigenen Angebote in den Himmel zu loben. Auch Menschen, die ihren persönlichen Rachefeldzug gegen Sie starten wollen, finden hier die Gelegenheit. Dagegen gibt es nur begrenzte Mittel – versuchen Sie mal, bei Amazon einen „richtigen" Menschen (aus Fleisch und Blut) zu erreichen, der ungerechtfertigte Falschbewertungen von Ihren Produktseiten entfernt – ich wünsche Ihnen viel Glück! So lange Rezensionen nicht gegen bestehende Gesetze verstoßen und im Stil einer privaten Konsumentenmeinung gehalten sind, können Sie kopfstehen, doch nichts dagegen tun, außer professionell zu reagieren – auch dazu kommen wir noch.

Gerechtfertigte Kritik ist ein anderes Thema. Gibt es Probleme mit Ihrer Leistung, dem Produkt, der Produktbeschreibung, dem Preis oder dem Service, sollten Sie sich selbst an der Nase nehmen und Ihr Angebot so lange optimieren, bis die Kritikpunkte behoben sind. Stecken Sie nicht den Kopf in den Sand, sondern zeigen Sie sich einsichtig und informieren Sie Kritiker laufend über ergriffene Maßnahmen.

Verlinkungs-Experimente

Sicher wissen Sie, was ein *Link* ist. Mit einem Klick darauf gelangen Sie auf eine neue Internet-Seite. *Links* sind meist unterstrichen, und der Mauszeiger wandelt sich beim Draufzeigen zur Hand, was dessen „Klickbarkeit" symbolisiert. Links sehen in HTML z.B. so aus: `<a href="http://www.fischler.cc">fischler.cc</a>`, und auf der Seite erscheint dann das: fischler.cc. Mit Klick auf fischler.cc gelangen Sie auf die Internet-Seite *http://www.fischler.cc*. Stünde dieser Link auf Ihrer eigenen Webseite, würde Google das als Empfehlung verstehen. Sie empfehlen Ihren Besuchern den Besuch meiner Seite. Sehr sympathisch, vielen Dank! Findet man diese Verlinkung auf vielen anderen Homepages, steige ich aufgrund meiner scheinbaren Beliebtheit in Googles Gunst und lande weiter vorne. So die Theorie und das Geschäftsmodell einer Unzahl von Suchmaschinenoptimierern.

Jede Woche bekomme ich eine ganze Menge von Linktausch- und Linkkaufanfragen. Das ist nachvollziehbar, denn meine Seiten sind bei Google recht gut gereiht und noch dazu mit hohen PageRanks bewertet, soll heißen, Google stuft meine Webseiten auf einer Skala von 0 bis 10 recht hoch ein. Das erkennen SEO-Profis mit ihren automatischen Tools und senden mir automatisch generierte Anfragen, die mein Unterbewusstsein automatisch erkennt und ebenso automatisch als Spam weitermeldet. Denn ich verkaufe und tausche keine Links, aus, amen.

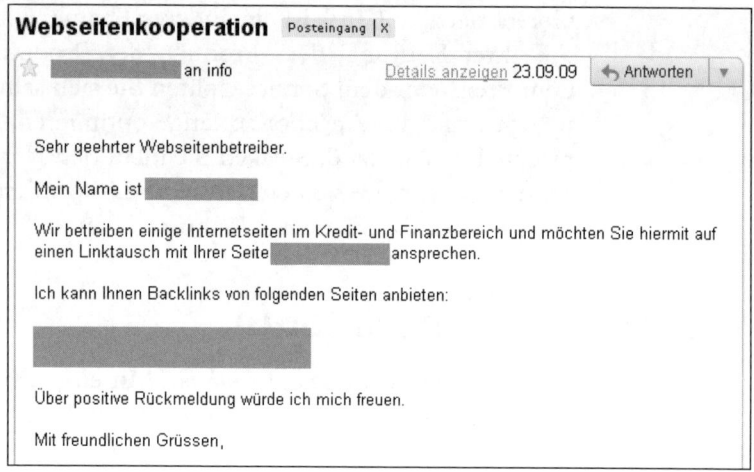

Abbildung 3.6: Oh, wie schön: Schon wieder eine unpersönliche, semiautomatische Linktauschanfrage. Und ab damit in den Papierkorb!

Sehen wir mal von den SEO-Spammern ab. Überall wird Ihnen geraten, sich Links zu Ihrer Homepage („Backlinks") zu besorgen. Je mehr Backlinks von anderen Webseiten auf ihre Seite zeigen, desto besser, denn umso weiter vorne sind Sie bei Google zu finden. Heißt es. Das führt eben dazu, dass man windigen Abzockern auf den Leim geht, sich auf eBay 10.000 Backlinks ersteigert, Links einzeln kauft oder wie wild geworden anfängt, in Foren, auf Social-Media-Seiten und in Blogkommentaren eigene Verlinkungen zu hinterlassen. Das ist Linkspamming. Die Backlink-Gläubigen investieren ein Übermaß an Zeit in diese Methoden und vergessen dabei, worauf es in Wahrheit ankommt: Die Qualität Ihrer Information und den Nutzen für Ihre Besucher. Nicht auf die Anzahl der Backlinks. Diese kommen von selbst von Leuten, denen gefällt, was sie bei Ihnen finden. Und diese Verlinkungen sind viel mehr wert, denn nicht nur Google erkennt den Unterschied zwischen plumpen SEO-Links und „ehrlichen" Links.

Linktausch „für die Suchmaschine" ist nicht nur sinnlos, sondern überdies gefährlich. Wer es damit übertreibt, fliegt raus. Google, *die* Suchmaschine, sieht sich junge Webseiten besonders genau an. Unnatürliches Linkwachstum fällt auf. Google riecht gekaufte, „erspammte" und getauschte Links zehn Meter gegen den Wind, mag man sich für noch so smart und gerissen halten. Der Suchmaschinenriese verfügt über ein Arsenal an „Penaltys", also Strafen, die über Ihre Seite verhängt werden können. Allen ist gemein, dass ihre Seite von einem Tag auf den anderen in der Bedeutungslosigkeit versinkt. Dann gibt es nur noch wenig, das Sie tun können, außer auf die Erlösung zu warten oder (hoffentlich) geläutert und einsichtig zurück an den Start zu gehen.

Jeder Webseitenbetreiber muss seine eigenen Erfahrungen mit experimentellem Linktausch, Linkspam bzw. Linkkauf „für Google" machen. Vorher glaubt man nicht, wie wenig es bringt und wie gefährlich es ist. Im Kapitel „Der Inhalt Ihrer Seite" erzähle ich Ihnen mehr über Möglichkeiten, sich so zu verlinken, dass es nicht Google, sondern vor allem Ihren Besuchern nützt. Solche Links verbessern Ihr Informationsangebot, und das wird von Google nicht bestraft, sondern gefördert.

Spamming und Newsletter

„Wie Du mir, so ich Dir!", könnte sich der Webmeister denken, dessen Postfach wieder mal mit Viagra-, Kredithai-, Partnerportal- und „Enlargement"-Werbespam überquillt. Es ist so mühsam, auf Individuen zuzugehen, warum also nicht den ganzen Prozess automatisieren? Man holt sich auf eBay eine Adressdatenbank mit 150.000 E-Mail-Empfängern, registriert sich bei einem Newsletter-Anbieter, und los geht's mit Spamming in eigener Sache.

Meine Meinung: Spamming, in welcher Form auch immer, geht überhaupt nicht. Das Prinzip Gieskanne hat ausgedient. Sie sind schneller in Filterlisten und Warnregistern zu finden, als Sie bis drei zählen können, ganz abgesehen von den vielen rechtlichen Gefahren unerwünschter Kontaktversuche. Unseriöser geht es nicht.

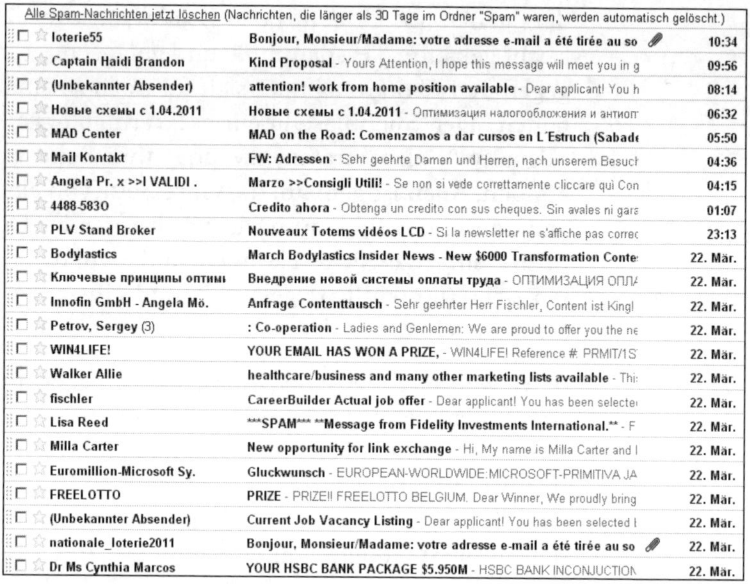

Alle Spam-Nachrichten jetzt löschen (Nachrichten, die länger als 30 Tage im Ordner "Spam" waren, werden automatisch gelöscht.)		
☐ ☆ loterie55	Bonjour, Monsieur/Madame: votre adresse e-mail a été tirée au so 📎	10:34
☐ ☆ Captain Haidi Brandon	Kind Proposal - Yours Attention, I hope this message will meet you in g	09:56
☐ ☆ (Unbekannter Absender)	attention! work from home position available - Dear applicant! You h	08:14
☐ ☆ Новые схемы с 1.04.2011	Новые схемы с 1.04.2011 - Оптимизация налогообложения и антиоп	06:32
☐ ☆ MAD Center	MAD on the Road: Comenzamos a dar cursos en L´Estruch (Sabade	05:50
☐ ☆ Mail Kontakt	FW: Adressen - Sehr geehrte Damen und Herren, nach unserem Besuch	04:36
☐ ☆ Angela Pr. x >>I VALIDI .	Marzo >>Consigli Utili! - Se non si vede correttamente cliccare qui Con	04:15
☐ ☆ 4488-5830	Credito ahora - Obtenga un credito con sus cheques. Sin avales ni gara	01:07
☐ ☆ PLV Stand Broker	Nouveaux Totems vidéos LCD - Si la newsletter ne s'affiche pas correc	23:13
☐ ☆ Bodylastics	March Bodylastics Insider News - New $6000 Transformation Conte	22. Mär.
☐ ☆ Ключевые принципы оптимі	Внедрение новой системы оплаты труда - ОПТИМИЗАЦИЯ ОПЛ/	22. Mär.
☐ ☆ Innofin GmbH - Angela Mö.	Anfrage Contenttausch - Sehr geehrter Herr Fischler, Content ist Kingl	22. Mär.
☐ ☆ Petrov, Sergey (3)	: Co-operation - Ladies and Genlemen: We are proud to offer you the ne	22. Mär.
☐ ☆ WIN4LIFE!	YOUR EMAIL HAS WON A PRIZE, - WIN4LIFE! Reference #: PRMIT/1S	22. Mär.
☐ ☆ Walker Allie	healthcare/business and many other marketing lists available - Thi:	22. Mär.
☐ ☆ fischler	CareerBuilder Actual job offer - Dear applicant! You has been selecte	22. Mär.
☐ ☆ Lisa Reed	***SPAM*** **Message from Fidelity Investments International.** - F	22. Mär.
☐ ☆ Milla Carter	New opportunity for link exchange - Hi, My name is Milla Carter and I	22. Mär.
☐ ☆ Euromillion-Microsoft Sy.	Gluckwunsch - EUROPEAN-WORLDWIDE:MICROSOFT-PRIMITIVA JA	22. Mär.
☐ ☆ FREELOTTO	PRIZE - PRIZE!! FREELOTTO BELGIUM. Dear Winner, We proudly bring	22. Mär.
☐ ☆ (Unbekannter Absender)	Current Job Vacancy Listing - Dear applicant! You has been selected t	22. Mär.
☐ ☆ nationale_loterie2011	Bonjour, Monsieur/Madame: votre adresse e-mail a été tirée au so 📎	22. Mär.
☐ ☆ Dr Ms Cynthia Marcos	YOUR HSBC BANK PACKAGE $5.950M - HSBC BANK INCONJUCTION	22. Mär.

Abbildung 3.7: Spam, Spam, Spam, und mein liebster Google-Mail-Button *Alle Spam-Nachrichten jetzt löschen*

Der klassische Unternehmensnewsletter ist ein Grenzgang zwischen Spamming und seriöser Information. Wer sich an die Spielregeln hält, E-Mail-Adressen auf ehrliche Art sammelt und nutzbringende, erwünschte Informationen aussendet, wird einen Mehrwert bieten können. Leider trifft das auf die wenigsten mir bekannten Newsletter zu. Bei der Anmeldung mögen sich seriöse Anbieter noch Mühe geben, doch beim Nutzen? Firmenbosse überschätzen sehr gerne ihren Stellenwert im Leben des Kunden, und belästigen ihn nach dem Motto „Werbung nützt immer".

Haben Sie die technischen Mittel und trauen Sie sich zu, alle Auswirkungen Ihres Newsletters (nicht nur die monetären) zu messen? Wenn nicht, lassen Sie besser die Finger davon.

Social-Media-Hype

Ich halte den Wirbel rund um die sozialen Netzwerke für maßlos übertrieben. So gut wie jedes Unternehmen auf dieser Welt hat seine eigene Facebook-Seite und wirbt kräftig dafür, zum virtuellen „Freund" eigener Produkte oder Leistungen zu werden. Damit will man sich neue Vertriebskanäle erschließen, „Menschen sammeln" und Kunden zielgerichtet ansprechen. Da sich Internet-Nutzer aber nicht binden und nur ungern sammeln lassen, hält sich der Erfolg dieser „Werde-Fan-Kampagnen" in Grenzen. Wozu, bitte schön, soll ich Fan von einem Waschmittelhersteller, Fruchtjoghurtproduzenten oder Mobilfunkunternehmen werden? Ich finde das lächerlich. Mark Zuckerberg wird sich für die Gratiserwähnung in den Werbekampagnen bedanken, wie auch für die vielen Inhalte, die man ihm kostenlos zur Verfügung stellt.

Verlassen Sie sich niemals auf Plattformen, die Ihre Arbeit per Mausklick eliminieren könnten. Wer weiß, vielleicht ereilt Facebook eines Tages das Schicksal von Second Life? Unmöglich? Auch in „SL" wurden riesige Marketingbudgets verpulvert, um den Zug nicht zu verpassen. Die Plattform geriet in Vergessenheit, und wenn sich deren Betrieb nicht mehr lohnt, werden die Lichter ausgeknipst. Nichts ist unmöglich, schon gar nicht im Internet. Wer sich jedem Hype bedingungslos anschließt, muss damit rechnen, irgendwann im Regen zu stehen.

Ich möchte Social-Media-Portalen nicht per se die Existenzberechtigung absprechen. Doch sie sollten Ihnen nur als Zubringer und zusätzliches Sprachrohr dienen. Soziale Medien ergänzen Ihren eigenen Internet-Auftritt. Dieser gehört Ihnen, und sein Schicksal liegt in Ihrer eigenen Hand. Mein persönlicher Rat: Investieren Sie nicht mehr als 10 % Ihrer Internet-Aktivitäten in diese Kanäle, doch passen Sie trotzdem immer auf, was im Netz über Sie geschrieben wird. Dazu kommen wir später (für ganz Eilige: *Google Alerts* meldet neue Fundstellen Ihres Namens, Ihrer Marke oder anderer individueller Kennzeichen – sehr praktisch: *www.google.com/alerts*).

Rechtsverletzungen

Wir haben jetzt schon einiges von windigen Dienstleistern, Kriminellen und Spammern gehört. Logisch, dass ich Ihnen abrate, selbst zu einem solchen Subjekt zu verkommen. Doch Rechtsfolgen drohen nicht nur jenen, die mit Vorsatz handeln. Ein „mal so" kopierter Text ohne Quellenangabe ist ein Verstoß gegen das Urheberrecht, Gleiches gilt für die nicht lizenzkonforme Verwendung fremder Bilder.

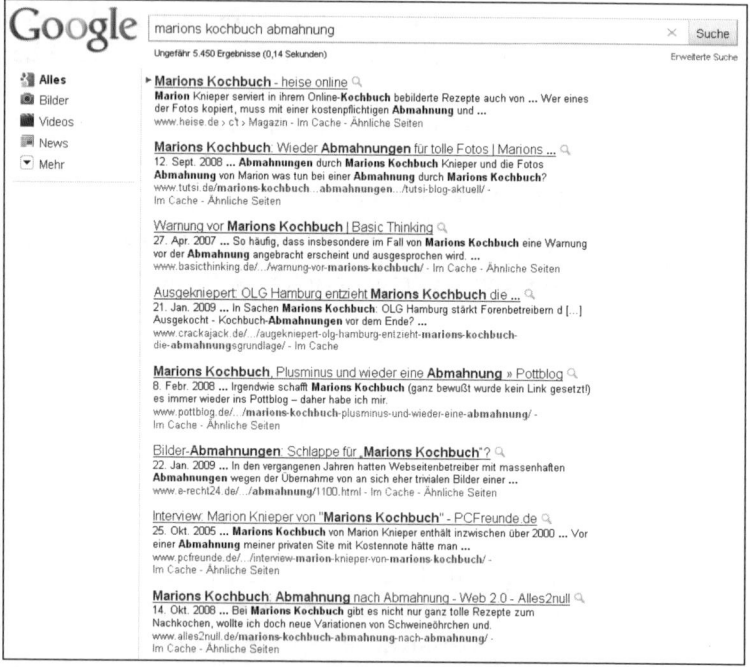

Abbildung 3.8: Marions Kochbuch: Wer Bilder aus Marions Online-Kochbuch verwendet, wird gesucht und abgemahnt – ein faszinierendes Beispiel exzessiver Rechteverfolgung und uneinheitlicher Rechtsprechung rund um das Medium Internet

Wer sich nicht per Impressum als Seitenbetreiber zu erkennen gibt, riskiert Abmahnungen und Klagen. Uneinheitlich ist die Rechtsprechung bei Communities: Betreiber von Foren könnten für Forenposts und hochgeladene Bilder verantwortlich gemacht werden, selbst wenn sie von der zehnjährigen Userin „JustinBieberLove2001" stammen, die sich halt nicht viel dabei gedacht hat. Plötzlich wird man mit Abmahnungen, Klagen und Anwaltskosten zugedeckt und der Schaden aus der Webseite übersteigt deren Einnahmen um das Zigfache.

Keine Angst: Wer sich an einfache Spielregeln hält, dem passiert nichts. Zum überwiegenden Teil handelt es sich um Fragen des gesunden Menschenverstands: Würden Sie wollen, dass andere Ihre mühevoll ausgearbeiteten Texte klauen? Was denkt sich wohl Karl Lagerfeld, wenn Sie Schnappschüsse seiner letzten Kollektion von seiner Homepage abgreifen? Und so wenig, wie Sie bei Ihrem Auto die Nummer abmontieren, um im Straßenverkehr nicht erkannt zu werden, sollten Sie auf ein ordentliches Impressum verzichten. Eigentlich ist das alles recht logisch, aber es gibt eben „solche" und „*solche*" Geschäftsleute. Die wichtigsten Punkte zum Thema „Recht im Internet" stelle ich im Kapitel „Der Inhalt Ihrer Seite" vor.

Statistiksüchtig?

Es ist schon faszinierend, den Besuch der eigenen Webseite live zu beobachten. Wenn die Besucher wüssten, was sich ganz einfach über sie erfahren lässt! Ein kleiner Auszug:

- ✔ Über welche Seite gelangte der Besucher zu mir?

- ✔ Was genau hat der Besucher bei Google eingetippt, bevor er zu mir kam?

- ✔ Aus welchem Land/welcher Region/Stadt ist er?

- ✔ Welches Betriebssystem, welche Bildschirmauflösung und welchen Browser verwendet er?

- ✔ Wie lange war er auf meiner Seite, und was sah er sich an?

- ✔ Wie oft war er schon vorher bei mir?

Die Verwendung von Statistiktools wie *Google Analytics* ist üblich, wenngleich nicht unumstritten. Vor allem die Erfassung und Verknüpfung der Besucher-IPs (rückverfolgbarer PC-Adressen) und Google-Profile mit den Aktionen eines Besuchers erscheint datenschutzrechtlich bedenklich. Es liegt an Gesetzgebern und Analyseanbietern, zu einer praktikablen Lösung zu gelangen.

Messinstrumente sind essentiell für Webseitenbetreiber. Nur so bekommt man ein Bild davon, wie Besucher mit den Informationen zurechtkommen und was noch optimiert werden muss. Wer darauf verzichtet, verschenkt wertvolles Potential.

Gefährlich wird es, wenn diese Tools zu Zeiträubern werden. Gehen Sie vereinfacht ausgedrückt davon aus, dass konstant mehr Besucher kommen, wenn Sie konstant neue Inhalte bieten. Denn im Internet bauen Sie auf geleisteter Arbeit auf, statt Tag für Tag von Neuem beginnen zu müssen. Besucherrekorde sind an der Tagesordnung, und nach einigen Monaten kommen die User sogar im Sekundentakt herein. Sehr faszinierend! Sich des wachsenden Erfolgs ständig zu vergewissern und daran zu ergötzen, birgt hohes Suchtpotential. Sie wären nicht der erste Webmaster, der stundenlang gebannt vor der Live-Auswertung sitzt und glaubt, die Besucherbalken wachsen fortan von selbst in den Himmel. Da Sie aber nur noch Statistiken schauen und nicht mehr am Inhalt arbeiten, ist eine Seitwärtsbewegung die Folge. Sie müssen diese Faszinationsphase überwinden, wenn Sie *wirklich* erfolgreich werden wollen!

Einfache Erfolgs- prinzipien (nicht nur) für das Internet

Ich habe Jahre gebraucht, um die richtigen Zutaten für mein Er- folgsrezept zu finden. Sie sind die Grundlage meiner täglichen Ar- beit, und ihre Richtigkeit bestätigt sich immer wieder.

Einfache Erfolgsprinzipien (nicht nur) für das Internet

Es kommt nur auf Google an

Monopole sind nicht gut für den Wettbewerb, das ist klar. Google hat ein Monopol auf weite Teile des Internets, und wir das Glück, dass sich Google „Don't be evil", also „Sei nicht böse" ins eigene Leitbild geschrieben hat. Hoffen wir mal, dass das auch so bleibt. Denn Macht braucht Kontrolle, und die gibt es im Fall von Google nicht wirklich. Keinem Anbieter wird es mittelfristig gelingen, die Allmacht von Google anzugreifen. Eher ist zu befürchten, dass sich das Monopol noch verstärkt. Ein kleiner Trost: Wer sich an die Regeln hält, hat mit Google den besten Verbündeten, den er/sie sich wünschen kann, um online erfolgreich zu werden.

Mit seiner Fülle an Diensten, vor allem aber der ausgezeichneten Suche, hat der Suchmaschinenriese jede Konkurrenz weit hinter sich gelassen. Marktanteile von 80 % (Websuche) und mehr legen sogar nahe, jeden anderen Anbieter zu vergessen. Alles andere wäre – kaufmännisch gesehen – grober Unfug und käme Don Quixotes Kampf gegen die Windmühlenflügel gleich.

Ich beziehe mich in diesem Buch sehr oft auf Google, wie man Webseiten dort sieht und in „gut" und „böse" einteilt; was man tut, wenn Google dies oder jenes tut; wie man Googles Dienste für sich nützt und so weiter. Es könnte der Eindruck entstehen, dass ich das Internet sehr einseitig darstelle. Doch jeder, der dank Internet sein Geld verdient, wird mir beipflichten: Es kommt nur auf Google an.

Harte Arbeit zahlt sich aus

Ohne Arbeit gibt es keinen Erfolg. Das Internet schenkt Ihnen nichts. Doch das, was Sie säen, werden Sie hundertfach ernten – positiv wie negativ.

Das Sprichwort „Steter Tropfen höhlt den Stein" bestätigt sich immer wieder. Kontinuierliche, konsequente Arbeit wird von Ihren Besuchern und folgerichtig auch von Google geschätzt. Nichts ist schlimmer, als auf Unternehmenswebseiten zu stoßen, deren letzter News-Eintrag die Weihnachtsfeier des Jahres 2004 Revue passieren lässt. Wie viel Arbeit wäre es wohl gewesen, jede Woche einen neuen Eintrag zu sich und seinen Angeboten zu veröffentlichen? 15 Minuten pro Woche? Was hat Sie aufgehalten? Das Tagesgeschäft? Pah! Diese Ausrede wird viel zu oft gebraucht. Ein Unternehmer, der sich keine Viertelstunde abzwacken kann, um aktiv an seiner Zukunft zu arbeiten, darf sich keine großartige Zukunft erwarten.

Gehen wir davon aus, dass Sie sauber bleiben und auf unseriöse Tricks verzichten, dann gilt: Je mehr Sie arbeiten, desto mehr Erfolg werden Sie haben. Diese Arbeit kann unterschiedlich aussehen. Ein neuer News-Beitrag, eine neue Fotostrecke, ein Video für YouTube, neue Forenbeiträge, Gastartikel für bekanntere Seiten, Reaktionen auf positive und negative Bewertungen, Vernetzung in Social Networks und so weiter. Wichtig ist vor allem, *dass* Sie etwas tun, statt am Stammtisch Mark Zuckerbergs Glück zu beneiden und sich selbst zu bemitleiden. Von nichts kommt nichts!

Die meisten Menschen haben keinen nennenswerten Online-Erfolg, weil sie nicht bereit sind, hart zu arbeiten. „Reich werden ohne Arbeit" ist ein Renner bei den Google-Suchanfragen. Warum wohl? Weil der Mensch von Natur aus faul ist und gerne an Märchen glaubt. Wer wirklich durchstarten will, muss bereit sein, den Allerwertesten zu bewegen. Der Einsatz wird sich lohnen.

Würde man mir alles nehmen und mich irgendwo auf dieser Welt aussetzen, und ich hätte neben einer bescheidenen Reserve für meine Grundbedürfnisse nur einen Internet-Zugang zur Verfügung, so bräuchte ich maximal ein Jahr, um wieder ein ordentliches Gehalt aus dem Internet zu ziehen. Schon nach wenigen Monaten harter Arbeit wären die laufenden Kosten gedeckt. Nach diesem Jahr würde ich mich zurücklehnen, denn *ab dann könnte ich die Früchte meiner Arbeit genießen.* Mit meinem Einsatz habe ich dann viele nützliche Inhalte geschaffen. Nun arbeitet das Internet für mich. Andere werden auf mich aufmerksam und kommen auf mich zu, bis hin zur Bereitschaft, kostenlos für meine Webseiten zu arbeiten. Der entscheidende Faktor war meine Bereitschaft, *zeitlich begrenzt* überdurchschnittlich hart zu arbeiten und damit eine solide Basis für meine Zukunft zu schaffen. So erstaunlich es für mich klingt, Durchschnittsmenschen laufen lieber ihr Leben lang im Hamsterrad, als ein Jahr lang *Vollgas in eigener Sache* zu geben.

Es muss nicht das „Internet-Gehalt" sein. Dieses Beispiel habe ich deshalb gewählt, weil es für mich eine angenehme Vorstellung ist, später mal „Geld fürs Nichtstun" zu bekommen. Doch Internet-Erfolg hat viele Gesichter. In einem Jahr könnte es Ihnen z.B. auch gelingen, Ihre Marke bekannter zu machen, Ihren Onlineshop anzukurbeln, am besten bewerteter Anbieter Ihrer Region zu werden, eine Vielzahl von Neukundenanfragen zu generieren und mehr. Suchen Sie sich Ihr persönliches Ziel aus!

Ein Jahr ist zu lange – bis dahin können Sie nicht warten? Ich kann Sie beruhigen. Schon nach wenigen Wochen werden Sie erste Erfolge haben, die das Leben leichter machen. Versuchen Sie nur niemals, zu tricksen, um die natürliche Entwicklung künstlich zu beschleunigen. Wenn Sie den sofortigen Erfolg ohne Arbeit wollen, spielen Sie lieber Lotto, statt dieses Buch zu lesen. Verknüpfen Sie die Worte Reichtum und Glück untrennbar miteinander, wie es 99 % Ihrer Mitbürger tun. Dass man sich Reichtum auch erarbeiten kann, ist kein Geheimnis. Glück kann man haben, Arbeit muss man leisten. Unsere Ge-

sellschaft verlässt sich sehr gerne auf die bequemere Variante –
und Sie?

Die Nische als Erfolgsrezept

Je spezieller Ihr Angebot, desto besser. Früher wäre es unrenta-
bel gewesen, sich auf eine kleine Zielgruppe zu konzentrieren.
Nehmen wir das Beispiel vom Geschäft für Clownschminke. Es
würde wohl wenig Sinn machen, einen solchen Laden in Ein-
kaufszentren oder Fußgängerzonen zu eröffnen. Es wäre viel
zu unwahrscheinlich, dass genügend (professionelle) Clowns
zufällig vorbeispazieren, um auf die nötige Besucherfrequenz
zu kommen. Doch im Internet macht es Sinn. Egal, ob ein
Clown in Hamburg, Zürich, Linz, New York oder Kuala Lum-
pur wohnt, er wird Sie finden, wenn Sie der weltweit einzige
Online-Shop für Clownschminke sind. Alle Ihre Homepage-
Inhalte und Angebote drehen sich nur um die lustigen Farben
und Cremes. Das hat Google erkannt und listet Sie besonders
weit vorne, wenn potentielle Kunden nach „Clownschminke",
„lustige Gesichtsfarben" oder „Clown-Kosmetik" suchen. Und
damit erreichen Sie genau Ihre Zielgruppe! Der Generalist, der
alle Arten von Schminksachen anbietet, muss sich hingegen mit
Kosmetikern, Pharmariesen und Handelsketten duellieren und
wird wohl niemals die erste Position in den Suchergebnissen
erklimmen.

Dieses plakative Beispiel lässt sich auf alle Branchen übertra-
gen. Das Hotel für Senioren-Pflegeurlaub hat bessere Chancen
als das XY-Wellnesshotel. Der Experte für Wohnraumversiche-
rungen wird eher zu seinen Kunden finden (eigentlich umgekehrt: die Kunden finden über das Internet zu ihm) als ein XY-
Versicherungsmakler. Die Queen-Revival-Hochzeitsband wird
besser gebucht als eine XY-Tanzkapelle. Das Fischrestaurant
für heimische Flussfische ist öfter voll als eine XY-Fischbude.
Und so weiter.

Der Grund dafür ist ganz einfach. Die meisten Unternehmen
haben viel zu viele Produkte und Leistungen im Angebot. Sie

wollen es allen Kunden recht machen und hängen sich einen farbenfrohen Bauchladen um. Von allem ein bisschen, doch von nichts besonders viel. Folgerichtig offerieren sie ein sehr breites, aber nicht sehr tiefes Sortiment. Sucht ein potenzieller Abnehmer nur ein wenig abseits dessen, was „die meisten" wollen, erntet er bedauerndes Schulterzucken. Und das ist Ihre Chance. In einer engen Nische gibt es wenig bis gar keine Konkurrenz. Dank Internet werden Sie auch von Interessenten gefunden, die Hunderte Kilometer von Ihnen entfernt leben. Darüber hinaus ist eine spezielle Zielgruppe untereinander gut vernetzt. Das bedeutet: Ihr spezielles Angebot spricht sich schnell herum, wird verlinkt, Ihre Seite steigt noch weiter auf, wird noch öfter gefunden, und so weiter. Kein Teufelskreis – ein Engelskreis!

Es macht Sinn, sich auf eine Nische zu konzentrieren. Sie bleiben aber nicht darauf beschränkt. Haben Sie das Spezialthema besetzt, kennt man Sie und empfiehlt Sie auch weiter. Je größer der Anteil an Stamm- und Empfehlungskunden ist, desto mehr werden Sie nach Angeboten gefragt werden, die außerhalb Ihrer Nische angesiedelt sind. Wenn es sich für Sie rechnet, dehnen Sie Ihr Angebot schrittweise aus.

Sie brauchen ein eigenes Angebot

„You need a product", raten viele Web-Experten. Mit gutem Grund. Das Internet ist geradezu prädestiniert dafür, jede Form von Zwischenhandel auszuschalten, so auch jenen mit Informationen. Schließlich steht das weltweite Netz selbst für die Demokratisierung und freie Zugänglichkeit allen Wissens. Google ist gnadenlos zu jenen, die sich mit ihren Webseiten und typischen Vermittlungstätigkeiten zwischen die eigentlichen Anbieter und deren Kunden zwängen wollen. Ein kleines Beispiel aus der Praxis: Ich brauchte mehrere Jahre, um eine Webseite zum Thema „Webdesign" aufzubauen. Zuerst programmierte ich die so genannten Templates noch selbst, doch dann konzentrierte ich mich darauf, fremde Arbeiten zu analysieren und über die Empfehlung dieser Produkte Geld zu verdienen. Im Grunde brauchte der potentielle Käufer meinen Rat nicht wirklich. Da meine Seite recht gut optimiert war, fand man mich oft früher als die eigentlichen Anbieter, zu denen ich die Besucher weiterleitete. Ich drängte mich vor, und Google bestrafte mich dafür, indem man meine Seite von einem Tag auf den anderen aus dem Index und auch aus dem Anzeigendienst AdWords warf. Obwohl die Homepage Lichtjahre von Spam, Tricks und üblen Machenschaften entfernt ist, und ich mir wirklich Mühe mit den Inhalten gegeben habe, war ich nichts weiter als ein „Vordränger" ohne eigenes Produkt. Google zog mir dafür den Stecker. Lieber sieht man die Hersteller vorne, als reine Produktvermittler, die ohnehin nur zu den eigentlichen Anbietern führen. Dass Letztere oft mehr vom Webseitenaufbau und der Suchmaschinenoptimierung verstehen, bietet Besuchern keinen Mehrwert. Schmerzlich für mich, doch irgendwie verständlich, oder nicht?

Dieser Punkt sollte all jenen zu denken geben, die den Online-Erfolg im reinen Affiliate-Marketing suchen. Hier verdient man Provisionen über die Empfehlung fremder Angebote auf der eigenen Webseite. Das Business ist milliardenschwer und hat viele Multimillionäre hervorgebracht. Auch ich verdiene noch gut damit. Neue Signale von Google deuten aber darauf hin, dass man sich reiner Affiliate-Seiten entledigen wird. Das sind jene, die nur zu dem Zweck aufgebaut und gepflegt werden, um fremde Provisionen zu kassieren (MFA, „Made for Ads" bzw. „Gemacht für Anzeigen"). Einer reinen MFA-Seite geht es nicht um Mehrwerte für Besucher, sondern um die schnellstmögliche Weiterleitung zum Provisionspartner, und damit ums Geld. Auf die Mischung kommt es an. Gegen Affiliate-Marketing ist nichts einzuwenden, wenn es nicht im Mittelpunkt einer Webseite steht.

Aber was ist gerade noch o.k., und wann hat man es mit dem Bewerben fremder Produkte übertrieben und wird daher von Google mit einer gelben oder roten Karte bedacht? Genau dieser Ermessensspielraum ist ein riesiges Problem für die Branche. Wie auch in meinem Fall, entscheidet nicht ein Google-Algorithmus, was „MFA" ist, sondern ein Mitglied des Qualitätssicherungsteams aus Fleisch und Blut. Diese Art von Strafen wird händisch vergeben und liegt im Ermessen des Google-Mitarbeiters. Ich befürchte, das Ausmisten hat gerade erst begonnen, und nicht immer werden die menschlichen Entscheidungen objektiv nachvollziehbar sein. Im Fall einer Strafe bleibt Ihnen nur, die Webseite von Grund auf neu auszurichten und Google zur Neubewertung vorzulegen. Das funktioniert auch. Was nach der Änderung Ihrer Homepage allerdings nicht mehr funktioniert, ist Ihr Geschäftsmodell. Was dann?

Wenn Sie nachhaltig erfolgreich sein wollen (und wer will das nicht?), so müssen Sie *selbst etwas zu bieten haben*. Das muss kein körperliches Produkt sein. „You need a product" ist im übertragenen Sinn zu verstehen. Nicht nachhaltig ist es, alle Online-Aktivitäten darauf auszurichten, die Kundenzahl anderer Unternehmen zu maximieren und Provisionen zu kassieren. Sie brauchen ein *eigenes Angebot*, das zu *eigenen Kunden* führt, egal, ob Sie Händler, Handwerker, Gastronom, Taxiunternehmer, Hotelier, Arzt oder Publizist sind.

Was haben Sie zu bieten?

Probieren geht über Studieren

Es ist einfach und günstig, eine neue Webseite aufzubauen. In Zeiten des viel zitierten „Web 2.0" braucht man dafür weder Programmierer noch Computerfachmann zu sein. Ihr Einsatz ist Ihre Zeit, und ob Sie mit einer oder gleich fünf Homepages starten, spielt bei den Ausgaben (fast) keine Rolle. Das bietet die Chance, sehr viele unterschiedliche Ansätze auszuprobieren, ohne gleich wirtschaftlichen Schiffbruch zu erleiden. Mit mehreren Homepages könnten Sie z.B. bei Zielgruppen, Regionen oder Nischenthemen variieren und dann mit *der* Seite weitermachen, die den besten Start hingelegt hat. Es ist wahrscheinlicher, dass eine von fünf Homepages erfolgreich wird, als dass Sie von Beginn an genau wissen, was in Ihrer Branche

geht und was nicht. Denn das weiß niemand! Irren ist mensch-
lich, und sich zu irren gehört im Internet einfach dazu. Selbst
Google gibt offen zu, nicht schlauer zu sein als die User, und
vertraut ausschließlich auf das Prinzip „Versuch und Irrtum"
und damit dem Urteil der Kunden. Die smartesten Uni-Ab-
gänger der Welt stehen Schlange vor Googles Personalbüro. Die
Crème de la Crème der IT konzipiert neue Dienste und setzt
nur die besten Ideen in die Tat um. Doch wenn ein Projekt (wie
z.B. *Google Wave*, angekündigt als „*Der* E-Mail-Nachfolger")
nicht ankommt, hat man sich eben geirrt, und es wird wieder
eingestellt und niemand ist böse.

Kleinere Unternehmen haben gegenüber Google den Vorteil,
schlechter funktionierende Projekte einfach online lassen zu
können. Google ist zum Erfolg verdammt, denn Webseiten sind
ihr Geschäft. Der Google-Stempel soll sich nur auf dauerhaft
erfolgreichen Projekten finden. Für „normale" Firmen sind Internet-Auftritte nur Mittel zum Zweck, Akquisitionstools oder
Verkaufsinstrumente. Da deren Betrieb nahezu kostenlos ist,
werden auch die „Underdogs" unter mehreren Homepages ihr
Scherflein zu Ihrem Erfolg beitragen und trotz schwacher Performance den einen oder anderen Umsatz bringen. Ein kleiner
Hinweis dazu: Die Summe der Einnahmen meiner Projekte, die
ich als „Irrtum" bezeichne, würde ausreichen, um alle meine
laufenden Kosten zu decken. Auch Kleinvieh macht Mist! Jeder
neue Versuch ist eine neue Chance auf *den* großen Treffer. Und
weil Versuche im Internet sehr günstig unternommen werden
können, sollten Sie viel versuchen, statt sich vor Fehleinschät-
zungen und Irrtümern zu fürchten.

Verdienst „pro Tag" statt „pro Monat"

Im Internet kommt es nicht darauf an, wie viel Sie pro Monat
oder pro Jahr verkaufen, verdienen oder leisten. Diese Zeiträu-
me sind viel zu lang, als dass man sie optimieren könnte. Ich
betrachte meine Einnahmen pro Tag und vergleiche sie mitein-

ander. So kann ich sehr zeitnah sehen, welche Auswirkungen meine Arbeit hat.

Als ich 2008 realisierte, dass ich über mein Online-Wirtschaftsmagazin stabile fünf Euro pro Tag aus Google-Werbung („Google AdSense") einnehme, ging mir der Knopf auf. „Fünf Euro täglich sind 150 Euro monatlich. Dieses Geld kommt jetzt automatisch, da die bisherigen Inhalte ja online bleiben und ich sie nicht nochmal schreiben muss. Habe ich also zehnmal so viele Inhalte, werde ich 50 Euro pro Tag einnehmen, was 1.500 Euro monatlich entspricht. Und davon kann ich schon ganz gut über die Runden kommen. Und das Beste: Auch die 1.500 Euro werden von selbst eintrudeln, und alles, was ich dann noch leiste, wird meine Einnahmen nur noch weiter steigern!" Glauben Sie mir: Es funktioniert tatsächlich so. Heute belaufen sich meine Tageseinnahmen auf ein Mehrfaches meiner damaligen Ziele, und ich arbeite immer noch mit dieser Grundeinstellung.

Das Verdienstpotenzial ist im Internet nahezu unbeschränkt. Die Schranken befinden sich vor allem im eigenen Kopf, weil uns Konvention, Ethik und Moral diktieren, welches Einkommen sozial gerechtfertigt sei. Es fühlt sich falsch an, pro Monat einzunehmen, was ein anderer pro Jahr verdient. Diese Barriere gilt es zu überwinden. Internet-Multimillionäre raten: „Mache Deine Jahreseinnahmen zu Monatseinnahmen, Deine Monatseinnahmen zu Wocheneinnahmen, bis Du schließlich pro Tag verdienst, was früher Dein Jahreseinkommen war!" Geht nicht? Gibt's nicht. Alles ist eine Frage des Einsatzes. Ich kenne Webmaster, die nicht ihren Tages-, sondern ihren Stundenertrag als Maßstab heranziehen und optimieren. Mir persönlich erscheint das übertrieben, und ich bin auch nicht so verbissen und geldgierig. Mir persönlich reicht es, ordentlich zu verdienen, und das Leben genießen zu können. Für mich ist Zeit der wahre Luxus, den man sich nicht kaufen kann, sondern nehmen muss. Aber lassen Sie sich bloß nicht von mir aufhalten!

Die Ziele: Definieren und messen!

Dass das weltweite Netz für gehörigen Rückenwind sorgen kann, steht außer Zweifel. Doch: „Wer nicht weiß, wohin er segeln will, für den ist kein Wind der richtige", wusste schon Seneca im alten Rom. Also: Was *genau* wollen Sie im Internet erreichen? Neue Einnahmequellen? Mehr Käufer? Neue Mitglieder? Größere Bekanntheit Ihrer Marke? Höhere Preise?

Nur wenn Sie sich messbare Ziele setzen, werden Sie beurteilen können, ob Ihnen das Internet nützt oder nicht. Ich habe es oft erlebt, dass Unternehmer den plötzlichen Erfolg nicht der neuen Webseite, sondern sich selbst zurechnen. „O.k., die Anfragen kamen über die Homepage, aber abgeschlossen habe ich und nicht die Homepage!" Dass das eine ohne das andere gar nicht möglich gewesen wäre, wird großzügig vergessen. Interessenten werden über die Webseite informiert, vorqualifiziert und deren Kaufbereitschaft gesteigert, auch wenn sie dann tatsächlich „offline" kaufen. Doch am Ende glaubt der Firmenboss allen Ernstes, die Homepage wäre gar nicht nötig gewesen und hätte nur viel Geld gekostet. Ich habe daraus gelernt, niemals ohne eindeutig formulierte, messbare Ziele in ein neues Kundenprojekt zu gehen.

Einige Beispiele für konkrete, messbare Ziele im Internet:

✓ 5.000 themenrelevante Suchanfragen pro Tag aus Deutschland

✓ Steigerung der Neukundenanfragen auf 100 pro Tag

✓ Erhöhung des Warenkorbwerts auf durchschnittlich 500 Euro pro Käufer

✓ In den Top 10 der Berliner Hotels auf *HolidayCheck.de* sein

jeweils mit Termin, bis wann das Ziel erreicht sein soll und wie genau die Zielerfüllung zu messen ist. Ungeeignet, weil nicht messbar, wären z.B. Formulierungen wie „Steigerung der Informationsqualität", „höhere Kaufbereitschaft" und andere Wischi-Waschi-Vorgaben, die das Papier nicht wert sind, auf dem sie geschrieben stehen. Das Zielcontrolling, also die regelmäßige Gegenüberstellung von Soll und Ist, eventuelle Anpassungen und Festsetzung weiterer Maßnahmen zur Zielerreichung, sollte Ihnen zu einer festen Gewohnheit werden.

Sehr viele Ziele lassen sich komfortabel über die Webseitenstatistik messen. Deshalb sehen wir uns die Tools später noch genauer an.

Keine „Aktionitis" oder Einmalarbeit

Was sich Firmen alles für den schnellen Extra-Euro einfallen lassen! Mit Riesenaufwand wird das eigene Angebot künstlich verknappt. Die Käufer sollen sich für wenige Tage oder Wochen darum reißen. Schlussverkäufe, Valentinstagsspecials, Weihnachtsturbos, Rabattcodes, 30-Tage-Wechselboni, 6-Monats-Zinsvorteile und Zahl-eins-nimm-zwei-Aktionen lauern überall. Seien wir mal ehrlich: Wie viele davon kann der Kunde überhaupt noch geistig erfassen? Was mögen Konzeption, Produktion und Distribution der Aktion gekostet haben? Ist unterm Strich etwas geblieben? Und lässt sich das überhaupt messen?

Ich distanziere mich ausdrücklich von jeder Form von Aktionitis im Internet. Der Aufwand lohnt sich einfach nicht. Welche Rolle spielt die kurzfristige Ertragsmaximierung in der langfristigen Entwicklung Ihres Unternehmens? Und wie viel außerplanmäßige Arbeit ist dafür erforderlich? Ich behaupte: Aktionen sind nicht nur nutzlos, sie können Ihnen sogar schaden, wenn Sie z.B. Bestandskunden mit Preisreduktionen oder Neukundenrabatten verärgern. Investieren Sie Ihre Ressourcen lieber in die Verbesserung Ihres dauerhaft verfügbaren Angebots. Kein Kunde soll das Gefühl bekommen, Sie hätten ihn mit psychologischen Tricks und künstlicher Verknappung geködert. Richten Sie Ihre Webseite möglichst langfristig aus. Nutzen Sie die Tatsache, dass Ihre Homepage 24 Stunden für Sie arbeitet, Tag für Tag, Jahr für Jahr. Es wäre doch schade, dieses

Potential brachliegen zu lassen, weil Sie zu kurzfristig denken und sich von Aktion zu Aktion hangeln.

Das Wesen des Internets spricht auch gegen „Einmalarbeit". Nehmen wir das Negativbeispiel eines eBay-Trödlers für Gebrauchtwaren: Er muss die Ware begutachten, fotografieren, beschreiben, die Auktion abwickeln, sich eine Verpackung für das Einzelstück überlegen und so weiter. Der ganze Aufwand für einen einzigen Umsatz – schrecklich! Nun stellen Sie sich vor, Sie nehmen einen neuen Artikel in Ihr Programm auf, den Sie so oft herstellen oder beziehen und weiterverkaufen können, wie Sie wollen. Ihr Aufwand für das erste verkaufte Stück ist gleich hoch wie der des Trödlers, aber dann geht es ab: Vom zweiten Verkauf an stecken Sie den Gebrauchtwarenhändler in die Tasche. Durch kleine Anpassungen hie und da verbessern Sie das Angebot, Kunden empfehlen Sie weiter, mehr Kunden kaufen, Sie optimieren weiter, und das Rad dreht sich.

Ein kleines Beispiel, das dieses Denken verdeutlichen soll: Der Verlag, in dem dieses Buch erscheint, bot mir bei Vertragsunterzeichnung eine Vorschusszahlung auf meine Tantiemen an. Diese Vorabzahlung soll Autoren über die Zeit helfen, in der sie ein Buch schreiben. Dieser Vorschuss wird dann von den tatsächlichen Einnahmen des Autors abgezogen. Erst was darüber hinausgeht, bekommt der Autor. Viele Bücher schaffen es nicht, ihren Verfassern mehr Geld zu bringen, als mit dem Vorschuss bereits vorausbezahlt wurde. Ein schlechtes Geschäft für den Verlag, das mit den wenigen Bestsellern wettgemacht werden muss. Ich habe auf diese Vorleistung verzichtet, da sie für mich in das System „Einmalarbeit" fällt. Mir ist es viel wichtiger, dass sich das Buch auch in fünf Jahren noch gut verkauft und konstante Tantiemen abwirft, als dass ich einmal zu Beginn eine Zahlung vom Verlag erhalte.

Für die Unternehmensberater unter uns: „Es geht um Nachhaltigkeit!" Machen Sie keine Einmalarbeit, wenn Sie wirklich erfolgreich werden wollen. Fassen Sie nur das an, was sich tausendmal rentieren könnte. Nur so geht Internet!

Keine Angst vor Konkurrenz

Auch heute noch werden Erfolgsrezepte sorgfältig vor der Konkurrenz in Sicherheit gebracht. Hat man nach langer Suche den „Heiligen Gral" gefunden, der dem Unternehmen zum Durchbruch verhalf, will man ihn doch nicht dem Mitbewerb überlassen!

Warum veröffentliche ich also hier, was „Fremde" erfolgreich machen kann? Ruft das nicht den Mitbewerb auf den Plan, der meinen Webseiten das Wasser abgräbt? Ich behaupte: Es ist genug für alle da, und das noch für Jahrzehnte. Millionen von Nischen, Themen und Ideen warten noch darauf, besetzt zu werden. Es schadet mir überhaupt nicht, wenn Sie nach meiner Methode arbeiten, denn aus Ihrem Hintergrund, Ihren Fähigkeiten, Ihren Interessen und Ihren Angeboten mixen Sie Ihren ganz individuellen Erfolgscocktail. Kein Mensch auf dieser Erde ist die exakte Kopie eines anderen, und das gilt auch für Webseiten, es sei denn, sie *wurden* kopiert, was Google schnell aufdecken und bestrafen würde. Selbst wenn Ihre Webseite thematisch vollkommen gleich ausgerichtet wäre, würden wir uns ob der Milliarden möglicher Suchanfragen unserer Besucher nicht oft in die Quere kommen. Einmal sind Sie weiter vorne, einmal ich. Wie gesagt: Es ist genug für alle da!

Ich finde es lustig, wenn sich Firmen auf ihren Webseiten selbst im Wege stehen. Neue Produkte findet man erst, wenn sie schon hundertfach patentiert und abgesichert sind. Über Entstehung und Hintergründe erfährt der Kunde nichts. Die eigenen Mitarbeiter werden versteckt, weil man sich vor Headhuntern fürchtet, die die besten Köpfe abwerben könnten. Online-Prospekte werden zensiert, um den Produktpiraten das Kopieren schwerer zu machen. Fotos und Videos werden streng selektiert, meist vom Vorstand höchstpersönlich. Zulieferbetriebe sind Staatsgeheimnis. Dienstleister halten ihre selbst entwickelten Tools im Verborgenen, weil sie ja sonst nicht nur Kunden, sondern auch Mitbewerber nutzen könnten.

Stehen Sie sich nicht selbst im Weg! Je transparenter Sie sich geben und je mehr Material Sie den Besuchern zur Verfügung stellen, desto schneller kommen Sie im Internet vorwärts. Jedes Produkt, jeder Mitarbeiter, jedes Foto und jedes Tool ist eine neue Chance, Spuren zu hinterlassen, gefunden zu werden und damit Ihren Internet-Erfolg zu steigern.

Vier Beispiele:

✔ Wer seine Kunden laufend über Entwicklung, Entstehung und Reifungsprozess seiner Produkte informiert, weckt Neugier, beugt Spontankäufen bei der Konkurrenz „mangels Kenntnis" vor und zeigt sich als lebendiges Unternehmen. Rückschläge und Irrtümer in der Produktentwicklung machen Ihre Firma menschlicher und zeigen, wie viel Ihnen daran liegt, dem Endkunden nur das beste, ausgereifteste Produkt anzubieten.

✔ Wer seine Mitarbeiter ausführlich und einzeln auf der Webseite vorstellt, drückt damit nicht nur seine Wertschätzung gegenüber den Arbeitnehmern aus, sondern sorgt auch dafür, dass sein Unternehmen Gesichter bekommt, „menschlicher" wird – und breiter im Internet aufgestellt ist. So finden neue Besucher zu Ihnen, die nach dem Namen eines Mitarbeiters gesucht haben. Mit dem Spruch: „Ach, das wusste ich ja gar nicht, dass Du bei XY arbeitest, da könnten wir doch gleich mal ...", kann man auch zu neuen Kunden kommen.

✔ Wenn Sie sich von Ihren Mitbewerbern dadurch unterscheiden, dass Sie nicht nur das päpstlich abgesegnete, copyrightgeschützte Standard-Produktfoto anbieten, sondern gleich mehrere professionelle Fotostrecken zur (lizenz)freien Verwendung und Verbreitung durch die Internet-Community, werden Sie nicht nur wesentlich mehr Publicity (und natürliche Backlinks) ernten, sondern auch viel öfter über die Google-Bildersuche gefunden werden. Deren Potential sollten Sie niemals unterschätzen, vor allem, wenn Sie visuell Erfassbares produzieren.

✔ Ein Finanzdienstleister, der ein Haushaltsbuch auf Excel-Basis programmiert hat, könnte dieses seinen Besuchern zum kostenlosen Download anbieten. Über die natürliche Weiterverbreitung gelangen neue Interessenten zu ihm, denen er sich mit dem kostenlosen Tool schon als kompetent präsentiert hat. Was schadet es da, wenn andere Finanzberater das Tool ebenfalls verwenden?

Ich behaupte: Je mehr (Qualitäts-)Inhalte, desto besser. Füttern Sie Ihre Webseite, und sie wird Sie füttern.

Besuchernutzen ist wichtiger als Optik

Eine Webseite nützt dem Besucher nur dann, wenn er findet, was er sucht. Ich habe bereits davor gewarnt, zu sehr auf optische Spielereien zu setzen, die noch dazu sehr teuer werden können. Ihre Werbeagentur mag behaupten, was sie will, doch die Auffindbarkeit von Inhalten ist wesentlich wichtiger als die Frage, ob ein Besucher Ihrer Seite ob deren geballter Schönheit spontan in Ohnmacht fällt. Viel wahrscheinlicher ist es, dass er von den eigentlichen Zielen abgelenkt wird oder aufgrund der langsamen Ladezeiten einschläft. Ihre Homepage soll zwar nicht ausschauen wie 1990, doch der Grundsatz lautet immer: Je schneller der Besucher findet, was er sucht, desto besser! Das gilt sowohl für Ladezeiten als auch für die eigentliche Auffindbarkeit der nützlichen Informationen und Ihrer Ziele, wie etwa des Shops, der Kontaktdaten oder des News-Bereichs. Profi-Webseiten, die ihren Besitzern Millionen einbringen, sind nicht schön, sondern funktional.

Glauben Sie nicht, es wäre eh alles bestens. Setzen Sie Ihre Großmutter, Ihren Onkel oder beliebige Leute von der Straße vor Ihre Webseite und Sie werden staunen, was man alles nicht finden kann. Genau das passiert auf Ihrer Homepage Tag für Tag. So schön Ihr Auftritt sein mag: Die Benutzbarkeit entscheidet über den Erfolg. Schönheit liegt im Auge des Betrachters, Benutzbarkeit betrifft alle.

Kennen Sie Ihre Besucher?

Wer sind Ihre Besucher? Woher genau kommen sie, wie haben sie Ihre Webseite gefunden, wie lange sind sie bei Ihnen geblieben und was haben sie sich dabei angesehen? Haben sie gefunden, was sie suchten? Wo fehlen noch Informationen? Auf welcher Seite gehen die meisten Gäste verloren, weil sie den Zurück-Button ihres Browsers oder einen externen Link anklicken? Wie viele Besucher sind ernsthaft an Ihrem Angebot (bzw. Ihrem Ziel) interessiert? Bei Online-Shops: Warum kaufen manche Nutzer und andere nicht, und was haben die Käufer vorher bei Google eingetippt? Welche Abfragen führen nie zu Käufen, und warum landen diese Leute ausgerechnet bei Ihnen und nicht bei Ihrem Mitbewerber?

Solche und noch viele andere Fragen können Sie durch regelmäßiges Kontrollieren der Webseiten-Statistik beantworten. Je mehr Sie über Ihre Besucher wissen, desto eher lässt sich *der* Wunschbesucher finden. Man entwickelt ein Gefühl dafür, wie dieser Mensch aussieht, woher er kommt, was er sucht und denkt, in welcher Lebenssituation er steckt und vieles andere. Diesen typischen User müssen Sie kennen und anvisieren, um wirklich erfolgreich zu werden.

Never Change A Winning Site!

Wie oft habe ich schon erfolglos an meinen Seiten herumgebastelt! Um auch den letzten Rest an Werbemöglichkeiten herauszukitzeln, bereitete ich z.B. meine allererste und damals erfolgreichste Seite wochenlang auf einen „Relaunch", also einen Neustart vor. Von der Konzeption bis zu den letzten Tests investierte ich jede Menge Zeit und Know-how, und ich bin mir auch heute noch sicher, dass die Lösung – vom technischen und theoretischen Standpunkt aus betrachtet – sehr raffiniert und chancenreich war. Sie unterschied sich sowohl optisch als auch in der Funktion deutlich von ihrem Vorgänger, und bot wesentlich mehr Kontroll- und Vermarktungsmöglichkeiten.

Ich wechselte also per Knopfdruck zur neuen Version, und was passierte? Gar nichts. Die Leistungskennzahlen waren dieselben, mit dem Nachteil, dass die Seite nun viel langsamer, weil komplizierter aufgebaut war. Ich hätte eine Menge Geld in leistungsfähigeres Webhosting stecken müssen, um alle Möglichkeiten der neuen Seite nutzen zu können. Unterm Strich wäre es wohl wieder ein Nullsummenspiel gewesen. Nach wenigen Wochen wechselte ich zurück zur alten Version. Unterm Strich blieb eine Menge verschwendeter Zeit, aber auch eine wichtige Erkenntnis: Was funktioniert, sollte man niemals radikal umkrempeln.

Ich warne jeden Seitenbetreiber davor, zu viel an Seiten herumzuspielen, die grundsätzlich gut funktionieren. Jeder Eingriff birgt die Gefahr, dass sich Fehler im Code einschleichen, die schwer zu erkennen sind. Plötzlich erscheint ein Teil der Seite nicht mehr, an den Sie gar nicht gedacht haben. Besucher und der Google-Bot (der elektronische „Google-Spürhund", der Ihre Webseite regelmäßig nach Inhalten durchsucht) sehen wirre Fehlermeldungen. Sie selbst rätseln, warum die Einnahmen einbrechen und Ihre Seiten in den Suchergebnissen nach unten rutschen. Alles wegen eines Mini-Flüchtigkeitsfehlers beim Herumspielen! Zudem kann es z.B. auch passieren, dass Sie optische Eingriffe vornehmen, die in Ihrem Browser (z.B. Firefox) ordentlich angezeigt werden, doch allen Benutzern des Internet Explorers Resultate anzeigen, die eher an einen Schrottplatz als Ihre alte Webseite erinnern. Sie können von Glück reden, wenn Ihre Stammbesucher so nett sind, Sie darauf aufmerksam zu machen, statt das Weite zu suchen. Oder Sie entfernen einen Link oder ein Auswahlmenü, weil Sie das entsprechende Element für unwichtig hielten, und plötzlich finden die Benutzer nicht mehr zum gewünschten Ziel. Gefahren lauern überall, und daher sollten Veränderungen an der Webseite nur mit Bedacht und nach ausgiebigen Tests erfolgen.

Können Sie sich noch erinnern, wie erstaunt Ihre Großmutter immer war, wie sehr Sie doch seit dem letzten Treffen wieder gewachsen sind? Ihrer Mutter ist das gar nicht aufgefallen, denn sie sah Sie jeden Tag. Auch Webseiten wachsen über die Zeit. Man könnte sagen, das Design gewöhnt sich an den Inhalt, der Besucher an beides – und umgekehrt. Kleine Änderungen hie und da bringen viele kleine Verbesserungen, die insgesamt dazu führen, dass die Seite über die Zeit viel besser wird. Ihnen fällt das gar nicht auf, schließlich sehen Sie die Homepage jeden Tag. Den langsamen, organischen Wachstumsprozess von Webseiten mit einem radikalen Neuanfang übertrumpfen zu wollen, ist vermessen.

Wie dem auch sei – wenn Sie kleine oder große Veränderungen vornehmen wollen, so stellen Sie sicher, dass Sie erstens den Unterschied Vorher : Nachher empirisch messen können und zweitens immer einen einfachen Weg zurück (= Backup, Sicherheitskopie) haben, wenn der Plan in die Hose geht. Probieren geht über Studieren, doch Herumspielen ohne Rückflugticket ist nicht probieren, sondern hasardieren.

Nicht binden: Anziehen!

Internet-User sind keine Schafe. Sie lassen sich weder zusammentreiben noch an den eigenen Zaun binden noch einsperren. Das mussten viele Firmen lernen, die glaubten, sie hätten ein Besitzrecht an ihren Kunden. Um die Herde zu melken, wurden kleine Veränderungen an den Angeboten und der Seitenfunktionalität vorgenommen. Und plötzlich war die Herde weg.

Benutzergemeinden entstehen, wenn die Voraussetzungen dafür stimmen. Informative Angebote, gute Funktionen und die Einhaltung allgemein anerkannter Grundrechte, wie jenes auf freie Meinungsäußerung, erhöhen die Bereitschaft, sich bei Ihnen zu registrieren. Dies geschieht freiwillig, und das muss auch so bleiben. Hat eines Ihrer Schäflein das Gefühl, von Ihnen gemolken, belästigt, bevormundet, gebunden oder eingesperrt zu werden, wird es ganz schnell fort sein, zusammen mit vielen anderen. Selbst das beste Unternehmen oder das größte Forum der Welt wird „seine" Community nie besitzen, sondern lediglich einen gemeinsamen Nenner seiner Benutzer darstellen. Das Vertrauen der User ist Ihnen nur geliehen und weder Eigentums- noch Erbrecht.

Beschränken Sie offensive Kommunikation wie z.B. einen Newsletter auf das absolute Minimum. Wie Sie vielleicht schon gemerkt haben, bin ich kein Fan dieser Form der Kontaktaufnahme. E-Mail-Adressen zu sammeln und deren Besitzer fortan regelmäßig zu nerven, käme mir niemals in den Sinn. Der eigene Stellenwert im Leben des Kunden wird von den meisten Firmen maßlos überschätzt. 99 % aller Newsletter-Inhalte sind bedeutungsloses Gewäsch. Kontaktieren Sie Kunden nur dann, wenn Sie ihnen *wirklich* (!) etwas *Nützliches* (!) zu bieten haben. Die siebzehnte Supersonderaktion gehört nicht dazu.

Der neumodische Marketing-Terminus „Kundenbindung" hängt mir schon zum Hals heraus. Wie viele Firmen versuchen jeden Tag, mich an sie zu binden. Mit Katalogen, Kundenkarten, Produktregistrierungen „zwecks Garantieverlängerung", Online-Boni und Preisalarmen aller Art wird geworben, bis auch der letzte Marketingkanal bedient wurde. Ich höre gar nicht mehr hin, und Sie? Eben. Genau deshalb sollten Sie niemals versuchen, Menschen an sich zu binden, weder on- noch offline. Die Kunden kommen von selbst, oder gar nicht. Erzeugen Sie lieber einen Sog, indem Sie das Kundenbindungsbudget in die Erhöhung und Bekanntmachung Ihrer Angebotsqualität stecken. Der Kunde 2.0 wird es Ihnen danken.

Billige Angebote bringen billige Kunden

Je teurer Ihr Angebot, desto teurer (und treuer) Ihre Kunden! Diese Erkenntnis ist eine der wichtigsten Zutaten für Ihren Erfolg, nicht nur im Internet. Wer sein Heil in Dumpingpreisen sieht, muss mehr verkaufen, um denselben Erlös zu erzielen wie ein Hochpreisanbieter. Das klingt machbar, denn der Günstigste zu sein, ist doch ein gutes Argument. Die höhere Kundenzahl des „Billigheimers" hat aber schwer wiegende Schattenseiten: Seine Klientel setzt sich hauptsächlich aus Schnäppchenjägern zusammen, die am liebsten alles gratis hätten und beim geringsten Anlass ordentlich auf die Pauke hauen. Diese Kundschaft führt zu einem exponentiellen Anstieg von Stornierungen, Schadensfällen, Reklamationen, Zahlungsausfällen und Schlechtbewertungen. Der teure Anbieter reibt sich die Hände: Für den gleichen Umsatz braucht er wesentlich weniger Kunden, hat weniger Abwicklungsaufwand, seine Abnehmer sind verständnisvoller und toleranter. Und wenn er sie nett fragt (dafür hat er bei wenigen Kunden ausreichend Zeit), bewerten sie ihn auch gerne positiv. Die paar Schnäppchenjäger, die ihm an den Mitbewerb verloren gehen, lässt er gerne ziehen. „Besser, man schimpft über meine Preise, als über mein Angebot!"

Vor einigen Jahren fragte ich einen Hotelier nach dessen Erfolgsgeheimnis. Er erzählte mir voll Stolz: „Vor zwei Jahren drängte mich die Bank, wegen rückläufiger Buchungslage meine Preise zu reduzieren und meine Auslastung zu erhöhen. Ich tat das Gegenteil und erhöhte meine Preise! Für den Massentourismus war ich plötzlich uninteressant. Da die Busse ausblieben, stieg die Zufriedenheit der Individualreisenden. Diese empfahlen mein Hotel weiter, weil sie den Aufenthalt nun als familiär, ruhig und gehoben empfanden. Ich bekam dann auch einen Stern dazu. Das zog weitere, besser zahlende Gäste an. Da ich weniger zu tun hatte als mit den Massengruppen, konnte ich mich auf jeden Einzelnen konzentrieren. Heute geht es mir besser denn je. Hätte ich auf meine Bank gehört und die Zimmer verschleudert, wäre ich längst pleite!"

Dieses Denken ist für den Internet-Erfolg ausschlaggebend. Versuchen Sie niemals, der Billigste zu sein. Es wird immer jemanden geben, der noch ruinösere Preise bietet als Sie. Preisdumping zieht Sie in eine Abwärtsspirale, aus der es kein Entkommen gibt. Die billigen Kunden, die Sie dadurch bekommen, werden Ihnen das Leben zur Hölle machen. Deshalb: Seien Sie niemals billig!

Vorauskasse ist Pflicht

Im Internet hat sich eingebürgert, dass man zuerst zahlt, und dann die Ware oder Leistung bekommt. Siehe z.B. eBay, Reiseanbieter oder die meisten Onlineshops. Wer auf Rechnung kaufen will, muss lange nach einem Anbieter suchen. „Ohne Geld koa Musi!", würde man in Bayern sagen.

Sie sollten niemals versuchen, einen Wettbewerbsvorteil zu erlangen, indem Sie als einziger Anbieter offene Forderungen zulassen, d.h. zuerst liefern oder leisten, und danach die Zahlung fordern. Nach übereinstimmender Meinung vieler „gebrannter Kinder" müssten Sie sich auf Forderungsausfälle von mindestens 30 % einstellen. In jedem dritten Fall wären Inkassoschritte nötig. Das Riesen-Versandhaus kann es sich leisten, eine Standleitung zu Geldeintreibern und Schufa zu unterhalten. Irgendwie kommt man schon zum Geld, auch wenn man ein Jahr darauf warten muss. Die Mitarbeiter der Rechtsabteilung wollen schließlich auch beschäftigt werden. Für kleinere Unternehmen stellen offene Forderungen eine viel größere Belastung dar, sowohl finanziell als auch emotional. Manchen Boss bringen die offenen Rechnungen um den Schlaf. Sparen Sie sich das! Wie oben beschrieben, führen billige Angebote zu billigen Kunden. Der Kauf auf Rechnung zieht Menschen an, die nicht zahlen wollen. Sie wären schlecht beraten, dieser Kundschaft Ihr Vertrauen zu schenken.

Reputation, Reputation, Reputation

„Ist der Ruf erst ruiniert, lebt es sich ganz ungeniert", gilt im Internet – genau: GAR NICHT. Wessen Ruf zerstört ist, der hat ausgespielt. Das weltweite Netz lässt sich mit dem Gedächtnis eines Elefanten vergleichen. Es vergisst nichts. Wer seine Kunden enttäuscht, wird früher oder später negativ bewertet. Wer unprofessionell agiert und Kämpfe online austrägt, gießt zusätzliches Öl ins Feuer. Wem sein Ruf egal ist, der muss sich auf konstanten Gegenwind einstellen.

Es gibt Tricks, einen angeschlagenen Ruf kosmetisch zu verbessern. Man kann dafür sorgen, dass kritische Stimmen nicht allzu weit vorne zu finden sind. Man kann positive Bewertungen aktiv fördern. Man kann viele, viele Domains über sich und seine Angebote bauen und diese nach vorne pushen, damit die kritischen Stimmen nach unten rutschen. Man kann jedoch auf Dauer keine Wunder bewirken.

Wer im Internet agiert, muss zeitnah wissen, wie es um seine Reputation steht. Neue Berichte, Bewertungen und Meinungen, die das eigene Unternehmen betreffen, sollte man schnell finden und angemessen darauf reagieren. Nichts ist schlimmer, als Falschaussagen oder miese Ratings kommentarlos stehen zu lassen, weil man gar nichts von deren Existenz weiß. „Wer schweigt, stimmt zu!", könnte ein Leser meinen und das Gefundene weiterverbreiten.

Wir kommen später dazu, wie und was Sie selbst zu Ihrer Reputation beitragen können.

Googeln Sie!

Google stellt Ihnen das Wissen der Welt sorgfältig gereiht zur Verfügung. Es ist sehr wahrscheinlich, dass Sie schnell finden, wonach Sie suchen, egal, was es sein mag. Anders als genervte Eltern beantwortet Google auch Ihre tausendste Frage mit derselben Geduld und Ausführlichkeit wie die erste. Ich habe mir viel von meinem Internet-Wissen „ergoogelt" und zu jedem Problem eine Lösung gefunden, sei es in Foren, Online-Datenbanken oder Blogbeiträgen freundlicher Problemlöser. Das Internet ist das perfekte Antwortbuch und Google die dazugehörige Stichwortsuche. Nur selten ist es wirklich erforderlich, aktiv zu fragen. Man sucht einfach nach existierenden Lösungen!

Doch immer noch rauben sich Menschen gegenseitig ihre Zeit, indem sie Fragen stellen, die bereits hundertfach beantwortet wurden. Es ist doch bereits alles da – man muss es nur suchen! Durch den Google-Algorithmus stehen die Chancen gar nicht schlecht, dass die hilfreichste Antwort ganz vorne steht. Wozu noch jemanden fragen? Es ist unwahrscheinlich, dass der Befragte eine bessere Antwort parat hat, als jene, die Sie im Internet finden.

Abbildung 4.1: Gewollt ironisch: Der animierte Dienst „Lass mich das für dich Googlen", *lmgtfy.com,* visualisiert den Suchprozess bei Google. Besonders geeignet für Zeiträuber, die Sie mit vielen Fragen nerven. Gesucht, gefunden. Und – war das so schwierig?

Durch geschicktes Suchen und Studieren der Fundstellen könnten Sie sich autodidaktisch zu einer Koryphäe auf Gebieten machen, von denen Sie heute noch keine Ahnung haben. Und das, ohne auf Bücher, Studienlehrgänge oder andere Menschen angewiesen zu sein. Junge Menschen googeln, was sie wissen wollen. Den mittleren und älteren Semestern fällt diese Assoziation noch schwer.

Hier ein paar Suchanfragen, die sich für Anfänger eignen (Fragezeichen und Groß- bzw. Kleinschreibung brauchen Sie eigentlich gar nicht):

✔ Was ist eine Webseite?

✔ Was ist Hosting?

✔ Wozu brauche ich eine Domain?

Ein Rat für alle Fälle: Wollen Sie sich über Personen, Firmen, Produkte, Leistungen, Problemlösungen oder die großen Rätsel des Universums informieren, googeln Sie. Sind Sie im Zweifel, googeln Sie. Bevor Sie sich mit „dummen" Fragen angreifbar machen, googeln Sie. Stolpern Sie über Dinge, die Sie aufgrund mangelnden Wissens oder Erfahrung überfordern, googeln Sie.

Kurz: Frage? Googeln.

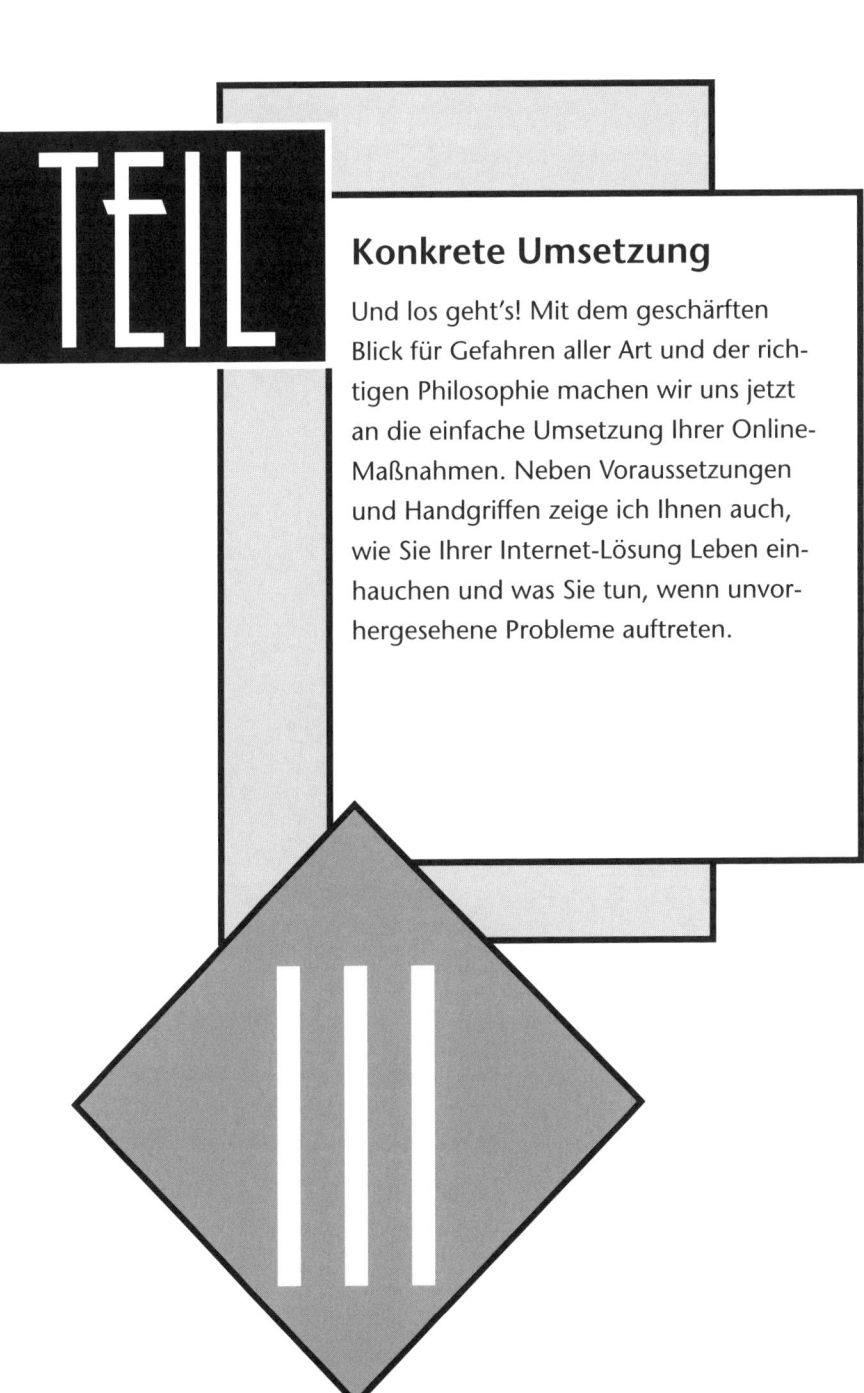

TEIL

Konkrete Umsetzung

Und los geht's! Mit dem geschärften Blick für Gefahren aller Art und der richtigen Philosophie machen wir uns jetzt an die einfache Umsetzung Ihrer Online-Maßnahmen. Neben Voraussetzungen und Handgriffen zeige ich Ihnen auch, wie Sie Ihrer Internet-Lösung Leben einhauchen und was Sie tun, wenn unvorhergesehene Probleme auftreten.

III

KAPITEL

Ihr Auftritt, bitte!

Was bedeutet all das Fachchinesisch eigentlich? Wie kommt man einfach und kostengünstig ins Internet? Was will man dort überhaupt erreichen? Ist Erfolg messbar? Wie behält man die Kontrolle und sichert seine Aktivitäten ab?

Ihr Auftritt, bitte!

Technische Grundlagen

Fachbegriffe

Verwirrendes Fachchinesisch hindert viele Menschen daran, sich mit neuen Dingen auseinanderzusetzen. „Das klingt alles so kompliziert", also lässt man es lieber gleich bleiben. Was steckt hinter Blogs, Hosting, Podcasts, Affiliate-Marketing, SEO, SEM, Conversions & Co – denglischer Unfug oder essentielles Wissen?

Ich habe gute Nachrichten für alle Neulinge: Vergessen Sie den ganzen Unfug einfach. Man lernt die Fremdwörter früh genug, und eigentlich auch nur, um damit den Fachmann herauszukehren. Das Internet lässt sich ganz einfach verstehen. Um die Hemmschwelle etwas zu senken, möchte ich Ihnen dennoch ein einfaches Grundvokabular zur Verfügung stellen, mit dem Sie über die Runden kommen sollten.

✔ *Browser:* Der Browser ist das PC-Programm, das Sie öffnen, um ins Internet zu gehen. Dabei handelt es sich z.B. um Firefox, Chrome, Internet Explorer oder Opera. Ein Browser dient dazu, den wirren Code, den ein Webserver auf Anfrage an Ihren PC ausliefert, in die schöne Webseite zu verwandeln, die Sie schließlich sehen.

✔ *Webserver:* Und schon sind wir beim nächsten elementaren Baustein des Internets – den Servern. Das sind normale PCs, die aber anders konfiguriert sind als Ihr Heimcomputer, zu Hunderten in Rechenzentren herumstehen und an einem besonders schnellen Internet-Kabel hängen. Die meisten *Webmaster* (Eigentümer/Betreiber einer Homepage, also z.B. Sie) mieten sich einen Platz *(Webspace)* auf so einem Internet-Server. Dort ist schon alles vorinstalliert, was man brauchen könnte. Diesen Service nennt man *Webhosting* oder

Nethosting. Theoretisch könnten Sie Ihre Homepage auch auf den heimischen PC legen, nur müsste dieser dann rund um die Uhr laufen und Ihre Verbindung wäre vermutlich viel zu langsam. Zudem müssten Sie entsprechende Software installieren und sich vor Angriffen aus dem weltweiten Netz schützen. Auf den Webservern liegen die Homepages, welche auf Anfrage an den PC-Browser des Webseitenbesuchers ausgeliefert und von diesem schließlich dargestellt werden.

✔ *Webseite:* Eine normale Internet-Seite. Auch als *Homepage, Internet-Auftritt, Webpräsenz* oder *Website* bekannt. Google ist ebenso eine Webseite wie eBay, die Homepage des Bundespräsidenten oder Ihre Unternehmensseite.

✔ *Domain:* Der Name, unter dem eine Webseite erreichbar ist. Diesen tippen Sie oben im Browser ein, um die Homepage direkt aufzurufen. Einzelne Beispiele für Domains sind z.B. *google.com, ebay.de* oder *malerei-meier.de*. Eigentlich sind Webseitenadressen numerisch, z.B. „74.125.79.104". Das ist die so genannte IP (denglisch ausgesprochen „ai pieh"). Um es den Menschen einfacher zu machen, werden diese IPs mit Namen verknüpft, die man sich leichter merken kann: den Domains. In unserem Beispiel ist 74.125.79.104 mit *google.de* verknüpft. Sie können auch 74.125.79.104 statt google.de in Ihre Browser-Adressleiste eintippen, doch „google.de" ist wohl leichter zu merken und geht schneller.

✔ *Subdomain:* Wie sich leicht vermuten lässt, haben Subdomains auch etwas mit Domains zu tun. Diese „Unter-Domains" werden einer Domain vorangesetzt. Ein paar Beispiele: *blog.malerei-meier.com,* malerei-meier.*blogspot.com, kundendienst.fischler.cc* oder *www.google.com*. Ja, richtig gelesen, auch beim berühmten „www" handelt es sich nur um eine Subdomain, die verdeutlichen soll, dass es sich um eine Präsenz im weltweiten Netz handelt. Nötig ist sie aber nicht. Subdomains werden von Google gleich behandelt wie selbständige, einzelne Domains. Durch die Verwendung von Subdomains lassen sich viele eigenständige Webseiten unter einem gemeinsamen Namen betreiben, die noch dazu auf ganz unterschiedlichen Webservern liegen können.

✔ *http://*: Eine vollständige Internet-Adresse fängt mit „http://" an, z.B. *http://www.fischler.cc*. Das HTTP oder Hypertext Übertragungsprotokoll ist die gemeinsame Sprache, über die Ihr PC und ein Webserver am anderen Ende der Leitung kommunizieren. Beim täglichen Surfen können Sie dieses Kürzel weglassen. Wenn Sie aber z.B. einen Link zu einer externen Webseite veröffentlichen wollen, ist „http://" am Anfang Pflicht.

✔ *Blog*: Ein Blog ist eine normale Homepage (oder Webseite) mit dem kleinen Zusatzmerkmal, dass die aktuellen Beiträge im Mittelpunkt stehen und sich öfter was tut als auf einfachen Informationsseiten. Den neuesten Inhalt findet man ganz vorne. Ursprünglich waren Blogs „Netz-Tagebücher" oder „We**blog**s", und wurden deshalb vor allem privaten Webmastern zugerechnet. Das stimmt schon lange nicht mehr. Heute bloggt jeder, vom Schüler bis zum Großkonzern. Anders gesagt: Man stellt öfter neue Informationen bzw. News ein als früher. Unternehmenswebseiten in Form von Blogs bieten viele Vorteile, unter anderem den, dass Google sie gerne hat. Deshalb werden wir uns vor allem mit dieser Art von Webseitenstruktur beschäftigen.

✔ *CMS*: Ein *Content-Management-System* oder Inhaltsverwaltungssystem ist der Motor Ihrer Webseite. Sie können sich in das CMS-*Backend* (den Administratorbereich oder internen Bereich Ihrer Seite) einloggen und Ihre Beiträge, Seiten und Einstellungen verwalten. Wer ein CMS verwendet, braucht keine Ahnung von Programmiersprachen zu haben. Der Start ins Internet wird dadurch extrem vereinfacht. Bekannte Content-Management-Systeme sind z.B. *WordPress* oder *Joomla*. CMS sind bei den meisten Webhostingdiensten bereits vorinstalliert oder lassen sich mit wenigen Klicks kostenlos einrichten. Einfacher geht es nicht! Meist wird eine *Datenbank* verwendet, in der das CMS Ihre Inhalte verwaltet, aber das müssen Sie eigentlich gar nicht wissen.

✔ *Statische Webseiten:* Ein Online-Auftritt geht auch ohne CMS. Vor allem kleinere Homepages werden nicht selten statisch programmiert. Der Programmierer öffnet dazu ein PC-Programm (den Editor), gibt ein paar einfache Zeilen ein, speichert das Ganze als *index.html*, lädt die Datei auf den Server, und fertig ist die einfachste aller Webseiten. Für Anfänger ist diese Methode dennoch ungeeignet, da man CMS heute ähnlich einfach installieren kann wie ein neues PC-Spiel. Wozu also über HTML, PHP, JavaScript & Co (das sind übrigens Programmiersprachen) Bescheid wissen?

Das mit der Homepage

Bei der Darstellung der Fachbegriffe habe ich Ihnen bereits erklärt, wie „das mit der Homepage" grundsätzlich funktioniert. Eine Webseite liegt auf einem Webserver und wartet darauf, vom Browser des Besuchers abgefragt und am Bildschirm dargestellt zu werden. Um selbst zum Webmaster zu werden, brauchen Sie vor allem zwei Dinge: Einen Platz am Webserver und Ihre Homepage. Unabhängig davon können Sie natürlich auch fremde Webseiten nutzen, wie z.B. Facebook, Google Blogger oder WordPress.com.

Man mag unter „Web 2.0" die verschiedensten Dinge verstehen, doch bei der Inhaltsverwaltung hat sich im Vergleich zur Anfangszeit des Internets tatsächlich ein Quantensprung ereignet. Heute kann jeder Mensch in fünf Minuten zum Publizisten werden und mit seiner Seite die ganze Welt erreichen, ohne einen Funken Ahnung von der technischen Umsetzung zu haben.

Der Start ist in drei unterschiedlichen Schwierigkeitsgraden machbar: *ultraeinfach, einfach* und *leicht nachzukochen.* Auf Facebook oder Xing können Sie sich mit potentiellen Kunden vernetzen, Interessensgruppen gründen und eigene Seiten aufbauen. Manche Unternehmen verzichten überhaupt auf die eigene Homepage, da Social Networks, Foren, Auktionsplattformen, Marktplätze und Portale so *praktisch und einfach nutzbar* sind. Ich würde Ihnen aber davon abraten, da Sie damit erstens Ihre Inhalte verschenken und zweitens auf Gedeih und Verderb von fremden Entscheidungen abhängen. Diese ultraeinfachen Möglichkeiten der Internet-Nutzung sind daher nur als Ergänzung Ihres eigenen Auftritts geeignet.

Wer sich bei *Google Blogger (blogspot.com)* registriert (die „einfache" Lösung), wird binnen fünf Minuten zum Webmaster, ohne sich über Hosting und Software Gedanken machen zu müssen. Lassen Sie sich vom Namen „Blogger" nicht täuschen, denn Sie können dort eine ganz normale Webseite betreiben, es muss kein Blog sein. Richten Sie Ihre Seite ein, und los geht's – zum Nulltarif! Gegen eine sehr preiswerte Gebühr können Sie bei Blogger sogar eine eigene Domain kaufen und diese sofort mit Ihrer Blogspot-Seite verknüpfen. Ihre Homepage erscheint dann nicht mehr unter dem etwas gewöhnungsbedürftigen Namen *malerei-meier.blogspot.com*, sondern z.B. unter *malerei-meier.com* – wie eine richtige Homepage eben. Mit einfachen Maßnahmen können Sie das Aussehen Ihrer Blogger-Seite so anpassen, dass niemand den Unterschied zu einer selbst „gehosteten" Variante (siehe unten) bemerkt. Zu Demonstrationszwecken habe ich meine Seite *www.fischler.cc* bei *blogspot.com* eingerichtet. Die Google-Lösung bietet viele weitere Vorteile. So gehört der aufgebaute Inhalt Ihnen alleine und lässt sich später leicht sichern und auslagern. Der Google-Dienst ist sehr verlässlich, überaus schnell und kann auch größte Besucherzahlen mühelos bewältigen. Es steht Ihnen sogar frei, Werbung auf Ihrer Blogger-Seite einzublenden und damit Geld zu verdienen. Und das Beste: Der Dienst ist kostenlos! Daher wird diese Lösung noch sehr ausführlich behandelt. Sie ist ein echter Geheimtipp, funktioniert perfekt und senkt Ihre laufenden Kosten auf null.

Wer gleich mit der unabhängigsten und solidesten Variante beginnen möchte, dem sei das „leicht nachzukochende" Rezept empfohlen: Werden Sie Kunde bei einem Webhosting-Provider und mieten Sie sich einen Platz auf dessen Servern. Einsteigervarianten sind für wenig Geld zu haben. Ein kleines Hostingpaket samt Ihrer eigenen Domain, E-Mails und solider technischer Grundausstattung kostet weniger als zehn Euro pro Monat. Die meisten Anbieter geben Ihnen umfangreiche Befugnisse für Ihren Account. Im Administratorenbereich lassen sich alle Einstellungen kontrollieren, obwohl bereits alles für den typischen Nutzer (= den Anfänger) vorkonfiguriert ist. Ausführliche Dokumentationen, Kundensupport und Hilfeforen sorgen dafür, dass keine Frage unbeantwortet bleibt. Ihre Webseite lässt sich mit wenigen Klicks installieren. Vom Homepage-Baukasten bis zu Standard-CMS wie WordPress.com oder Joomla brauchen Sie keine Ahnung von Technik und Programmiersprachen zu haben. Wer jemals ein Programm auf seinem PC installiert hat, wird auch diese „Herausforderung" meistern.

High-End-Lösungen zum Nulltarif

Je nach Ihren Vorkenntnissen und Ihrer Bereitschaft, sich auf neue Dinge einzulassen, sind noch viel ausgefeiltere Varianten denkbar. Ein Beispiel: Meine Domain *fischler.cc* wird von einem unabhängigen Domainhoster verwaltet. Über ihn habe ich volle Kontrolle über den Namen meiner Webseite, losgelöst vom Webhosting-Provider. Die Domain lässt sich recht einfach selbst konfigurieren, sodass *www.fischler.cc* auf meine Homepage bei Google Blogger führt, während man bei Eingabe von *login.fischler.cc ganz* woanders landet – bei der Login-Seite meiner Firmen-Groupware, vergleichbar mit Microsoft Outlook oder Lotus Notes. Mit dem kleinen Unterschied, dass sowohl Webseite (Google Blogger) als auch Groupware (Google Apps) völlig kostenlos sind. Bis zu 10 Mitarbeiter können „meine" Groupware gratis nutzen, und erhalten je über sieben Gigabyte Speicherplatz für Mails und Dokumente. So ließe sich die gesamte IT kleiner Unternehmen zum Nulltarif betreiben. Für diese unter dem Namen Cloud-Computing bekannt gewordene Lösung benötigen Ihre Mitarbeiter nur noch PCs oder andere Endgeräte mit verlässlicher Internet-Verbindung. Teure Server, Vernetzungen, Backups und EDV-Wartungsverträge gehören der Vergangenheit an. Ein Feuer vernichtet Ihre Firmenzentrale? Kein Problem! Die Firmendaten sind nicht auf dem Firmenserver, sondern in der „Cloud". Bits und Bytes sind bei

Google besser aufgehoben als irgendwo sonst. Neue Hardware anschließen und weiter geht die Arbeit.

Es ist vieles machbar, wenn man es sich nur zutraut. Für den Anfänger gilt: Je schneller und einfacher Sie starten, desto besser. Überzeugen Sie sich zuerst selbst von den Vorzügen des Internets. Ihren Auftritt können Sie später immer noch erweitern und ausfeilen.

Wichtige Vorüberlegungen

Obwohl der Start ins Internet einfach und schnell möglich ist, sollten Sie nicht kopflos beginnen. Ein paar elementare Überlegungen sorgen dafür, dass sich der Erfolg schnell einstellt und auch als solcher erkannt werden kann.

Der Name Ihrer Webseite, die „Domain"

Suchmaschinenoptimierung vs. Merkbarkeit

Die Domain ist, wie bereits erwähnt, der Name Ihrer Webseite, also z.B. *malerei-meier.de*. Wählen Sie ihn mit Bedacht! Suchmaschinenoptimierer werden Ihnen erzählen, dass möglichst viele relevante Keywords (Schlagworte) im Namen enthalten sein sollen. Das sorgt für Vorteile bei Google und wird so auch vom Suchmaschinenriesen selbst bestätigt. Vereinfacht ausgedrückt, unter Ausklammerung aller anderen Entscheidungsfaktoren: Die Domain *malerei-meier-berlin.de* sollte mit der Suchabfrage „malerei berlin" weiter vorne landen als die Domain *kreativ-meier.de*, da sowohl „Malerei" als auch „Berlin" Teile des eigenen Webseitennamens sind. Diese Weisheit hat bereits einen Bart, und dementsprechend umkämpft sind Keyword-Domains. Google musste zuletzt Kritik dafür einstecken, dass unter schlagwortgespickten Webseitennamen oft Spamseiten zu finden sind, und reduzierte den Einfluss dieses Kriteriums im eigenen Algorithmus.

Was von den Experten oft vergessen wird, sind Merkbarkeit und Unverwechselbarkeit Ihrer Domain. *checkfelix.com* und *opodo.de* brennen sich viel leichter ins Gedächtnis als *pauschalreisen-vergleiche-24.com*. Das führt zu mehr wiederkehrenden Besuchern, die leichter zu Stammbesuchern werden. Diesen Branding-Effekt bekommt auch Google mit, was sich wiederum positiv auf Ihr Ranking (die Position in den Ergebnislisten) auswirkt und das Fehlen wichtiger Keywords in der Domain wettmacht.

Da Domainhändler die meisten Keyword-Domains kontrollieren, muss ein solcher Name teuer erkauft werden. Ich persönlich würde eher in meine Inhalte investieren als in die Domain und rate daher: Bei der Wahl Ihrer Domain sollten Sie die Balance zwischen Suchmaschinenoptimierung und Merkbarkeit finden und im Zweifelsfall einer unverwechselbaren, leicht zu merkenden Bezeichnung den Vorrang geben.

Welche Endung: .de, .com, .eu ...?

Es gibt eine ganze Reihe unterschiedlicher Top-Level-Domains (TLD), wie man die Domainendungen auch bezeichnet. Neben *.com* haben sich bei uns vor allem die länderspezifischen Endungen *.de*, *.at* und *.ch* eingebürgert. Die Auswirkungen auf Suchmaschinenpositionen halten sich in Grenzen, wobei die *.at*-Endung bei Suchen über Google Österreich konkret messbare Vorteile bringt. Deutsche Unternehmen verwenden *.de* vor allem aufgrund der großen Beliebtheit und der Bezugnahme auf die Region, in der man tätig ist. Vorteile bei *google.de* sind mit einer *.de*-Domain nicht wirklich feststellbar.

Das Kriterium „Region" ist für mich entscheidend. Sind Sie weltweit tätig, ist eine weltweit bekannte TLD wie *.com* oder *.net* ratsam. Europaweit agierende Firmen sind mit *.eu* gut bedient, der österreichische Regionalbetrieb mit *.at* und deutschlandweit operierende Unternehmen mit *.de*.

Domain und Hosting trennen?

Ich habe mir angewöhnt, Domain und Webhosting voneinander zu trennen. Der Name meiner Seite stellt den höchsten Wert dar, er ist das Kapital jeder Homepage. Ist er weg, ist auch die Webseite weg. Das Webhosting hingegen ist nicht mehr als der technische Dienst, der meine Homepage ausliefert. Versagt der Provider, oder setzt er mich aufgrund zu hoher Zugriffszahlen vor die Tür, so suche ich mir einfach einen anderen und ziehe Dateien und Datenbanken zum neuen Anbieter hinüber. Da ich selbst meine Domain über einen eigenen Domainhoster kontrolliere, ist dieser Wechsel eine Sache von wenigen Stunden, während ich mich sonst vielleicht noch mit dem alten Hoster über die Domain und deren Transfer bzw. Verpolung auf den neuen Webhoster streiten darf.

Domains sind ein lukratives Zusatzgeschäft der Webhosting-Provider. Daher wird der Anschein erweckt, ein Hostingpaket sei nur mit Neuregistrierung oder Transfer einer Domain erhältlich. Doch alle Hoster, die ich bisher kennenlernte, stellen auch den Serverplatz alleine zur Verfügung und bestehen keinesfalls auf die Verwaltung Ihrer Domain.

Glauben Sie mir: Mit dem Webspace-Anbieter kann man sein blaues Wunder erleben. Vor allem dann, wenn die Seite erfolgreich wird und immer mehr Besucher den Server des Providers auslasten. Mit meiner erfolgreichsten Seite wurde ich bereits mehrfach vor die Tür gesetzt oder musste mich über tagelange Ausfälle ärgern. Domaintransfers dauern, und man ist vom Wohlwollen des Webhosters abhängig. Nicht zuletzt sind Domains ein Druckmittel, das von unseriösen Hostern gegen abtrünnige Kunden eingesetzt wird. Daher trenne ich Domains vom Webhosting und verwalte meine Namensrechte selbst. Das ist noch dazu billiger, da reine Domain-Dienstleister („Registrars", „Domainhoster") wie InterNetworX (*inwx.de*) Riesen-Kontingente einkaufen und den Preisvorteil an ihre Kunden weitergeben.

Profis trennen Domain und Webspace. Das können Sie später immer noch nachholen (lassen). So lange Ihre Webseite geringe Zugriffszahlen aufweist und noch nicht Ihr Hauptumsatzbringer ist, spricht nichts gegen die einfachere „All-in-One"-Lösung, welche Ihnen standardmäßig angeboten wird.

Welche Ziele kann ich/will ich erreichen?

Was wollen Sie im Internet erreichen? Haben Sie ein *konkretes* Ziel vor Augen? Wenn nicht, dann überlegen Sie sich jetzt, worin der (in Zahlen messbare) Erfolg Ihrer Homepage liegen kann. Einige Beispiele:

✔ Besucherzahlen

✔ Ausgefüllte Anfrageformulare

✔ Buchungen und Verkäufe

✔ Prospekt-Downloads

✔ Werbeeinnahmen aus dem Homepage-Anzeigenverkauf

Definieren Sie, welche Ziele für Ihr Unternehmen relevant und wichtig sind. Richten Sie alle Internet-Aktivitäten darauf aus.

Wie messe ich diese Ziele?

Setzen Sie sich nicht zum Ziel, mit diesem oder jenem Suchbegriff auf die erste Seite oder den ersten Platz bei Google zu kommen. Gute Suchmaschinenpositionen sind eine feine Sache, doch sie alleine bringen Ihnen noch keinen Cent. Zudem wird das Potential von Top-Positionen bei einzelnen Schlagworten und Wortkombinationen überschätzt. Ich bin mit dem stark umkämpften Suchwort „Kredit" sehr weit vorne zu finden, doch das führt nur zu wenigen Besuchern pro Tag. Zudem ist der Platz an der Sonne nur vorübergehend. In Wahrheit zählt, was unterm Strich in Ihrer Erfolgsrechnung übrigbleibt, und nicht, was Google in einzelnen Abfragen von Ihnen hält.

Firmenbosse machen gerne den Fehler, Webseiten-Erfolg über die Sichtbarkeit des Firmennamens bei Google zu definieren. Das Ziel sei erreicht, wenn der Suchende `Malerei Meier` eintippt und die eigene Seite *malerei-meier.de* ganz oben findet. Das ist Humbug und zudem unsportlich, da zu einfach. Wie viele Menschen suchen wohl nach „Malerei Meier"? Wohl nur jene, die das Unternehmen schon kennen. Möchte man also keine Neukunden haben, oder wie sind solche Ziele sonst zu verstehen? Sportlicher wäre es, mit der Suchanfrage `Malerei in Berlin` vorne zu landen. Aufmerksame Leser kennen meine Meinung wohl schon: Überlassen Sie Ranglisten-Wettkämpfe den „Spezialisten" und konzentrieren Sie sich voll und ganz auf Ihre Webseite samt direkt beeinflussbarer Messgrößen.

Es gibt Ziele, die sehr einfach zu messen sind, wie etwa die Besucherzahlen auf Ihrer Homepage, Verkäufe und Buchungen, abgeschickte Anfrageformulare, Webseiten-Einnahmen und Downloads von Informationsmaterial. Dann gibt es solche, die gar nicht messbar (und daher sinnlos) sind, wie etwa die Steigerung Ihres Markenwerts. Dazwischen gibt es jedoch genügend Spielraum für vage Ziele, wie etwa die Umsatzsteigerung in Ihrem „richtigen" Geschäftslokal. Auch das lässt sich mit etwas Phantasie messen. Bieten Sie auf Ihrer Homepage einen Gutschein an, den Käufer dann ausgedruckt in Ihre Verkaufsräume mitbringen sollen, und schon lässt sich der Umsatz zuordnen.

Bei aller Kreativität möchte ich Ihnen aber raten, sich auf einfach messbare Ziele zu beschränken, am besten solche, die mit wenigen Mausklicks und vor allem kostenlos überprüfbar sind.

Was sind realistische Zielgrößen?

Jede neue Webseite startet bei null und beginnt mit kleinen Schritten. Es kann durchaus frustrierend sein, über Wochen und Monate an Inhalten zu arbeiten und nicht mehr als ein paar Dutzend Besucher täglich auf die Homepage zu bekommen. Doch mit stetiger Arbeit geht es auch vorwärts. Der große Vorteil des Internets besteht darin, dass man auf Erreichtem aufbauen kann, statt jeden Tag von vorne beginnen zu müssen. Eine ertragsoptimierte Homepage, die bei Google gut gelistet ist, neben Suchmaschinen auch andere Besucherquellen anzapft und Stammbesucher generiert, kann mit „Arbeitsrobotern" und passiven Einkommensmodellen verglichen werden. Die Webseite läuft ohne Ihr Zutun. Mehr Arbeit führt zu mehr laufenden Einnahmen. Es lohnt sich also, dranzubleiben!

Was konkret in Ihrem Fall erreichbar ist, lässt sich nur schwer sagen. Es kursieren die schillerndsten Geschichten über Minderjährige, die binnen Monaten zu Internet-Millionären wurden. Das sind Lottosechser und keine realistischen Ziele.

Da ich nun schon einige Jahre im und mit dem Internet arbeite, hat sich dennoch so etwas wie ein „ehernes Erfolgsgesetz" herauskristallisiert, das für alle Branchen und Geschäftsmodelle gültig war, die ich bisher angefasst habe.

Das Fischler'sche Internet-Erfolgsgesetz

Das Muster, welches ich zu erkennen glaube, möchte ich so formulieren:

Jeder mit dem Internet verbundene Aufwand erreicht seine Gewinnschwelle nach maximal einem Jahr.

Mögliche Schlussfolgerungen aus dieser These:

✔ Würde ich mich ein Jahr lang gänzlich auf ein neues Projekt konzentrieren, so könnte ich nach diesem Jahr ein fiktives Gehalt aus den Erträgen dieses Projekts beziehen, welches meinem Marktwert entspricht.

✔ Stelle ich einen Mitarbeiter für das Internet ab, so ist sein Einsatz nach maximal einem Jahr profitabel (ungeachtet der Personalkosten des ersten Jahres, welche aus den fortan entstehenden Überschüssen zu decken sind). Konkret formuliert: Kostet der Mitarbeiter inkl. aller Nebenkosten 4.000 Euro pro Monat, bringt mir seine Arbeit nach einem Jahr mindestens 4.000 Euro an monatlichen Erträgen ein. Bei

Weiterbeschäftigung des Mitarbeiters steigt der laufende Ertrag, während die Kosten gleichbleiben (Überschuss = „passives Einkommen"). Ziehe ich den Mitarbeiter ab, bleibt der Ertrag erhalten, während die Kosten entfallen. Das ist das Wesen und der große Vorteil des Internets.

✓ Ein Jahr harter Internet-Aufbauarbeit wird Sie für immer aus dem gesellschaftlichen „Hamsterrad" befreien.

Eine Bestätigung dieser These ergibt sich auch aus der Tatsache, dass der Wert von Webseiten üblicherweise mit einem Jahresgewinn festgesetzt wird. Bringt mir die Homepage nach Abzug aller Kosten 1.000 Euro pro Monat, so ist sie nach gängigen Bewertungsmodellen 12.000 Euro wert. Sie soll sich für einen Käufer also nach maximal einem Jahr zu rechnen beginnen. Dass sich Firmenwerte üblicherweise aus acht und mehr Jahresgewinnen ergeben (Ertragswertverfahren), gilt leider nicht im Internet.

Vereinfacht gesagt, sollte sich jeder Internet-Einsatz nach einem Jahr lohnen. So lange müssen Sie in Vorleistung gehen, in Form von Geld (Beschäftigung von Mitarbeitern, Beratern oder Spezialisten, Webseitenkauf ...) oder Ihrer eigenen Arbeitsleistung. Da Letztere „nichts" kostet, und man sich selbst jedes Jahr ein volles Einkommen draufpacken kann, gibt es so viele „One-Man-Shows" im Internet.

Das Prinzip funktioniert aber wohl auch „in Groß": Wer 100 Mitarbeiter à 4.000 Euro monatlich für das Internet einstellt, sollte nach diesem Jahr (wiederkehrende, passive) Einnahmen von 400.000 Euro monatlich generieren können. Nach zwei Jahren wären es dann 800.000 Euro monatlich, nach Adam Riese also 400.000 Euro Gewinn pro Monat. Da schon im ersten Jahr Einkünfte fließen, amortisiert sich das Gesamtprojekt im Lauf des zweiten Jahres. Findet sich ein Sponsor, um diese These zu beweisen? Nach drei Jahren im Internet habe ich zwar genug Geld, um gut zu leben und zusätzlich zwei Mitarbeiter zu beschäftigen, doch für einen Großversuch fehlt mir noch das nötige Kleingeld. Ernstgemeinte (und weniger ernstgemeinte)

Zuschriften nehme ich gerne auf meiner Homepage *fischler.cc* entgegen.

Selbst wenn mich der Gedanke, 100 Mitarbeiter einzustellen, schmunzeln lässt, stehe ich voll und ganz hinter diesem „Fischler'schen Internet-Erfolgsgesetz". Ein Internet-Projekt, das ich gemeinsam mit einem guten Freund betreibe, hat seine Gewinnschwelle gerade eben – nach genau einem Jahr in Vollbetrieb – erreicht. Das Gesetz beweist sich immer wieder aufs Neue. Adaptieren Sie es auf Ihre Branche und die Art Ihres Einsatzes, und Sie werden zu realistischen Zielgrößen für die Messung Ihres Internet-Erfolgs finden.

Wer (und wo) sind meine Kunden?

Kennen Sie Ihre Kunden? Eingeführte Unternehmen sind wohl versucht, diese Frage mit einem vorbehaltlosen „Ja!" zu beantworten. Aber ist es tatsächlich so, dass Sie Ihren Zielkunden in seiner Gesamtheit vor Augen haben? Einige Punkte, die man vor dem Start eines neuen Web-Projekts über seine Konsumenten wissen sollte, sind:

✔ Geschlecht, durchschnittliches Alter, Lebenssituation

✔ Regionale Herkunft und soziales Umfeld

✔ Typische persönliche Interessen, Hobbies und Probleme

Je vollständiger Ihr Bild ist, desto besser können Sie Ihr Internet-Angebot auf das Ziel ausrichten. Vielleicht können Sie einige typische Probleme der Zielkundschaft auf Ihrer Homepage ansprechen und kostenlose Ratschläge, PDF-Ratgeber, Tools und Hilfestellungen anbieten? Damit hätte Ihr Online-Angebot einen konkreten Nutzen für Besucher, was nicht nur diesen, sondern auch Google gefällt. Über solche Umwege können Sie sich teure, direkt auf Ihr Ziel ausgerichtete Internet-Kampagnen sparen, und dennoch genau Ihre potentiellen Kunden erreichen.

Wenn Sie mit Ihrer Firma schon länger tätig sind, können Sie auf Bestandsdaten zurückgreifen, um sich ein besseres Bild vom typischen Kunden zu machen. Gründer und Start-ups müssen sich an anderen Unternehmen und deren Klientel orientieren. Kommt man im Lauf der Zeit darauf, dass bei der ursprünglichen Erhebung Fehler gemacht wurden, kann man den Archetyp immer noch anpassen. Wichtig ist, dass man von Beginn an eine Vorstellung von ihm hat.

Mit diesem Wissen wird es Ihnen auch leicht fallen, folgende Fragen zu beantworten:

- ✔ Auf welchen Seiten („wo") hält sich mein Kunde im Internet auf?

- ✔ In welchen sozialen Netzen (Facebook, Xing, LinkedIn ...) und Communitys (Foren, Mitgliederportalen aller Art) könnte er sich registriert haben?

- ✔ Für welche seiner Probleme sucht er Lösungen über die Google-Suche?

- ✔ Was konkret könnte er dafür eintippen (Suchbegriffe, Suchwortkombinationen)?

- ✔ Auf welche Seiten führen diese Ergebnisse, und warum reiht Google ausgerechnet diese Homepages an vorderster Stelle – was könnte sich die Suchmaschine dabei „gedacht" haben?

Sie sehen, wir werden nun schon sehr konkret, und im Laufe dieser Überlegungen und Nachforschungen haben Sie mit Sicherheit schon einige Ideen für Ihren Webauftritt gefunden. Da die virtuelle Marktforschung so wichtig ist, möchte ich Ihnen nun zwei essentielle Tools präsentieren, die Ihnen die Arbeit enorm erleichtern können.

Wonach suchen meine Kunden?

Um diese Frage zu beantworten, stellt Ihnen Google zwei kostenlose Tools zur Verfügung. Das erste, *Google Insights for Search* (*http://www.google.com/insights/search/*), gibt Auskunft über die Entwicklung konkreter Suchanfragen. Sie können dort auch bis zu fünf Anfragen miteinander kombinieren und diese räumlich, zeitlich sowie nach Kategorien und Suchart filtern. Ein konkretes Beispiel:

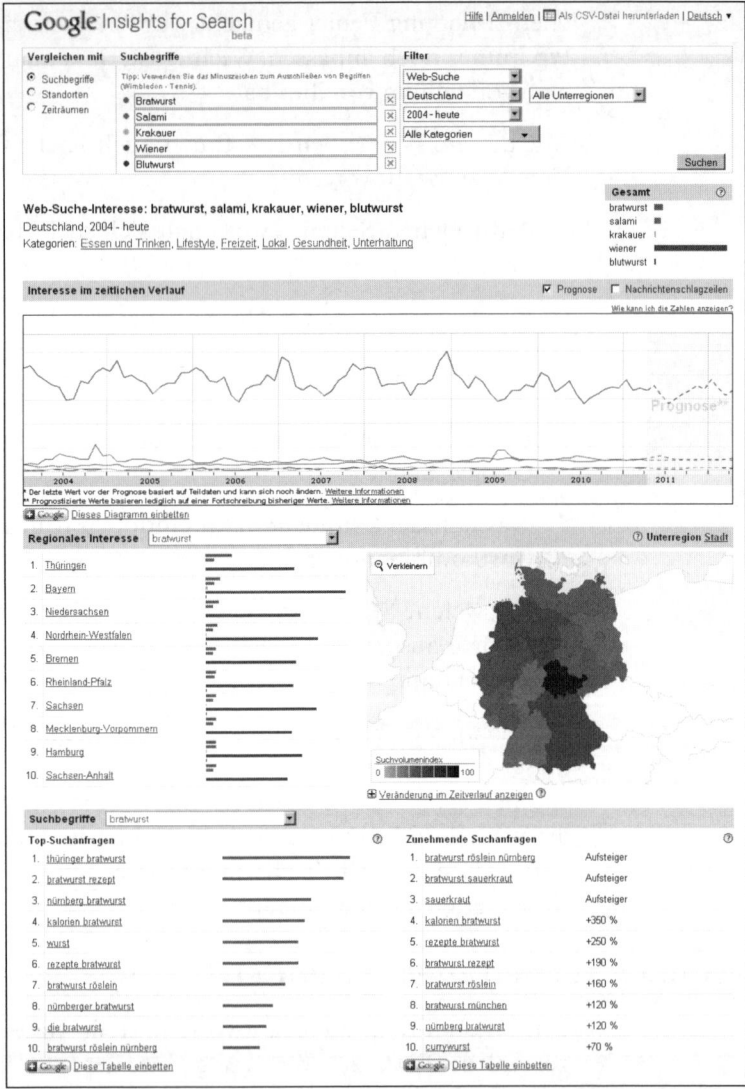

Abbildung 5.1: Abfrage bei Google Insights: „Wiener" beliebteste Wurst Deutschlands?

Die oben zu sehende Abfrage vergleicht die Beliebtheit und zeitliche Entwicklung der Google-Suchen nach „Bratwurst", „Salami", „Krakauer", „Wiener" und „Blutwurst" in Deutschland. Ich habe das Wurst-Vergleichsrennen deshalb veranstaltet, weil es Ihnen sowohl die Chancen als auch Tücken von Google Insights for Search vor Augen führt. Mit Hilfe dieses Tools können Sie sehr gut recherchieren, was potentielle Kunden interessiert, und wie sich dieses Interesse im Lauf der Zeit entwickelt. Das erleichtert strategische Entscheidungen, zum Beispiel, auf welche Einzelprodukte ein Händler setzen sollte, weil das Interesse daran (und damit auch die Nachfrage) steigt, während sich andere aufgrund sinkender Suchvolumina zu Ladenhütern entwickeln könnten. Neben der regionalen Auswertung führt Google auch *Top-* und *Zunehmende Suchanfragen* an, welche dem zuerst eingegebenen Suchbegriff („Bratwurst") zugeordnet werden. Google Insights for Search ist ein tolles Marktforschungsinstrument, das Ihnen das Kennenlernen Ihrer Zielkunden und die Ausrichtung Ihres Internet-Auftritts sehr erleichtern kann. Ich setze es täglich ein. Ausprobieren lohnt sich!

Ziehen Sie jedoch keine voreiligen Schlüsse aus den Anfragen. In unserem Beispiel wäre „Wiener" die beliebteste Wurst Deutschlands. Machen wir nun eine neue Abfrage, nur mit „Wiener" als Suchbegriff, ergibt sich das in Abbildung 5.2 dargestellte Bild.

Beachten Sie bitte die Liste *Top-Suchanfragen* unten links. Von „Wurst" keine Spur, vielmehr sind die Suchenden an Sarah Wiener, Schnitzeln, Sightseeing, Historie und Walzer interessiert. So schlug „Wiener" die „Bratwurst". Selbstverständlich ist Letztere immer noch die beliebteste Wurst Deutschlands – prüfen Sie es einfach selbst bei Google Insights for Search nach.

Haben Sie interessante Begriffe gefunden, so kombinieren Sie diese mit anderen Worten oder klicken Sie direkt auf ein Ergebnis unter den *Top-Suchanfragen*, um deren Eignung und Unverwechselbarkeit zu verifizieren. Wie erwähnt: Google Insights for Search ist sehr praktisch, doch ziehen Sie niemals voreilige Schlüsse.

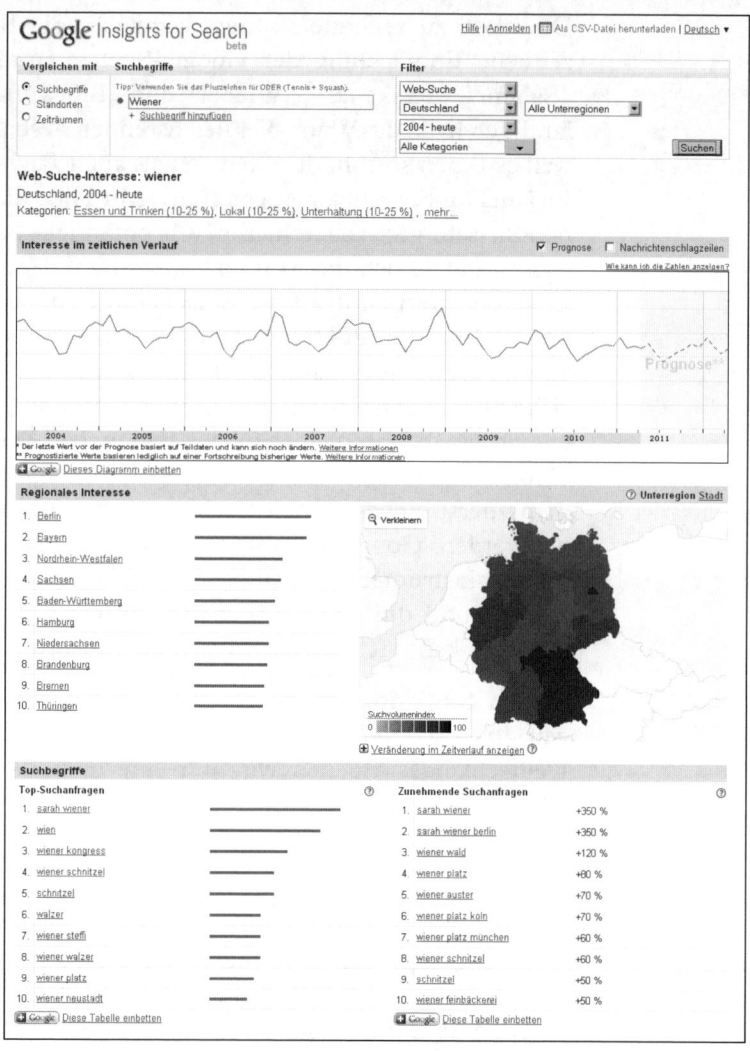

Abbildung 5.2: Trugschluss: „Wiener" sind nicht nur Würstchen!

Das zweite interessante Tool ist eine kostenlose Beigabe zu Googles Anzeigendienst, Google AdWords. Das *Keyword-Tool* (*https://adwords.google.com/select/KeywordToolExternal*) steht auch Nicht-Anzeigekunden offen und gibt Auskunft über

die Menge an Suchanfragen sowie ähnliche Suchen, die sehr
aufschlussreich sein können.

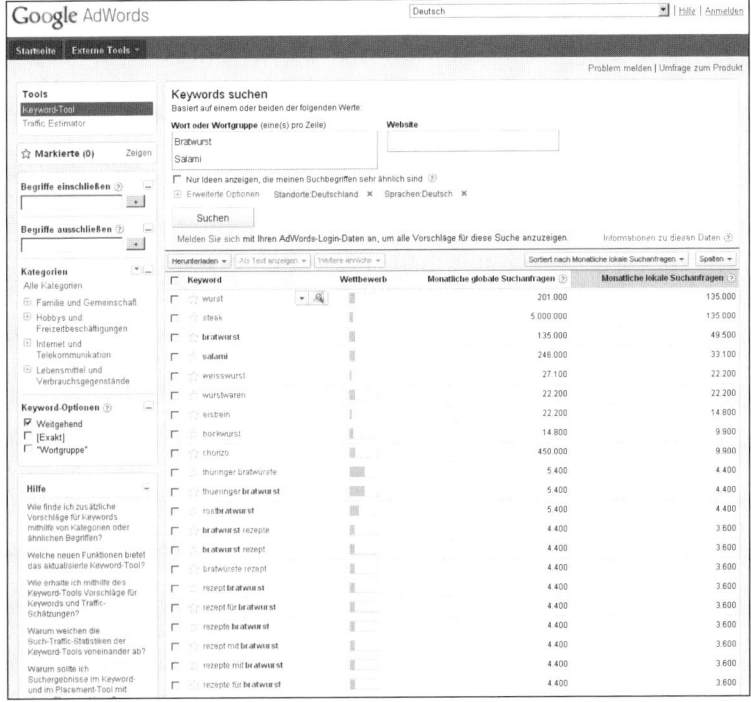

Abbildung 5.3: Google AdWords *Keyword-Tool:* Zahl der Suchen nach
„Bratwurst" und „Salami" und was Google diesen Begriffen zuordnet

Ich suchte nach den Schlagworten „Bratwurst" und „Salami",
eingeschränkt auf Deutschland und Suchende, die deutsch
sprechen. Nach monatlichen lokalen Suchanfragen sortiert,
findet sich „Bratwurst" auf Platz drei der Hitliste, mit 49.500
Anfragen pro Monat. Das ist die Gesamtzahl aller Suchen, die
das Wort „Bratwurst" beinhalten – sowohl alleine als auch in
Kombination mit anderen Wörtern. Wählt man in der linken
Seitenspalte unter *Keyword-Optionen* die Option *[Exakt]*, sind
es nur noch 5.400 monatliche Anfragen nach „Bratwurst" als
Einzelwort. Nicht gerade besonders viel!

Auch beim *Keyword-Tool* gilt: Lassen Sie sich nicht ins Bockshorn jagen, und recherchieren Sie ausgiebig. Das lohnt sich, denn neben der absoluten Zahl an Suchenden lässt Sie Google auch in die Karten blicken, welche sonstigen Wörter und Wortkombinationen Ihrem Suchbegriff zugerechnet werden. In unserem Beispiel finde ich interessant, dass Suchende (und damit folgerichtig auch Google) „Steak" und „Eisbein" in enger thematischer Verwandtschaft zu „Bratwurst" und „Salami" sehen. Beim Aufbau von Webseiten-Inhalten sollte man diese Gelegenheiten nutzen. Einfacher ausgedrückt: Wem es um die Bratwurst geht, der sollte trotzdem nicht auf Steak und Eisbein verzichten, selbst wenn diese nicht zum eigenen Angebot zählen. Wie wäre es z.B. mit einer kostenlosen Steak-Rezeptsammlung im Unterbereich Ihrer Webseite? Das nützt den Besuchern, wird gerne verlinkt und Google wird Sie dafür lieben. Last, but not least: Steaksucher von heute sind vielleicht die Bratwurstkunden von morgen.

Wonach suchen meine Kunden nicht?

Wer auf seiner Webseite umfangreiche Inhalte, Sammlungen, kostenlose Tools und Problemlösungen anbietet, dem geht es vor allem darum, möglichst viele Suchende auf die eigenen Seiten zu bekommen. Je mehr Traffic (Besucherverkehr) auf der Webseite, desto besser. Da können gerne auch Leute mit dabei sein, die in nächster Zeit garantiert nicht zu Kunden werden. Einzelne werden sich trotzdem an Sie erinnern und irgendwann zurückkehren.

Wenn Sie aber daran denken, Besucher einzukaufen, dann sollten Sie Ihr Werbebudget nicht mit der Gießkanne verstreuen. Bei Google AdWords bezahlen Sie pro Klick, also pro Besucher, der auf Ihre Seite gelangt. Viele Unternehmen kaufen ein, was AdWords hergibt, inklusive potentieller NICHT-Kunden. Dabei wäre es so einfach, diese auszusortieren. Dafür muss man aber nicht nur wissen, wonach die potentiellen Kunden suchen, sondern auch, wonach sie NICHT suchen. Ein Beispiel:

Nehmen wir an, ich wäre Herausgeber einer Börsenzeitschrift, die neue Abonnenten sucht. Als mögliche(s) Keyword(-Kombinationen), auf die ich Anzeigen schalten möchte (wie das geht, sehen wir später), habe ich „Aktien", „Aktien für Anfänger", „Aktien Analyse" und „Aktiencheck" identifiziert. Nun muss man wissen, dass die überwiegende Mehrheit der Suchenden sich niemals für mein Abo interessieren wird, denn deren Suchen lauten vollständig ungefähr so:

✔ Aktiencheck gratis

✔ Aktien Depot eröffnen

✔ Aktien für Anfänger kostenlose Info

✔ Online Aktien-Analyse

✔ Echtzeit-Kurse Aktien

✔ ... und viele ungeeignete Anfragen mehr

Die vollständigen Suchanfragen können Sie ganz einfach Ihrer Webseitenstatistik entnehmen. Um die weniger sinnvollen Begriffe herauszufiltern, kann man bei Google AdWords *auszuschließende Keywords* wie „gratis", „eröffnen", „kostenlos", „online" oder „Echtzeit" definieren. Wer diese Wörter in Kombination mit Ihren relevanten Schlagworten eintippt, bekommt Ihre Werbung nicht mehr zu Gesicht. Diese Negativworte sind aber nicht nur für bezahlte Kampagnen entscheidend, sondern sie helfen Ihnen auch, Ihre Inhalte besser auf Ihre Zielkunden auszurichten.

Wie findet man einen guten Webhoster?

Das ist eine spannende Frage. Am Anfang reicht jeder Allerweltsanbieter für den Betrieb Ihrer Homepage aus. Mit wenigen Hundert Besuchern täglich werden Sie ihm nicht einmal auffallen. Die *Uptime*, darunter versteht man die Erreichbarkeit Ihrer Seite, ist bei allen bekannteren Webhosting-Providern in Ordnung. Merkbare Unterschiede gibt es nur in der Geschwindigkeit, wobei diese nicht ausschlaggebend für den anfänglichen Erfolg ist. Suchen Sie sich einen der großen Anbieter aus und Sie sind für den Beginn recht gut aufgehoben.

Interessant wird es, wenn Sie es auf mehrere Tausend Besucher pro Tag gebracht haben. Auch dann, wenn Sie unvermittelt im Rampenlicht stehen und von einem Moment auf den anderen mehrere Besucher pro Sekunde eintrudeln, trennt sich die Spreu vom Weizen. Der kleine Webhosting-Vertrag um fünf Euro pro Monat, der bisher immer ausreichte, kann schnell zu klein werden. Ob plötzlich oder schleichend, irgendwann sind die Grenzen erreicht und Ihr Webhoster meldet sich. Die Konsequenzen des überhandnehmenden Besucherverkehrs reichen von höheren Kosten bis zum gänzlichen Rausschmiss. Letzteres ist mir schon mehrmals passiert. Glauben Sie nicht, dass sich Ihr Hosting-Provider über den Erfolg Ihrer Homepage freut. Am liebsten wäre ihm, Sie würden verlässlich Ihre fünf Euro zahlen und die Homepage läge brach. Denn dann könnte er noch mehr Kunden auf den Server packen, welchen Sie sich schon jetzt mit vielen anderen Webmastern teilen.

Bedienen Sie sich eines Gratis-Hosters, mögen die üblichen lauen Besucherlüftchen für ihn noch in Ordnung gehen. Beim ersten Ansturm fliegen Sie jedoch schneller raus, als Sie bis drei zählen können. Nicht selten sind dann auch Ihre Daten futsch, denn was nichts kostet, ist nichts wert, und Sie sind kein Kunde, sondern bloß geduldeter Trittbrettfahrer ohne Rechte. Ich rate Ihnen von Gratis-Hosting ab.

Typische Webseiten kleiner und mittlerer Unternehmen kommen mit Standard-Hosting-Verträgen aus. Selbst wenn man sich für die Luxusvariante dieses „Shared Webhosting" (viele Kunden teilen sich einen Server) entscheidet, übersteigen die Kosten selten 150 bis 200 Euro pro Jahr. Es ist jedoch überhaupt kein Problem, gleich mehrere Tausend Euro pro Monat für das Hosting seiner Seite auszugeben. Wer ein beliebtes Internet-Portal besitzt, braucht gleich mehrere Server, die ihm ausschließlich zur Verfügung stehen, inklusive fortgeschrittener Lastverteilungs- und Datenabgleichsverfahren. Möglich ist vieles, doch sollten Sie einmal in solche Regionen vorstoßen, können Sie mit Ihren Erträgen aus der Webseite eigene Leute anstellen, die Ihnen „das mit dem Hosting" abnehmen.

Wenn Sie Ihre Homepage auf Google Blogger (*www.blogspot. com*) aufbauen, können Sie das Hosting überhaupt Google überlassen. Einige sehr angesagte Homepages werden über Blogger betrieben. Der Dienst ist nicht nur kostenlos, sondern „wächst mit". Ihre Webseite befindet sich in der „Google Cloud", einem Speicheruniversum, das aus Hunderttausenden Servern in Rechenzentren rund um die Welt besteht. In diesem kollektiven Bewusstsein konsumiert selbst die Google-Suche nur einen kleinen Teil der verfügbaren Ressourcen. Während der einzelne Server bei normalen Hostingverträgen die Grenze vorgibt, ist er bei Google nur ein winziger Baustein des „großen Ganzen". Ihre Daten liegen nicht auf einem einzigen Server, sondern auf vielen zugleich. Sie können diese Datenwolke aber jederzeit wieder verlassen und bleiben im Besitz Ihrer Rechte. Ich stelle Ihnen die Blogger-Lösung noch ausführlich vor.

Aktuelle Informationen und Empfehlungslisten zum Thema „Webhosting" finden Sie auf *www.fischler.cc*.

Markenschutz im Internet

Das Internet bietet die Gelegenheit, sich gute Namen kostengünstig und umfassend zu sichern. Mit den hier vorgestellten Maßnahmen nehmen Sie Trittbrettfahrern wirkungsvoll den Wind aus den Segeln, egal, ob Sie zusätzlich eine offizielle Marke anmelden oder nicht.

Namensideen finden

Zuerst präsentiere ich Ihnen ein Tool, das Ihnen die Kreativarbeit der Namensfindung immens erleichtert: Wordoid (*www. wordoid.com*).

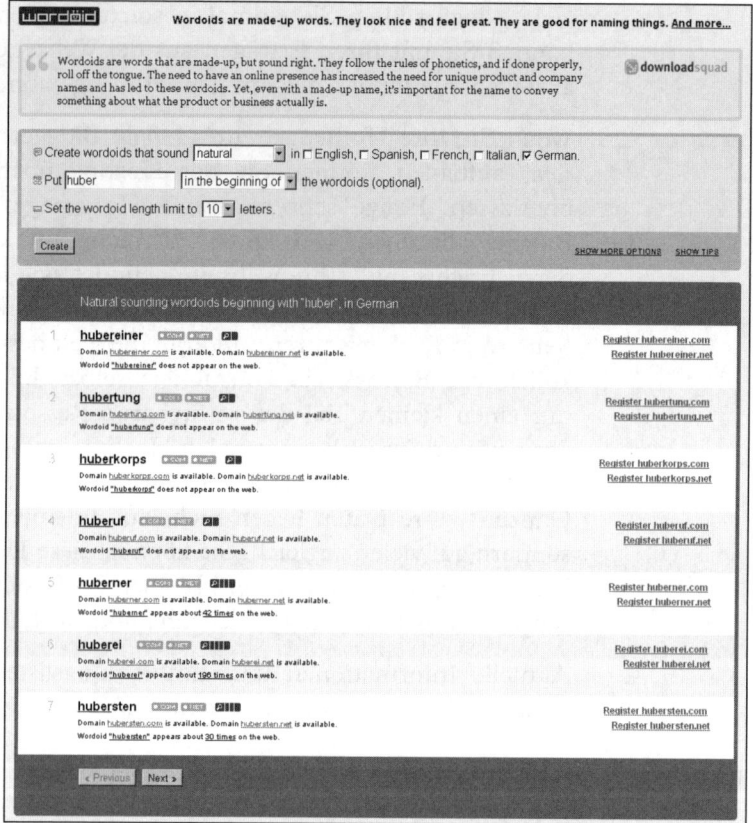

Abbildung 5.4: *www.wordoid.com:* Namen und freie Domains finden

Selektieren Sie die Sprache Ihrer Wahl und geben Sie eine Zeichenkette ein, die nach Wunsch vorne, in der Mitte oder am Ende des zu findenden Wortes vorkommen soll. Auch die Maximallänge der Neuschöpfung lässt sich begrenzen. Nun noch ein Klick auf *Create*, und kurzweiliges Entertainment ist garantiert.

Das Tolle an dem Dienst sind nicht nur die ausgespuckten Wortkreationen, sondern auch die gleichzeitige Prüfung, ob *.com*- und *.net*-Domains noch frei sind, und wie viele Treffer die Google-Suche aufweist. Wer öfters auf der Suche nach neuen Markennamen ist, wird an dem Tool seine helle Freude haben.

Namensrecherche

Sie haben Ihren Wunschkandidaten gefunden? Dann prüfen Sie zunächst, ob Ihre Marke wirklich noch frei ist. Suchen Sie bei Google nach dem Wort, sowohl mit als auch ohne Anführungszeichen. So erhalten Sie genaue und weitgehend übereinstimmende Suchergebnisse. Gibt es Hinweise darauf, dass bereits Schutzrechte bestehen? Wenn Sie nur wenige Ergebnisse finden, ist das unwahrscheinlich. Doch gibt es die Marke bereits, werden Sie viele, möglicherweise Tausende Suchtreffer erhalten, und ganz vorne das Unternehmen finden, welches sehr wahrscheinlich die Rechte daran besitzt.

Um ganz sicherzugehen, dass es die Marke tatsächlich noch nicht gibt, wenden Sie sich an offizielle Auskunftsstellen wie das Patent- und Markenamt.

Domains sichern

Nur weil es keine offizielle Marke und keine Suchtreffer gibt, heißt das noch lange nicht, dass die Domains noch frei sind. Die von mir so oft kritisierte und vor allem in Deutschland gängige Praxis des Domain-unter-den-Nagel-Reißens macht viele gute Namensideen zum teuren Spaß. Ohne jemals selbst ein Projekt darauf betreiben zu wollen, reservieren sich die so genannten Domaingrabber vielversprechende Domains im Großpack. Dann hoffen sie darauf, irgendwann einen Dummen zu finden, der viel Geld für die Markendomain der Träume bezahlt. Was für ein Geschäftsmodell.

Geben Sie Ihren Wunschbegriff auf Seiten wie *www.inwx.de* ein, so erhalten Sie sofortige Auskunft zu verfügbaren Domains:

Nun wissen Sie, was frei, also zum Minimalpreis einer Jahresgebühr zu haben ist. Wenn sich Ihr Begriff sinnvoll per Bindestrich trennen lässt, suchen Sie auch nach dieser Variante, um unliebsame Überraschungen zu vermeiden.

Abbildung 5.5: Gute Nachrichten: Alle Domains noch frei! Und ab damit in den Warenkorb?

Welche Top-Level-Domains sind überhaupt interessant? Das hängt ganz davon ab, was Sie vorhaben, und welche Mittel Ihnen zur Verfügung stehen. Ich halte *.com*, *.net*, *.org*, *.info* sowie die Länderdomain Ihres Zielmarktes (*.de*, *.at*, *.it* ...) für wichtig. Selbst wenn Sie Ihr Projekt nur auf einer dieser Endungen laufen lassen möchten, ist es trotzdem sinnvoll, anderen die wichtigsten Alternativen wegzuschnappen. Sie wollen sich sicher nicht mit einem schrägen Vogel herumstreiten, der sich die *.com* zu Ihrer *.de*-Domain holt und nun versucht, Ihre wachsende Popularität für eigene Zwecke einzusetzen. Weil sich die

Kosten einer Domain mit ca. zehn Euro pro Jahr in Grenzen halten, greifen Sie herzhaft zu. Für weniger als 100 Euro haben Sie die wichtigsten Endungen in der Tasche. Je nach Budget und Ambitionen (zukünftiger Weltkonzern?) kann man auch weit darüber hinausgehen: Alle erhältlichen Domains, dasselbe in Bindestrich-Variationen und mit Tippfehlern und so weiter. Wenn es denn Sinn macht.

Doch was tun, wenn die Domain schon vergeben ist? Sehen Sie nach, ob es einen Webauftritt mit dieser Adresse gibt, über den sich der Inhaber ausforschen lässt. Nein? Dann bedienen Sie sich öffentlich zugänglicher Register wie z.B. *www.whois.sc*. Der Eigentümer der Domain wird als „Registrant" oder „Owner" bezeichnet. Ist ein solcher nicht ersichtlich, lässt er sich über die weiteren angegebenen Kontakte (admin-, tech- oder billing-Kontakt) erreichen. Der Rest ist zwischenmenschliche Kommunikation und Verhandlungsgeschick. Je nach Kaufsumme kann es sich lohnen, einen Rechtsbeistand mit der Sache zu beauftragen. Für die technische Abwicklung bedient man sich am besten eines Webhosts, der den Domaintransfer nicht selten kostenlos für Sie abwickelt. Firmen wie Sedo (*www.sedo.com*) haben sich auf Domainvermittlung spezialisiert und können Ihnen helfen, in den Besitz Ihrer Wunschdomain zu gelangen. Unterm Strich ist es teuer und mühsam, Domains zu kaufen. Ich rate Ihnen daher, so lange nach freien Namen zu suchen, bis Sie schließlich erfolgreich sind. Die investierte Zeit lohnt sich definitiv.

Benutzername und URLs in sozialen Netzwerken sichern

Nachdem Sie jetzt im Besitz der wichtigsten Domains sind, machen wir uns an die sozialen Netzwerke. Hier geht es um Facebook, Twitter, YouTube & Co. Das Ziel lautet, sich so viele Benutzernamen und URLs (z.B. *www.facebook.com/fischler*) wie möglich zu schnappen, bevor es andere tun. Ein weiterer praktischer Tipp für Sie: namechk (*http://namechk.com*) verschafft Ihnen den Durchblick.

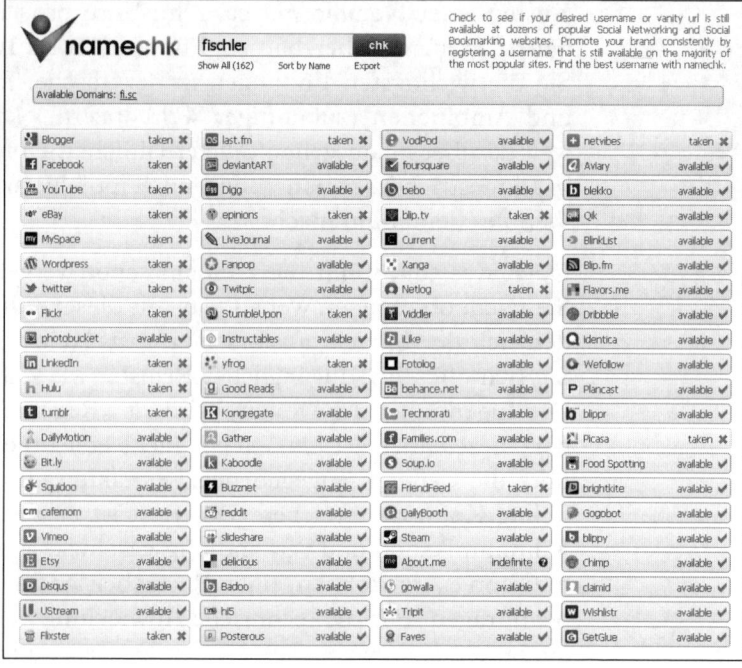

Abbildung 5.6: *namechk.com:* Welche Namen und URLs sind in den Social Networks noch frei?

Registrieren Sie sich bei den wichtigsten Netzwerken mit dem Markennamen als Benutzernamen bzw. URL-Erweiterung. Je nach Ihrer Branche könnten Sie hier auf wertvolle Bereicherungen stoßen, wie z.B. eine Mitgliedschaft bei deviantART für alle Kreativen. Zum Standardprogramm gehören Facebook, Twitter, YouTube und Flickr, doch je mehr, desto besser!

Nun sollten Sie schon recht sicher vor Nachahmern und Trittbrettfahrern sein. Wenn Sie es mit den Domains nicht übertrieben haben, liegen Sie bei einem finanziellen Aufwand von unter 100 Euro. Da tut es nicht weh, wenn Sie schon bald einen noch besseren Begriff finden sollten. Besser heute einen Namen zu viel durchreservieren, als sich nach den Anfangsjahren mit

Domaingrabbern und Identitätsdieben herumzuärgern. Nur so am Rande: Bereits vergebene Domains werden gewöhnlich im vier- und fünfstelligen Bereich gehandelt.

Wird es mit dem Vorhaben ernst und strebt man höhere Dimensionen an, führt wohl kein Weg am althergebrachten, wesentlich aufwändigeren Markenschutz vorbei. Ein kleiner Tipp: Die EU-weit gültige *Europäische Gemeinschaftsmarke* ist sehr günstig um rund 1.000 Euro erhältlich! Nähere Informationen finden Sie unter *http://oami.europa.eu* und bei jedem Markenanwalt.

Kann ich Google vertrauen?

In den vorangegangenen Kapiteln habe ich Ihnen schon viele Google-Tools und Google-Anfragen präsentiert. Man könnte meinen, es gäbe nur noch Google, Google und nochmals Google. In gewisser Hinsicht stimmt das auch. Google beherrscht das Internet wie kein anderes Unternehmen. Die Suchmaschine hat im deutschsprachigen Raum einen Marktanteil von über 80 %, in manchen Themengebieten und Regionen sogar deutlich darüber. Kaufmännisch gedacht macht es daher einfach keinen Sinn, sich auf andere Anbieter zu konzentrieren.

Dank seiner Monopolstellung verfügt Google über einen unvorstellbar großen Datenpool. Neben der immer besser werdenden Suchqualität stellt Google seinen Benutzern wichtige Auswertungen und Tools kostenlos zur Verfügung. Dazu gehören z.B. die bereits erwähnten Marktforschungsinstrumente *Insights for Search* und das *AdWords Keyword-Tool*. Außerdem kommt die Datenflut indirekt den Benutzern des E-Mail-Dienstes *Google Mail* (Österreich: *Gmail*) zugute, wo Spammails schneller aufgedeckt werden, als Spammer bis 0,03 zählen können. Mein Posteingang bleibt verschont. Google weiß alles, und Google sieht alles.

Der Suchmaschinengigant unterhält riesige Serverfarmen rund um die Welt. Anders wäre der laufende Betrieb nicht machbar.

Auch an dieser Infrastruktur lässt Google seine Benutzer kostenlos partizipieren. Über *Google Blogger* können Sie Ihre eigene Webseite veröffentlichen, ohne ein eigenes Webhosting zu benötigen. *Google Apps* bietet Betrieben bis zehn Mitarbeitern eine kostenlose Groupware (E-Mails, Kalender, Dokumentenverwaltung, Kontaktmanagement und mehr), die schneller und sicherer ist als jede interne EDV-Lösung. Der Dienst steht aber auch Mittel- und Großbetrieben zu äußerst günstigen Konditionen offen. Immer mehr private und staatliche Konzerne sowie öffentliche Körperschaften und andere Organisationen bilden ihre Firmen-IT in *Google Apps* und damit in der so genannten „Google-Cloud" ab, statt teure Server, Software und Netzwerke zu unterhalten. *Google Analytics* zeigt Ihnen, was auf Ihrer Homepage passiert. Mit *Google AdSense* werden Sie zum kommerziellen Publizisten und können auf Ihrer eigenen Webseite Geld verdienen. Viele weitere Dienste machen das tägliche Leben leichter.

Dieses Rundum-Sorglos-Paket wirft viele Fragen auf:

✔ Wo ist der Haken?

✔ Kann ich Google meine Daten anvertrauen?

✔ Was, wenn sich Google morgen anders entscheidet und die kostenlosen Angebote verschwinden?

✔ Was, wenn Google selbst gehackt wird oder meine Daten verliert?

✔ Wird Google meiner Firma irgendwann das Licht ausknipsen?

✔ Liest Google meine E-Mails?

Die Bedenken der Nutzer reichen von gerechtfertigter Sorge bis zur Paranoia. Es gibt Internet-Profis, die einen großen Bogen um Google machen und jeden Kontakt vermeiden. Der enorme Aufwand, der für eine solche Vorgehensweise im modernen

Internet nötig ist, steht jedoch in keinem Verhältnis zum beabsichtigten Nutzen – wenn es überhaupt einen solchen gibt. Es widerspricht dem Bedürfnis nach Sicherheit, sich „auf Gedeih und Verderb" von einem einzigen Unternehmen abhängig zu machen. Doch mangels Alternativen bleibt vernünftig denkenden Unternehmern nur eine Wahl: Mitmachen, und nach den Regeln spielen.

Ich mag Google trotz seiner marktbeherrschenden Stellung. In Wahrheit ist es gerade dieses Monopol, das für die ersehnte Sicherheit sorgt. Google könnte sich niemals leisten, Ihre Daten zu verlieren oder zu missbrauchen. Würde Google von heute auf morgen wichtige Dienste einstellen, wäre der Aufschrei enorm, und Hunderttausende Benutzer würden in die offenen Arme der Mitbewerber laufen. Nicht einmal Google hat ein Besitzrecht an seiner „Community". Deshalb tut Google alles, gut auf die anvertrauten Informationen aufzupassen und das Kundenerlebnis laufend zu verbessern. Googles Dienste gehören zu den sichersten der Welt, der hauseigene Browser *Chrome* gilt als unhackbar. Im Vergleich dazu sind Firefox, Internet Explorer und Co. offene Türen in Ihren PC. Nicht einmal feindlichen Regierungen und Terrororganisationen gelang es zuletzt, dem US-Unternehmen Google größeren Schaden zuzufügen oder Dienste für länger als ein paar Stunden lahmzulegen. Ich finde das schon ziemlich sicher. Eigentlich kann ich mir nichts Sichereres vorstellen. Und keine Angst: Google liest keine Mails, denn einen solch unproduktiven Einsatz seiner Mitarbeiter kann sich nicht mal Google leisten.

Einen Preis muss man dennoch zahlen. Wer nicht nach den Regeln spielt, riskiert den Rauswurf. Deshalb warne ich bei jeder Gelegenheit vor krummen Touren nach dem Motto „Man wird's wohl mal probieren dürfen". Denn „Einmal ist keinmal!" gehört nicht zu Googles Sprachschatz. Mutieren Sie nicht zum Spammer, und versuchen Sie keine („Optimierungs-")Tricks. Im schlimmsten Fall finden Sie sich vor verschlossenen Toren wieder und können „das mit dem Internet" vergessen. Google ist knallhart im Umgang mit denen, die die Regeln mutwillig verletzen. Diese sind von gegenseitiger Fairness geprägt. Seien Sie fair zu Google, und Google wird fair zu Ihnen sein.

Die Webseite zum Nulltarif

Jetzt kommen wir endlich zur konkreten, technischen Umsetzung Ihrer Homepage. Ich werde Ihnen drei Varianten präsentieren: Den bereits erwähnten Geheimtipp *Google Blogger*, sowie zwei Varianten, für die Sie einen Webhosting-Provider benötigen: Die *Homepage per Baukasten* sowie *WordPress* als Inhaltsverwaltungssystem, dem die Zukunft gehört.

Google Blogger (Blogspot.com, Blogger.com)

Warum Blogger?

Wie bereits erwähnt halte ich Blogger von Google für einen echten Geheimtipp, wenn es um die kostengünstige, einfache und schnelle Umsetzung von Webseiten geht. Wenn Sie jedoch Zusatzfunktionen wie Shop, Forum oder Buchungssystem benötigen, rate ich Ihnen gleich zur selbst gehosteten, beliebig erweiterbaren WordPress-Variante, welche wir noch ausführlich behandeln werden.

Was macht mich zum Blogger-Fan? Dazu möchte ich Ihnen eine kleine Geschichte erzählen. Vor einigen Jahren kontaktierte mich die Pfarrei meines Heimatortes und ersuchte mich, eine Homepage für sie zu programmieren. Das bereitete mir Kopfweh, da ich wusste, dass die handelnden Personen wenig mit dem Internet anfangen konnten und vor einer großen Schwelle standen. Ich wollte auf alle Fälle vermeiden, in Zukunft selbst die Seitenpflege „aufs Auge gedrückt zu bekommen", weil es sonst keiner kann bzw. lernen will. Eine weitere Gefahr sah ich darin, dass die Homepage wie ihre Vorgänger irgendwann brachliegen würde, Passwörter verloren gingen und man sich zum nächsten Neustart gedrängt fühlen würde. Aufgrund dieser Überlegungen drückte ich mich monatelang vor der Umsetzung des Webauftritts. Da mir der intuitive Umgang mit Blogger von früher bekannt war, wagte ich eines Tages doch noch den Versuch der Umsetzung. Ich installierte im Beisein der Verantwortlichen eine Seite und zeigte ihnen die ersten Schritte. Was daraufhin geschah, übertraf meine Erwartungen und die der früheren Webmaster bei Weitem: Vom ersten Tag an wurde gepostet, was das Zeug hielt. Mit Informationen zu pfarrlichen Gruppen, Angeboten und Kontaktmöglichkeiten, Predigten, Fotoalben, Gottesdienst-Ankündigungen und vielem mehr wurde die Blogger-Homepage zum wichtigen Sprachrohr der Gemeinde. Die Zugriffszahlen können sich für eine kleine Pfarrgemeinde durchaus sehen lassen! Weil Blogger so einfach und intuitiv zu handhaben ist, wird das System auch verwendet. Das ist die Grundvoraussetzung des Erfolgs einer Webseite.

Auch meine neue Webseite *www.fischler.cc* wird ausschließlich über Blogger betrieben. Hier die wesentlichsten Vorteile:

- Ihre Homepage wird kostenlos, schnell und sicher von Google gehostet

- Hochlast-Webseiten werden von der Google-Infrastruktur mühelos gestemmt

- Installation und laufende Inhaltspflege sind kinderleicht

- Blogger-Webseiten können optional mit eigenständigen Domains verknüpft werden – ganz ohne Tricks und voll suchmaschinentauglich

- Das Angebot ist keinesfalls auf „Blogs" beschränkt, nur weil der Dienst so heißt

- Aussehen, Stil und Funktionen Ihrer Webseite lassen sich leicht steuern

- Statische Informationsseiten (Über uns, Kontakt, Team, …) und News-Artikel sind getrennt

✔ Alle Inhalte bleiben in Ihrem Eigentum und dürfen von Ihnen vermarktet werden

✔ Ihre Blogger-Webseite lässt sich einfach exportieren und sichern

✔ Die Webseitenstatistik ist bereits integriert

✔ Die Anknüpfung zu anderen Internet-Portalen wie YouTube und Picasa ist sehr einfach

Berühmte Beispiele

Einige Beispiele interessanter und hoch frequentierter Seiten, die mit Blogger betrieben werden, sind:

✔ Photoshop Disasters: *www.psdisasters.com*

✔ Der offizielle Google-Blog: *googleblog.blogspot.com*

✔ Dumb Little Man: *www.dumblittleman.com*

Die Herausgeber dieser und vieler anderer Hochlast-Publikationen ersparen sich Tausende Euro an Webhostingkosten pro Monat. Ein 5-Euro-Hostingvertrag mag für Klein- und Mittelbetriebe ausreichen, doch ab fünfstelligen Besucherzahlen (pro Tag) geht es ans Eingemachte: Schnell werden mehrere eigene Server, Lastverteilung und ausgeklügelte Backup-Systeme nötig, damit die Webseite nicht binnen Sekunden in die Knie geht. Die Macher von Photoshop Disasters & Co überlassen diese Kopfschmerzen lieber Google. Geschickt gemacht, merkt niemand den Unterschied zu einer anderen Webseite. Daher starte ich neue Webseiten nur noch bei Google Blogger.

Einrichtung und Grundkonfiguration

So geht's, Schritt für Schritt:

Abbildung 5.7: Blogger-Startseite: *www.blogger.com*

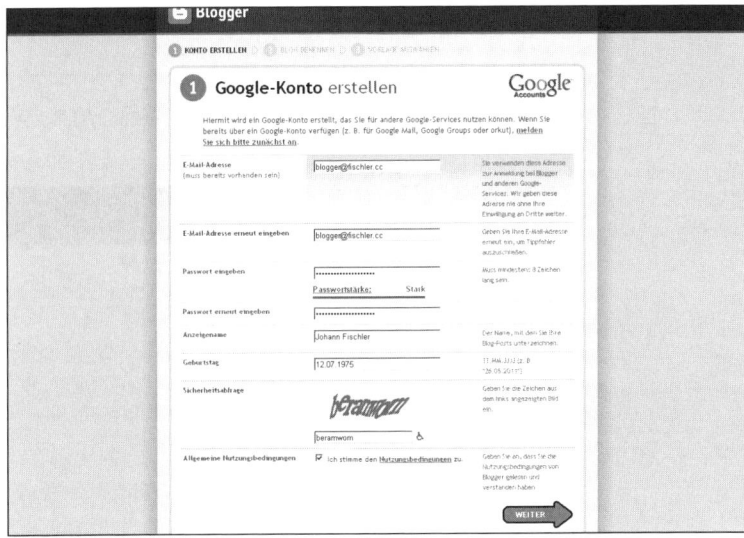

Abbildung 5.8: Ein Google-Konto erstellen

Wenn Sie noch nicht über ein eigenes Google-Konto verfügen, können Sie gleich hier eines eröffnen. Nach Eingabe Ihrer Daten bekommen Sie eine E-Mail zugesandt, mit welcher Sie Ihr Konto bestätigen können.

Abbildung 5.9: Nach dem ersten Log-in: *Blog jetzt erstellen*

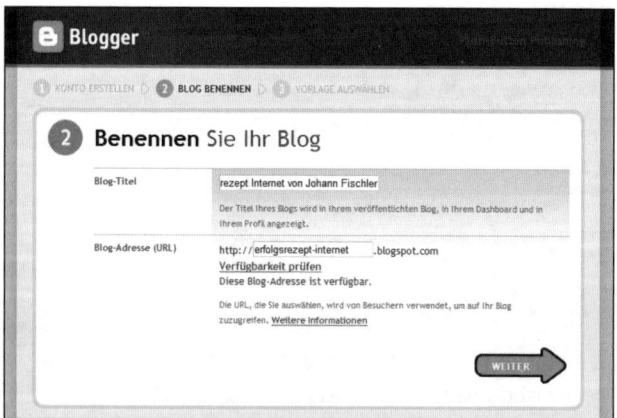

Abbildung 5.10: Titel und Adresse definieren

Geben Sie Ihrer Webseite einen Namen (*Titel*) und wählen Sie eine verfügbare Subdomain aus. Später können Sie stattdessen eine eigene Domain für Ihre Blogger-Homepage verwenden. Statt *erfolgsrezept-internet.blogspot.com* könnte ich auch *erfolgsrezept-internet.com* verwenden.

Abbildung 5.11: Wählen Sie ein Grunddesign

Das Design können Sie später immer noch ändern.

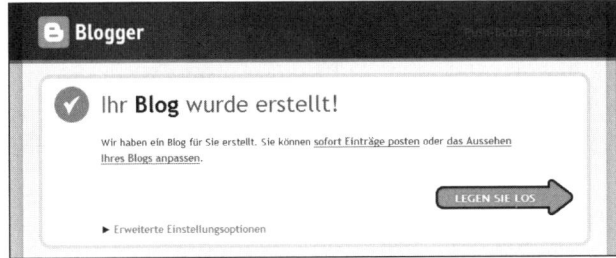

Abbildung 5.12: Erfolgsmeldung – und los geht's!

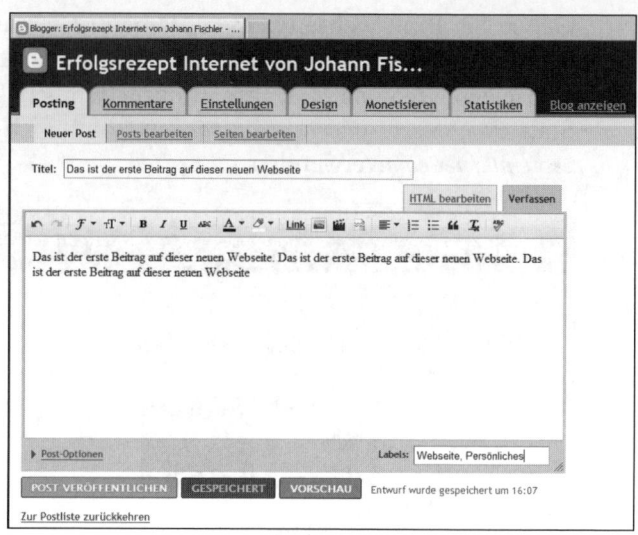

Abbildung 5.13: Ersten Beitrag schreiben

Nach dem Klick auf *Legen Sie los* öffnet sich der Post-Editor und Sie können Ihren ersten Beitrag schreiben. Gehen Sie anschließend auf *Blog anzeigen*, sehen Sie Ihre neue Webseite in Betrieb (siehe Abbildung 5.14).

Nun werden wir die Seite anpassen. Neben zusätzlichen Seitenleisten-Elementen fügen wir statische Informationsseiten hinzu und entfernen die ganz oben angezeigte Leiste (*Suchen, Freigeben, Missbrauch melden, ...*). Außerdem sorgen wir dafür, dass die Beiträge in den Suchmaschinen besser indexiert werden, indem wir den Standard-„Title" umkonfigurieren. Mit diesen kleinen Anpassungen erhalten Sie eine vollständige, optimal funktionierende und professionelle Webseite.

Um auf die Verwaltungsoberfläche zu gelangen, können Sie einfach *www.blogger.com* in Ihrem Browser aufrufen. Nun sehen Sie Ihr *Dashboard* mit allen angelegten Webseiten (siehe Abbildung 5.15).

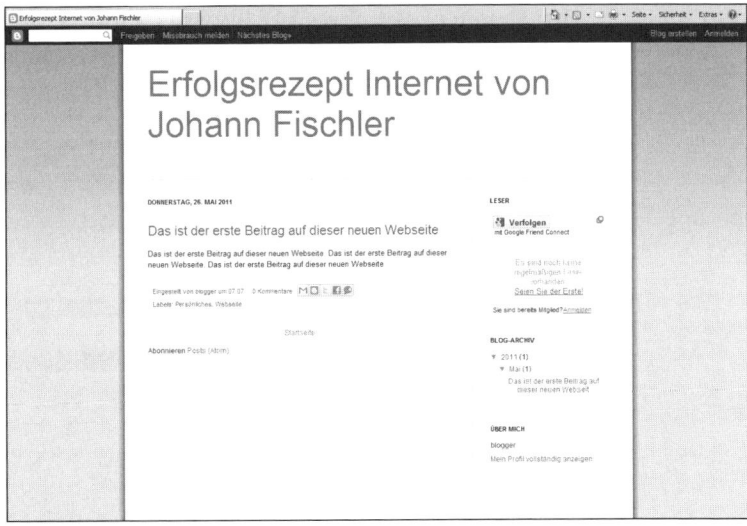

Abbildung 5.14: Nach Veröffentlichung des ersten Beitrags

Abbildung 5.15: Das Blogger-Dashboard

Im Reiter *Design* Ihres Dashboards können Sie Seitenelemente hinzufügen und per „Drag & Drop" an verschiedene Positionen Ihres Layouts verschieben.

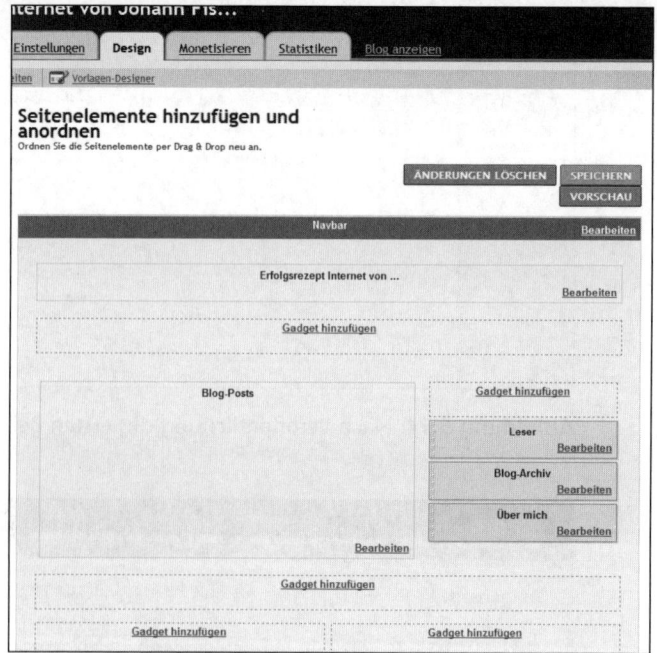

Abbildung 5.16: Design-Tab im Dashboard: Seitenelemente bearbeiten

„Gadgets" sind Layout-Erweiterungen. Mit Hilfe dieser Gadgets können Sie Ihr Design beliebig weiterentwickeln (siehe Abbildung 5.17).

Mit Klick auf *Gadget hinzufügen* öffnet sich ein Konfigurationsfenster, in dem Sie die notwendigen Einträge vornehmen (siehe Abbildung 5.18).

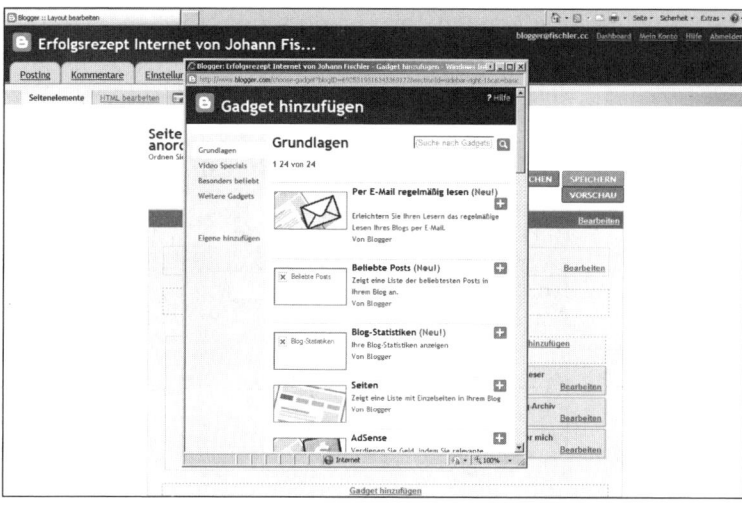

Abbildung 5.17: *Gadget hinzufügen*

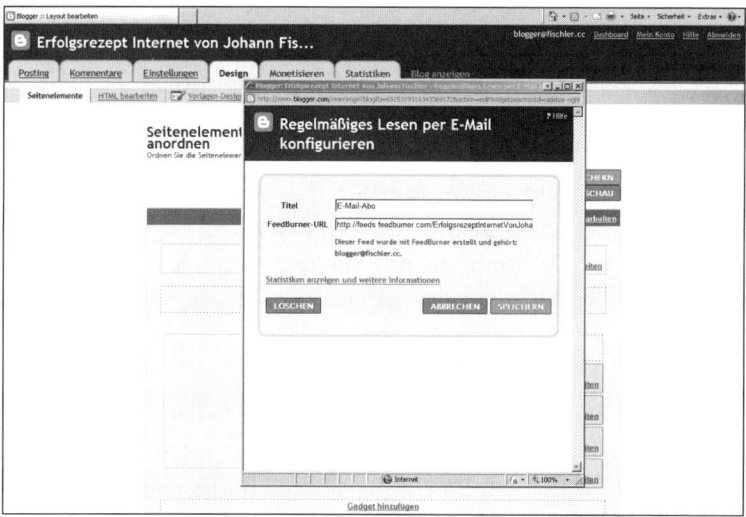

Abbildung 5.18: *Gadget hinzufügen:* Konfigurationsfenster

Sie können Ihr Grunddesign aber auch komplett ändern und das Layout im Detail anpassen. Wechseln Sie hierfür im Design-Tab auf den *Vorlagendesigner*.

Abbildung 5.19: Der *Vorlagendesigner*

Wechseln Sie die Vorlage, richten Sie Ihr eigenes Hintergrundbild ein, passen Sie das Grundlayout an oder ändern Sie unter *Erweitert* die Details Ihres Layouts. Die Gestaltung Ihrer Webseite ist mit Blogger einfach und flexibel möglich. Weder Anfänger noch Experten werden an die Grenzen stoßen.

Seiten anlegen

Sehen wir uns im nächsten Schritt an, wie Sie statische Informationsseiten (z.B. *Über uns* oder das *Impressum*) hinzufügen können. Diese 2010 eingeführte Funktion macht Blogger endgültig zum vollwertigen Inhaltsverwaltungssystem.

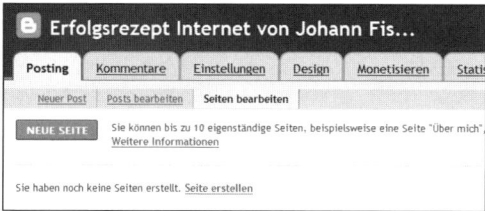

Abbildung 5.20: Seiten erstellen und bearbeiten

Unter *Posting / Seiten bearbeiten* können Sie bis zu zehn Seiten anlegen und verwalten. Mit Klick auf *Neue Seite* wechseln Sie direkt in den Editor, um Titel und Text zu erstellen.

Abbildung 5.21: Neue Seite anlegen

Wenn Sie die Seite veröffentlichen, werden Sie gefragt, wo sich das *Seiten-Gadget* befinden soll: in der Seitenleiste oder zwischen Kopfbereich und Inhalt?

Abbildung 5.22: Position der Seitenanzeige wählen

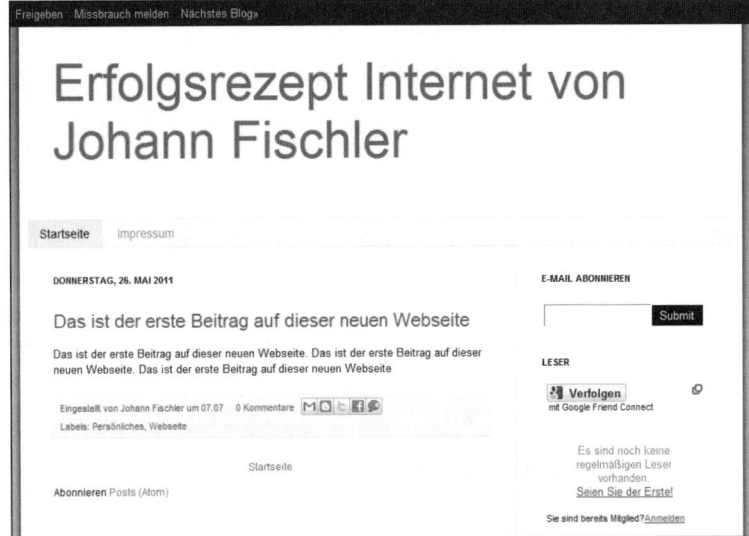

Abbildung 5.23: Seitenleiste zwischen Kopfbereich und Inhalt

Modifikationen

Wichtig: Ihr Grundlayout sollte feststehen, bevor Sie diese Modifikationen vornehmen. Beim Wechsel des Grundlayouts gehen sie verloren. Optische Eingriffe am Design des gewählten Grundlayouts und an den Seitenelementen sind dagegen auch weiterhin möglich.

Suchmaschinenfreundliche Beitragstitel

Diesen Punkt möchte ich Ihnen etwas genauer erklären, weil er für die Indexierung bei Google sehr wichtig ist. Sehen Sie sich an, was im Reiter des aktiven Fensters angezeigt wird, wenn Sie Ihren ersten Beitrag (die Unterseite mit dem Einzelbeitrag) öffnen:

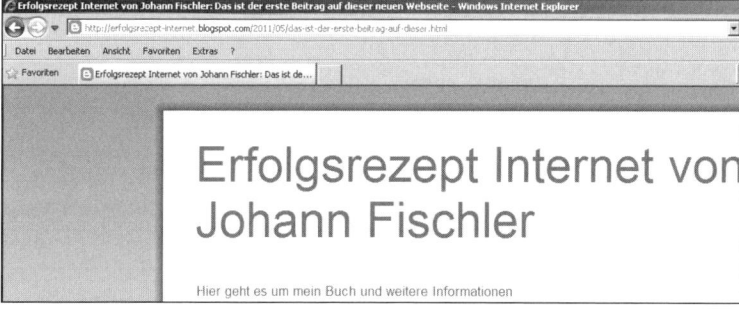

Abbildung 5.24: Standard-„Titles" in Beiträgen: Homepage- vor Beitragstitel

Ich habe hier den Beitrag „Das ist der erste Beitrag auf dieser neuen Webseite" aufgerufen. Wie ganz oben im Browser zu sehen ist (Fenster- und Reitertitel), verwendet Blogger für den suchmaschinenrelevanten „Title" zuerst den Titel der gesamten Homepage und dann erst den eigentlichen Beitragstitel: „Erfolgsrezept Internet von Johann Fischler: Das ist der erste Beitrag auf dieser neuen Webseite". Das ist deshalb problematisch, weil Google genau diese Überschrift für die Suchergebnisse verwendet. Jeder Ihrer Beiträge würde zuerst mit dem Titel Ihrer Seite zu finden sein. Das ist verschenktes Potential und sollte schon zu Beginn angepasst werden.

Gehen Sie im Reiter *Design* auf *HTML bearbeiten*, und wählen Sie *Widget-Vorlagen komplett anzeigen*. Suchen Sie nun nach der Zeile

```
<title><data:blog.pageTitle/></title>
```

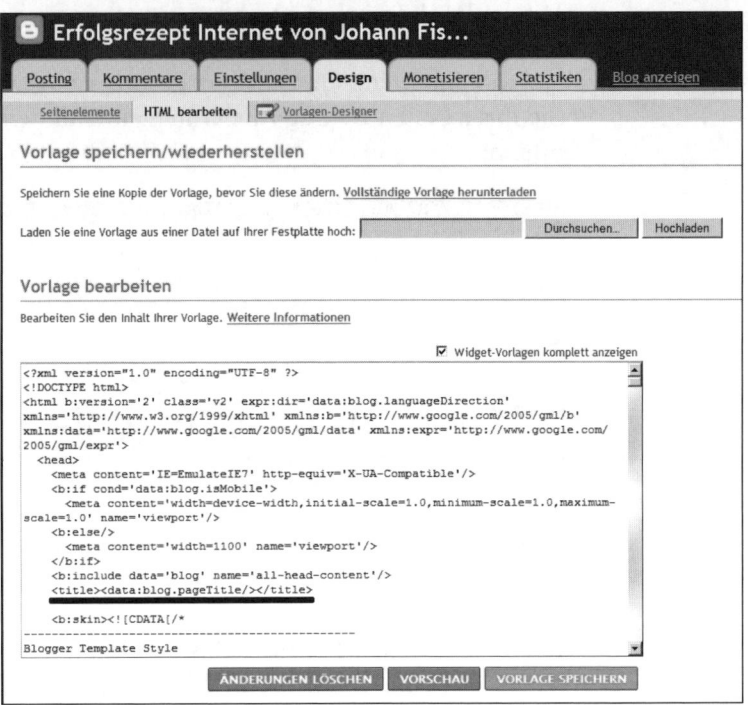

Abbildung 5.25: Title-Zeile im HTML-Editor finden

Nun ersetzen Sie diese durch folgende fünf Zeilen:

```
<b:if cond='data:blog.pageType == &quot;index&quot;'>
```

```
<title><data:blog.title/></title>
```

```
<b:else/>
```

```
<title><data:blog.pageName/></title>
```

```
</b:if>
```

So sieht das im Endergebnis aus:

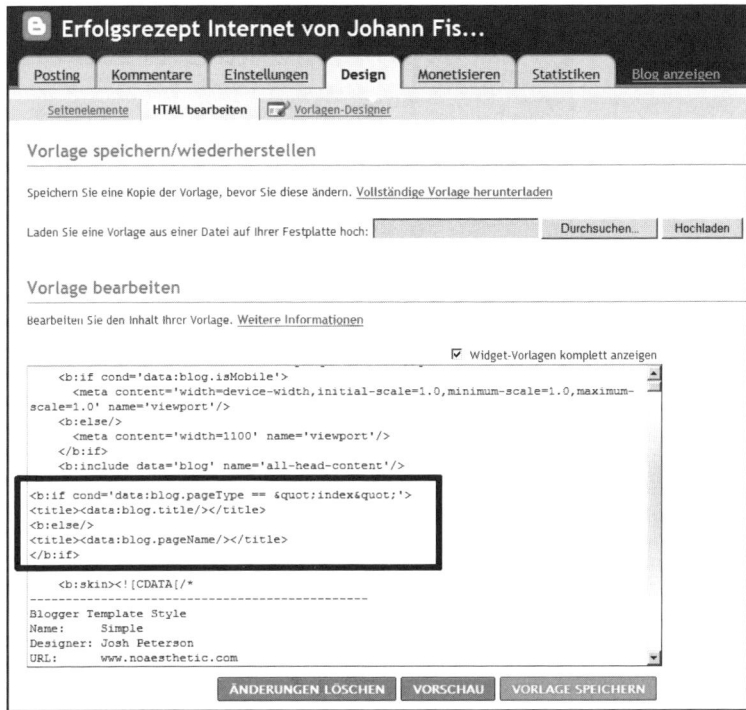

Abbildung 5.26: Code-Erweiterung für „saubere" Titles einfügen

Klicken Sie auf *Vorlage speichern* und rufen Sie den Beitrag nochmals auf. Nun sollte nur noch der eigentliche Beitragstitel als „Title" verwendet werden – siehe oben: *Das ist der erste Beitrag auf dieser neuen Webseite.*

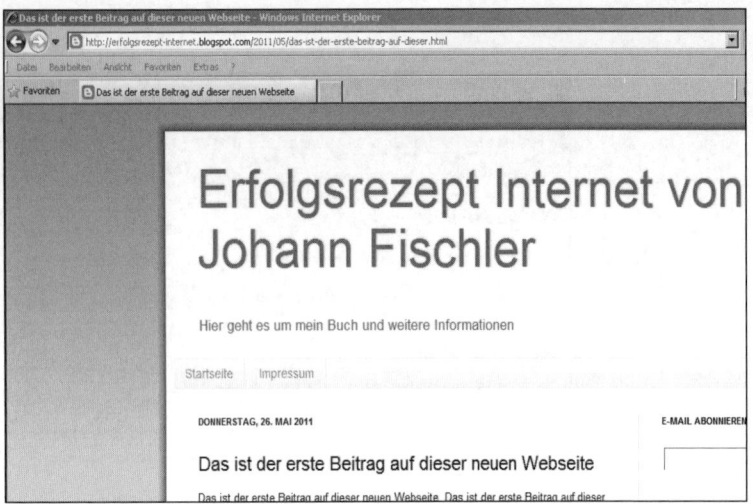

Abbildung 5.27: Fertig: Suchmaschinenfreundliche Beitragtitel in Google Blogger

Entfernung der Blogger-Navbar

Abbildung 5.28: Die ungeliebte Blogger-Navbar

Die Navigationsleiste von Blogger ist nicht jedermanns Sache. Sie sieht unprofessionell aus und *Missbrauch melden* ist in Zeiten wie diesen keine glückliche Wortwahl. Sie können sie einfach entfernen. Wie das Blogger-Team am 10.11.2008 bestätigt: „While we don't recommend or support the removal of the Blogger navbar, there is nothing in our Terms of Service that explicitly mandate its use".

Fügen Sie einfach folgenden Code vor der Zeile body { ein:

```
#navbar-iframe {
display: none !important;
}
```

Abbildung 5.29: Entfernen der Blogger-Navbar

Nun sollte die Navigationsleiste nicht mehr angezeigt werden. Sehen wir uns als Nächstes den Reiter *Einstellungen* an. Auf der ersten Seite können Sie *Titel* und *Beschreibung* vergeben, die ganze Webseite importieren und exportieren und weitere grundlegende Konfigurationen vornehmen.

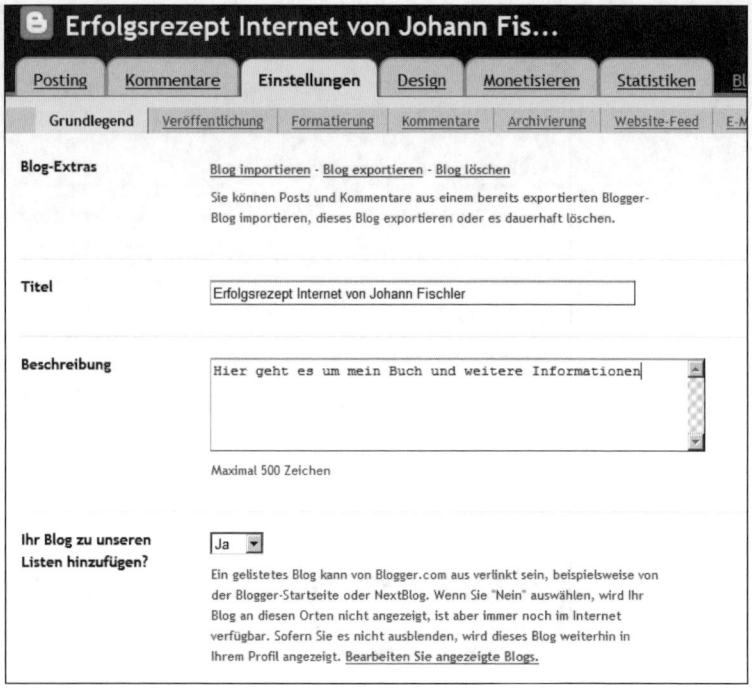

Abbildung 5.30: Grundlegende *Einstellungen*

Unter *Einstellungen / Veröffentlichung* können Sie Ihre Blogspot-Adresse ändern oder eine *Benutzerdefinierte Domain* (z.B. *www. fischler.cc* statt *fischlercc.blogspot.com*) verwenden (siehe Abbildung 5.31).

Nach Klick auf *Benutzerdefinierte Domain* öffnet sich eine Seite, über die Sie direkt *Eine Domäne für Ihr Blog kaufen* können. Dieses Angebot gilt für die so genannten CNOBI-Domains: *.com, .net, .org, .biz* und *.info*. Die moderate Jahresgebühr von 10 US-$ wird über den Domainhosting-Partner von Google verrechnet (siehe Abbildung 5.32).

Abbildung 5.31: Subdomain ändern oder eigene Domain verwenden

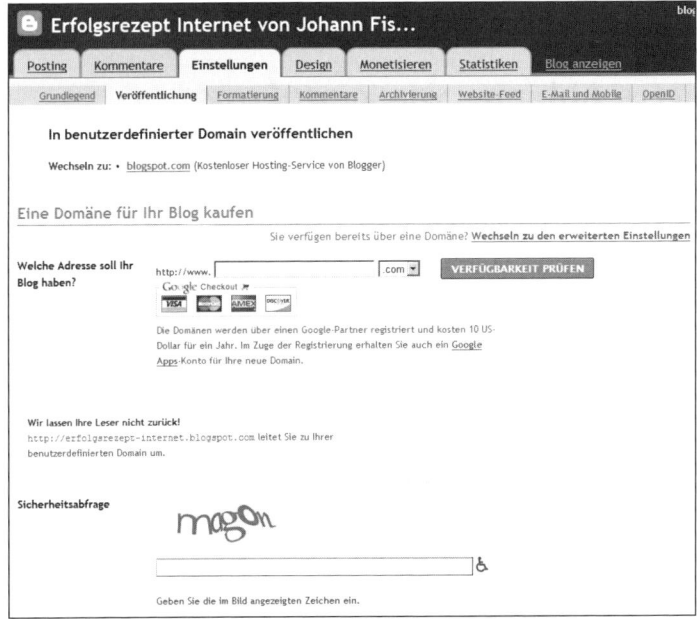

Abbildung 5.32: Domain direkt über Google kaufen

Doch auch andere Domainendungen und bestehende Domains können Sie einfach mit Ihrer Blogger-Homepage verknüpfen. Dazu müssen Sie die Einstellungen Ihrer Domain entsprechend konfigurieren. Wie das geht, zeigt Ihnen Google nach dem Klick auf *Sie verfügen bereits über eine Domäne? Wechseln zu den erweiterten Einstellungen*. Sehen Sie sich die *Einrichtungsanleitung* an. Wenn Sie es nicht schaffen, wenden Sie sich mit der Anleitung an den Dienstleister, bei dem Sie Ihre Domain registriert haben.

Alle weiteren Einstellungen sind bereits so gewählt, dass Sie optimal mit Ihrer Webseite starten können. Sehen Sie sich die Unterseiten Ihres Dashboards näher an. Sie können andere Autoren einladen, über E-Mail oder Mobiltelefon Beiträge veröffentlichen, Kommentare verwalten und vieles mehr. Die *Statistiken* geben Ihnen in einfacher Form Aufschluss darüber, was auf Ihrer Seite passiert. Wie Sie Ihre Blogger-Webseite vollständig sichern können (Backup), erfahren Sie weiter unten im Abschnitt „Sicherheit und Backups".

Weitere Anbieter wie WordPress. com, blogigo.de oder twoday.net

Es gibt eine Vielzahl von Anbietern, bei denen man kostenlose Webseiten anlegen kann. Allerdings rate ich Ihnen davon ab, Ihre Homepage dort zu starten, denn irgendeinen der folgenden Nachteile haben sie alle:

✔ Hinter den Angeboten stehen oft fragwürdige Firmen

✔ Die eigene Vermarktung Ihrer Inhalte ist verboten

✔ Der Anbieter macht Werbung auf Ihrer Seite

✔ Sie verlieren die Rechte an Ihren Inhalten

✔ Sie können Ihre eigene Domain nicht verwenden

✔ Der Dienst ist instabil und unverlässlich

✔ Ihre Daten lassen sich nicht sichern bzw. exportieren

Der größte und seriöseste Mitbewerber von Blogger ist Word-Press.com. Dabei handelt es sich um die Fix-&-Fertig-Variante der beliebten CMS-Software WordPress. Letztere erhalten Sie zwar kostenlos auf *wordpress.org*, doch benötigen Sie dafür noch einen Webhosting-Provider, während Sie auf *wordpress.com* sofort eine Seite starten können. Diese ist dann z.b. unter *malerei-meier.wordpress.com* erreichbar. Das WordPress.com-Netzwerk kommt Google Blogger noch am nächsten, doch selbst dieser Dienst hat gravierende Nachteile, wie z.b. Verbot eigener Vermarktung und schlechte Anpassbarkeit.

Aus diesen Gründen kommt außer Google Blogger kein anderer Gratisdienst für den seriösen, kostenlosen Betrieb Ihrer Webseite in Frage.

Baukastensysteme von Webhosting-Anbietern

Shared-Webhosting-Angebote („Shared" = „Geteiltes" Webhosting) sind praktisch. Zu geringen Kosten mietet man sich einen Platz am Server des Anbieters und hat volle Kontrolle über Domain, Homepage und E-Mails. Die kleinen Verträge sind unter 10 Euro pro Monat erhältlich und reichen für den Betrieb der meisten Homepages aus. Um neuen Kunden die Schwellenangst zu nehmen, hat so gut wie jeder Provider eine Art von Homepage-Baukasten im Angebot. Mit wenigen Mausklicks kann man sich eine Webseite basteln, die dann auf der eigenen Domain erscheint. Oder Sie wählen gar nur die Art Ihres Geschäfts aus, ergänzen ein paar persönliche Daten und fertig – Standard-Inhalte und typische Image-Bilder sind schon vorausgefüllt. Das ist doch eine feine Sache, oder?

Wenn Sie bloß eine „Visitenkarte im Netz" haben wollen, mag eine Baukastenvariante ausreichen. Man erreicht Ihre Seite durch direkten Aufruf, und sie sieht gar nicht so schlecht aus. Wer eine Webseite um ihrer selbst willen braucht, ist damit gut bedient. Sie dürfen sich bei dieser Lösung nur nicht erwarten, dass mögliche Kunden Sie über Google finden oder irgendwann mehr aus Ihrer Homepage wird, denn:

✔ Standardtexte, die Ihr Webhoster zur Verfügung stellt, führen zur Duplicate-Content-Problematik („doppelte Inhalte"). Google wird Sie nicht (oder nur sehr weit hinten) in den Index aufnehmen, wenn Sie Inhalte verwenden, die es schon hundertfach im Netz gibt. Wozu soll man Sie finden, wenn Sie nichts Neues zu bieten haben?

✔ Ihre Seite lässt sich nicht oder nur schwer sichern und exportieren, was zu Problemen führt, wenn Sie den Hoster eines Tages wechseln oder ein anderes CMS (Inhaltsverwaltungssystem) verwenden wollen.

✔ Baukästen lassen sich nur bis zu einem bestimmten Punkt adaptieren. Sobald Sonderwünsche auftauchen, sind Sie in der Sackgasse.

✔ Hilfe gibt es nur beim Anbieter selbst. Eine weltweite Community von Menschen, deren Rat man einholen könnte, sucht man vergeblich.

Baukastensysteme senken die Hemmschwelle für den Einstieg ins Internet. Doch die Nachteile sind gravierend. Daher empfehle ich Ihnen, einen klitzekleinen Schritt weiter zu gehen.

Beginnen Sie gleich mit dem Inhaltsverwaltungssystem der Zukunft: WordPress.

WordPress über Webhosting-Anbieter

Ich bin sehr froh, dass ich mich seit dem Beginn meiner Internet-Aktivitäten mit WordPress beschäftige. Kein anderes CMS (Inhaltsverwaltungssystem) erschien mir so einfach in der Bedienung. Seit 2007 habe ich viele Webseiten auf WordPress aufgebaut, deren Layout erstellt und dutzende Plug-ins (Erweiterungen) verwendet. Heute betreibe ich viele verschiedene WordPress-Webseiten bei unterschiedlichen Webhostern. Ich bin begeistert, wie schnell sich die kostenlos erhältliche Open-Source-Software weiterentwickelt und dabei immer einfacher und praktischer wird. Der weltweite Erfolg gibt den Entwicklern Recht:

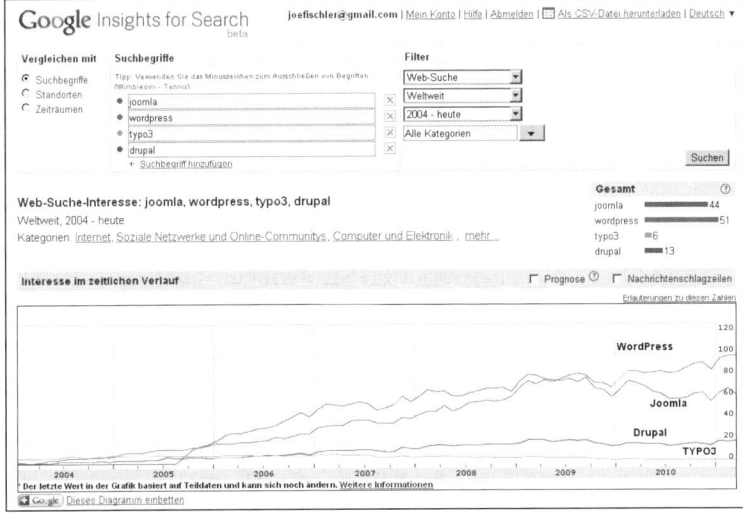

Abbildung 5.33: Weltweite Google-Suchanfragen nach Webseiten-Betriebssystemen (CMS): WordPress überholte Joomla im Jahr 2009 und wächst weiter, während Drupal, TYPO3 & Co laufend an Interesse einbüßen

Das Interesse an WordPress steigt und steigt. Dabei gäbe es Hunderte Alternativen. Zu Joomla, Drupal, Serendipity, CMS Made Simple und TYPO3 gesellen sich viele kleinere Lösungen, bis hin zu selbst gestrickten Inhaltsverwaltungen. Diese eigenbrötlerischen Varianten setzen Webagenturen gerne ein, weil nur sie sich damit auskennen und der Kunde damit nicht so leicht zu einem Mitbewerber wechseln wird. Über TYPO3 habe ich mich ja schon weiter vorne ausgelassen: Agenturen lieben es, weil es so kompliziert ist, dass man die Einschulungen gleich mitverkaufen kann – und der Kunde trotzdem garantiert nichts selbst anfassen wird. Wenn doch, kann man das Aufräumen des Scherbenhaufens fürstlich in Rechnung stellen. Der langen Rede kurzer Sinn: Ehrliche Internet-Profis empfehlen WordPress, denn WordPress ...

✔ ist das beliebteste CMS (Content-Management-System) der Welt

✔ bietet die beste Benutzbarkeit, auch für Anfänger

✔ wird laufend weiterentwickelt und sicherer gemacht

✔ hat die größte Gemeinschaft an Experten, deren Hilfe man kostenlos in Anspruch nehmen kann

✔ begeistert PHP-Entwickler aufgrund der schier unbegrenzten, einfachen Erweiterbarkeit

✔ lässt sich mit Tausenden Designs und Plug-ins (Erweiterungen) perfekt an Ihre Bedürfnisse anpassen, ohne Programmiersprachen zu benötigen

Der einfachste Weg, mit WordPress zu starten, führt über die *1-Klick-Installation*. Diese bieten viele Webhoster an, z.B. Host Europe, Alfahosting oder HostGator. So brauchen Sie sich nicht mit FTP, MYSQL-Datenbanken und Systemkonfiguration zu beschäftigen und können Ihre WordPress-Webseite ähnlich komfortabel installieren wie ein PC-Programm.

Ein beliebtes Programm, über das Sie Ihr Webhosting verwalten können, ist cPanel. Dieses setzen viele verschiedene Provider ein. Ich möchte Ihnen anhand meines HostGator-Webhosting-Accounts zeigen, wie einfach sich eine neue WordPress-Webseite installieren lässt. Zuerst logge ich mich in den Account ein:

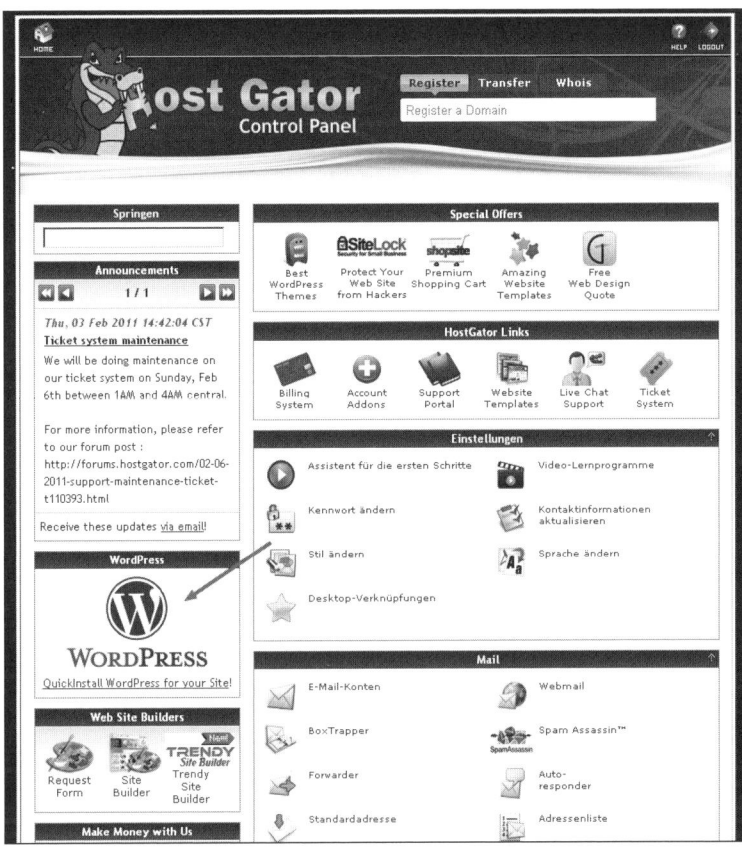

Abbildung 5.34: cPanel: Die Steuerzentrale vieler Hostingpakete

Aufgrund seiner Beliebtheit hat man die automatische Installationsroutine für WordPress gleich in die linke Seitenleiste übernommen. Sonst würden Sie sie auch über *Software / QuickInstall* oder ähnliche Bezeichnungen erreichen. Nahezu alle Hoster bieten Funktionen wie diese an, weil sich dadurch eine ganze Menge immer wieder gestellter Supportanfragen erübrigen:

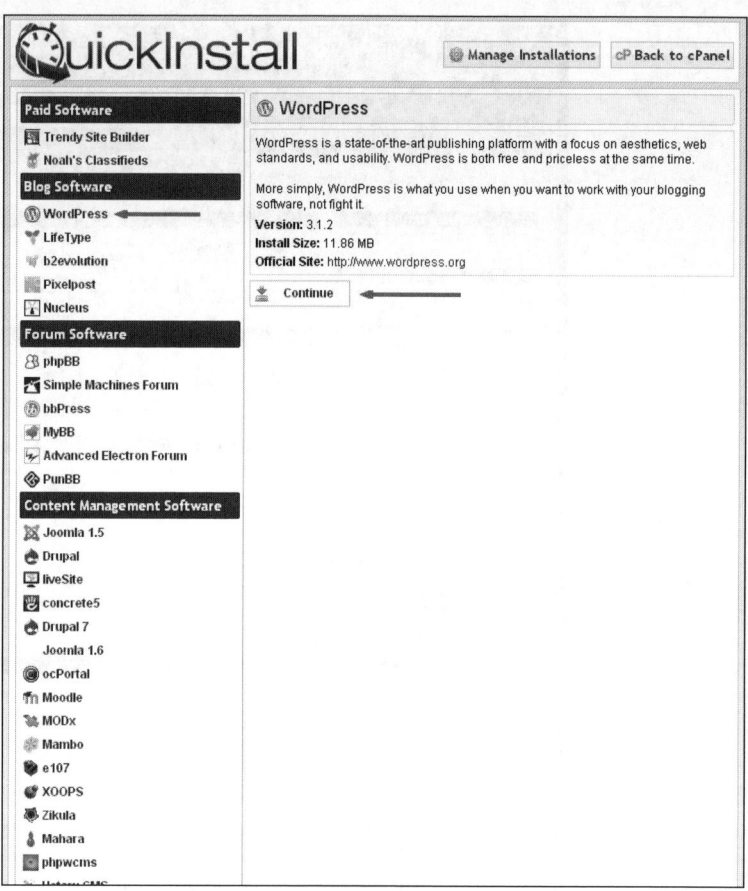

Abbildung 5.35: Ob *QuickInstall, Auto-Install, 1-Klick-Installation:* Hoster bieten komfortable Installationstools für beliebte Anwendungen wie WordPress

Nun können Sie WordPress ganz einfach per Mausklick installieren, ohne sich Gedanken um Datenbankeinrichtung, FTP-Datenupload, *wp-config.php*-Konfiguration und Installationsroutine machen zu müssen. Einfacher geht es nicht mehr.

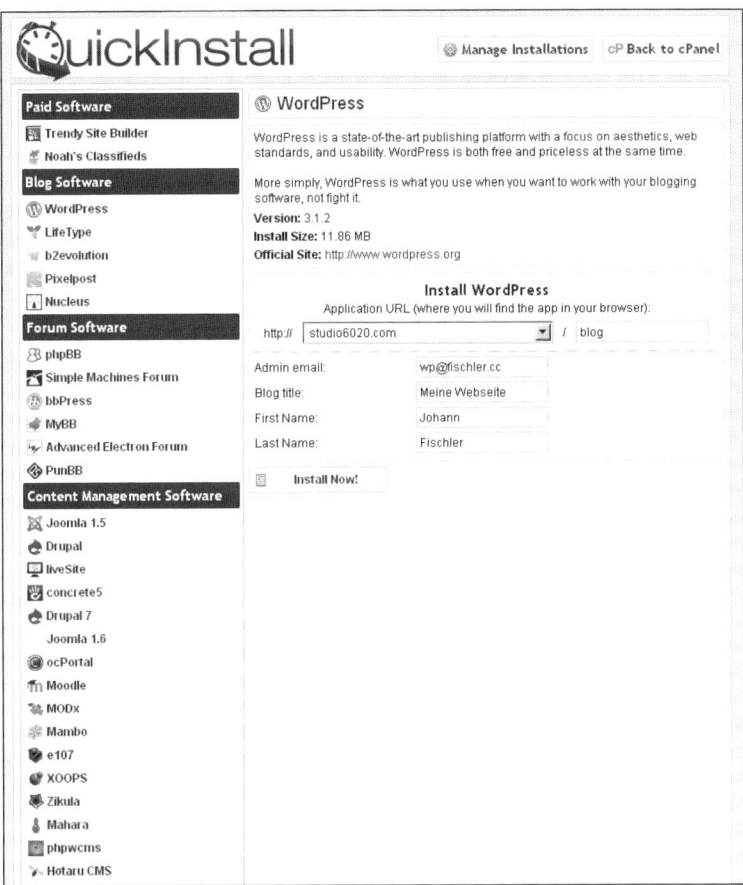

Abbildung 5.36: Dateneingabe für die Schnellinstallation

Im Fall von HostGator müssen Sie nur eine Domain selektieren und wählen, ob Sie WordPress im Hauptverzeichnis oder (wie im Beispiel) im Unterverzeichnis *blog* haben möchten. E-Mail-Adresse, Blogtitel und Vor- und Zuname, und „ab die Post!"

Abbildung 5.37: Gratulation – fertig! Gleich ab zur neu installierten Webseite

Beim Aufruf der von Ihnen angeführten Adresse öffnet sich folgende Webseite:

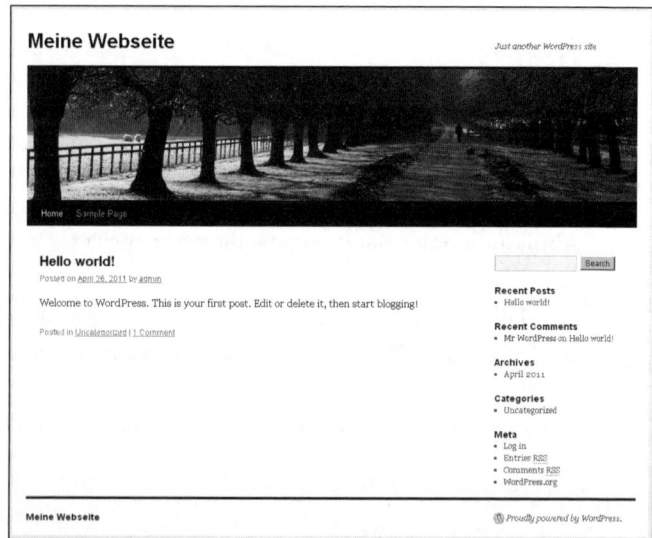

Abbildung 5.38: Das „jungfräuliche" WordPress-Layout mit Beispielinhalten

Nun erhalten Sie Benutzernamen und Passwort für Ihre neue Installation per E-Mail zugesandt. Wenn Sie die Adresse der neuen Webseite um /wp-admin ergänzen, z.B. www.ihrblog.de/wp-admin, gelangen Sie zum Log-in-Formular der Homepage:

Abbildung 5.39: Die WordPress-Log-in-Oberfläche unter /wp-admin

Loggen Sie sich mit den zugesandten Benutzerdaten ein, so gelangen Sie zur Startseite Ihrer WordPress-Verwaltungsoberfläche (siehe Abbildung 5.40).

Neben solchen automatischen Installationsroutinen gibt es auch die herkömmliche Methode der 5-Minuten-Installation, aktuelle Informationen finden Sie unter doku.wordpress-deutschland.org/5_Minuten_Installation. Leider geht das nicht per Mausklick und ist mit mehr Aufwand verbunden. Anfänger sollten sich daher Webhosting-Pakete suchen, die einfache Sofortinstallationen von WordPress möglich machen.

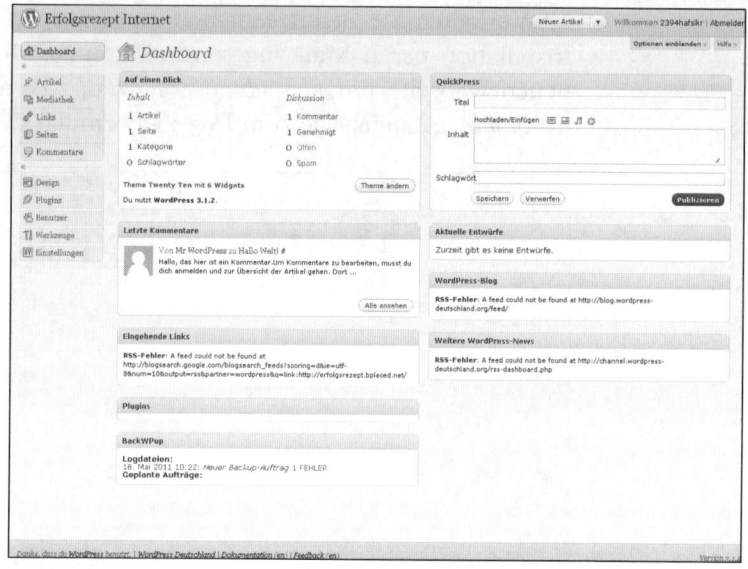

Abbildung 5.40: Die typische WordPress-Administrationsstartseite

Nun kann es losgehen. Schreiben bzw. verwalten Sie Beiträge (Aktuelle Informationen, Einzelartikel) und Seiten („statische" Seiten wie *Kontakt, Über uns, Angebot* ...), suchen Sie sich ein schickes Design für Ihre Webseite aus und konfigurieren Sie WordPress nach Lust und Laune. Das CMS ist auf intuitive Bedienbarkeit ausgelegt und erklärt sich großteils von selbst. „Learning by Doing" funktioniert mit WordPress perfekt: Machen Sie etwas und sehen Sie sich an, was daraufhin passiert. Für den Einstieg empfehle ich Ihnen die Informationen auf *http://doku.wordpress-deutschland.org*. Näher Interessierte werden mit dem Buch „WordPress – Das Praxisbuch" von Vladimir Simovic den Einstieg in tiefere Regionen des weltweit beliebtesten Homepage-Betriebssystems finden.

WordPress lässt sich mit den „Themes" genannten Designs und „Plugins" genannten Funktionserweiterungen in beinahe jede Richtung entwickeln, vom Blog über klassische Unternehmensseiten bis zum Forum oder Webshop. Zigtausende Programmierer rund um den Globus tragen zur Weiterentwicklung von WordPress bei. Die Fülle verfügbarer Erweiterungen und Designs erstaunt jeden Beobachter und bestätigt den Open-Source-Gedanken (freie Software), in dessen Zeichen Word-Press steht. Das System ist bereits vorkonfiguriert und ließe sich „out of the box" verwenden. Ich empfehle Ihnen jedoch folgende zwei Anpassungen, um gleich von Beginn an das volle Potential auszuschöpfen:

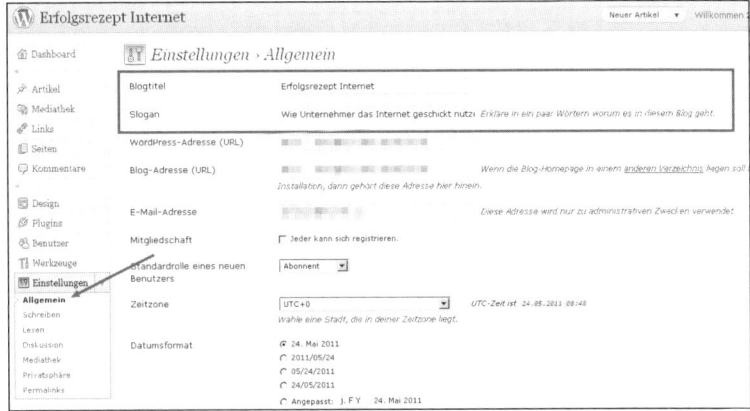

Abbildung 5.41: WordPress-Anpassung 1: Vergeben Sie *Blogtitel* und *Slogan* in den allgemeinen Einstellungen

Durch Vergabe eines Seitentitels und einer Beschreibung überschreiben Sie eventuell noch vorhandene Standardtexte und stellen auch für Google klar, worum es auf Ihrer Homepage geht. Nun noch zu den *Permalinks*:

Die *Permalinks* sorgen dafür, dass die Adresse Ihrer Beiträge suchmaschinentauglich ist. Der Standard für einen Beitrag mit dem Titel „Aktuelle Angebote im August" wäre z.B. *www. meinehomepage.de/?p=123*. Das sieht ungeschickt aus und lässt WordPress-Anfänger erkennen. Daraus macht die *Permalink*-Funktion *www.meinehomepage.de/2011/08/aktuelle-angebote-im-august/*. Das gefällt nicht nur Google und Ihren Besuchern besser, sondern erleichtert später Ihre Arbeit. Wenn Ihre Seite über die Jahre immer komplexer wird, können Sie ältere Beiträge über „Jahr" und „Monat" im *Permalink* sehr gut finden, verwalten, entfernen, entrümpeln oder aktualisieren. Es ist nur wichtig, dass Sie die entsprechende Einstellung gleich zu Beginn vornehmen. Ändern Sie später keinesfalls den Aufbau Ihrer Permalinks. Sonst steht zu befürchten, dass Links von Google und anderen Seiten plötzlich ins Leere gehen. Das würde sich sehr negativ auf Ihre Suchmaschinenpositionen auswirken!

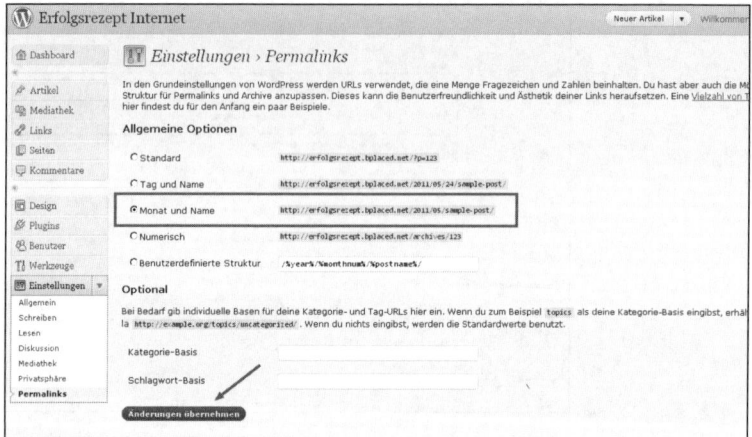

Abbildung 5.42: WordPress-Anpassung 2: Selektieren Sie *Monat und Name* unter *Einstellungen / Permalinks*

Auf *www.fischler.cc* finden Sie eine Liste empfohlener Plug-ins (Erweiterungen) für unterschiedliche Anwendungsbereiche sowie zur Performanceverbesserung von WordPress. Ich werde diese aktuell halten und laufend um neue Funde ergänzen.

Shops, Buchungssysteme und weitere Applikationen

Es würde den Rahmen dieses Buches sprengen, neben den bereits erwähnten Inhaltsverwaltungssystemen auch auf Speziallösungen einzugehen, die nur ein Bruchteil aller Unternehmen benötigt. Webshops, Buchungssysteme und Foren lassen sich einfach als Plug-ins in WordPress integrieren. Natürlich gibt es auch eigenständige Lösungen, wie z.B. osCommerce für

Webshops oder vBulletin für Foren. Mit beiden machte ich bereits gute Erfahrungen, doch in letzter Zeit baue ich komplexe Webseiten immer auf einer WordPress-Grundstruktur auf und verwende Plug-ins für Spezialanwendungen. Warum kompliziert, wenn es auch einfach geht?

Je komplexer die Anforderungen an Ihre Webseite sind, desto weniger vorgefertigte Lösungen werden Sie finden. Ab einem bestimmten Punkt ist es notwendig, Programmierer zu beauftragen. Zum Beispiel, wenn Sie eigene Produktdatenbanken anbinden oder firmeninterne Softwarelösungen, Lagerhaltung und Buchhaltung mit Ihrer Homepage verknüpfen wollen. Wenn Sie nicht wissen, ob sich Ihr Vorhaben auch ohne externe Hilfe umsetzen ließe, kontaktieren Sie mich einfach über meine Seite *www.fischler.cc*, und ich helfe Ihnen gerne weiter.

FTP: Wie Sie auf Ihren Server kommen

Ursprünglich habe ich mir vorgenommen, Sie nicht mit dem so genannten *File Transfer Protocol (FTP)* zu belästigen, weil Sie es für den Start und Betrieb Ihrer Homepage in Zeiten der 1-Klick-Webseiteninstallation eigentlich gar nicht mehr brauchen. Doch für die Sicherung Ihrer Dateien am Server Ihres Webhosts und andere kleine Eingriffe ist es sehr praktisch. Noch dazu benötigen Sie keine Programmierkenntnisse.

So gelangen Sie per FTP auf Ihren Webserver: Mit dem Abschluss eines Hostingpakets erhalten Sie die Zugangsdaten. Neben Webmail und Verwaltungsoberfläche nennt man Ihnen auch den FTP-Benutzerzugang, welcher aus Serveradresse, Benutzernamen und Kennwort besteht. Neben diesen Daten benötigen Sie nur noch ein kleines PC-Programm, und schon können Sie in Ihrem Webserver herumstöbern wie in Ihrem PC. So geht es konkret:

Laden Sie sich einen FTP-Dienst wie z.B. FileZilla herunter. Achtung: Dieses Programm ist kostenlos – hüten Sie sich vor Online-Abzockern! Über *www.filezilla.de* bzw. *filezilla-project.org* gelangen Sie zum richtigen Download. Installieren Sie die Software wie ein normales PC-Programm und starten Sie die Anwendung. Nun sollte sich Ihnen in etwa folgendes Bild bieten:

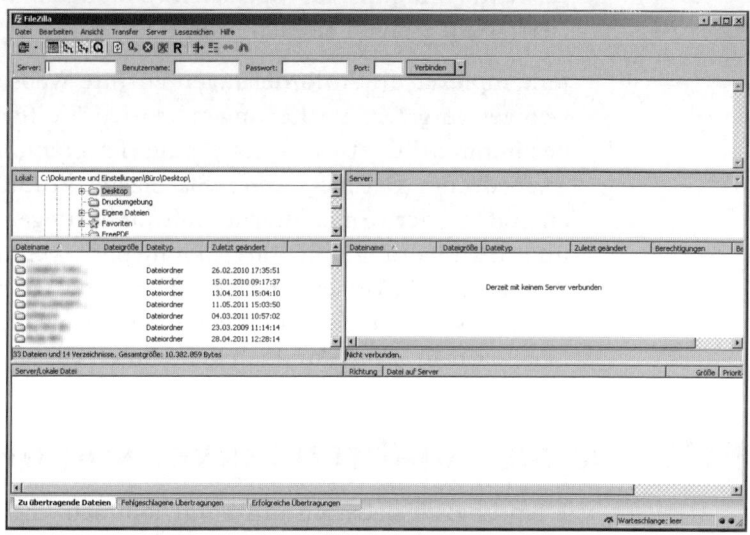

Abbildung 5.43: FileZilla nach dem Start

Nun ist FileZilla geöffnet. Per Aufruf von *Datei / Servermanager* und *Neuer Server* können Sie einen neuen FTP-Eintrag erstellen (siehe Abbildung 5.44).

Für eine Standardverbindung brauchen Sie nur drei Einträge. Zuerst die Serveradresse Ihres Webservers, die entweder als Domain nach dem Muster ftp.ihrserver.de oder als IP, z.B. 74.125.226.52, eingetragen werden kann. Dann wählen Sie *Normal* als Verbindungsart und geben Benutzernamen und Passwort ein, welche Ihnen vom Hoster genannt wurden. Per Klick auf *Verbinden* stellen Sie schließlich den Kontakt zum Server her (siehe Abbildung 5.45).

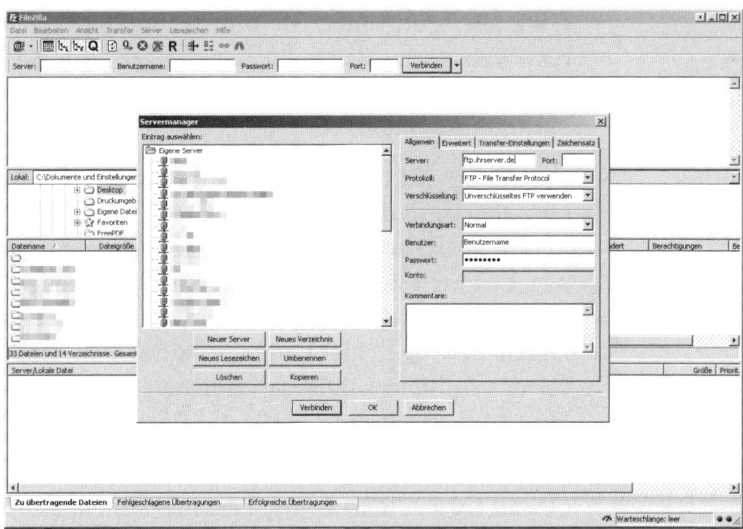

Abbildung 5.44: *Datei / Servermanager / Neuer Server:* Neuen FTP- Server anlegen

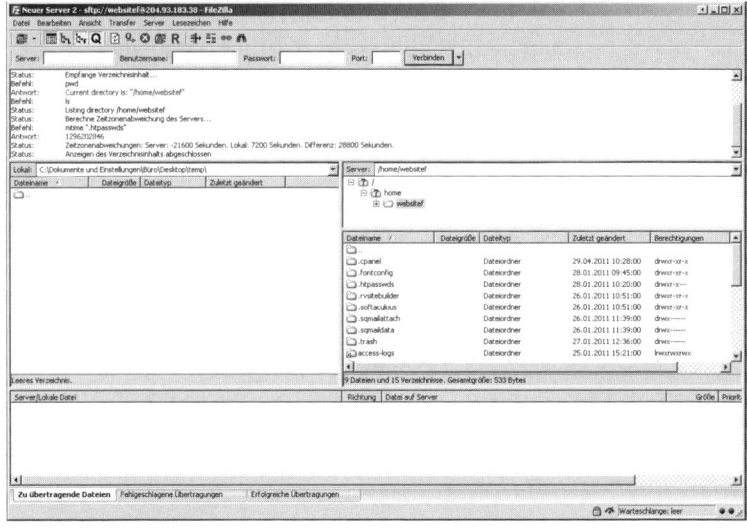

Abbildung 5.45: Die Verbindung zum Server steht

Ging alles gut, sehen Sie nun rechts die Verzeichnisse auf Ihrem Webserver. Bei Fehlermeldungen kontaktieren Sie Ihren Hosting-Provider und ersuchen diesen um Prüfung der FTP-Verbindungsdaten.

Per „Drag and Drop", also „per Mausklick anfassen, woanders hinziehen und dann loslassen", lassen sich alle oder bestimmte Verzeichnisse auf Ihren lokalen PC ziehen. So kann man Homepages einfach sichern. Doch Vorsicht: Webseiten bestehen meist aus den Serverdateien und einer verbundenen Datenbank. Ihre Datenbank liegt nicht hier, sondern auf dem Datenbankserver des Anbieters. Diesen erreichen Sie meist direkt über Ihre Hosting-Verwaltungsoberfläche. Mehr dazu erfahren Sie weiter unten im Abschnitt „Sicherheit und Backups".

Genau so, wie man Daten herunterziehen, also vom Server auf den PC downloaden kann, geht es auch umgekehrt. Überspielen Sie beliebige Verzeichnisse und Dateien vom PC auf Ihren Server. Darüber hinaus lassen sich Serverdateien einfach löschen, umbenennen, zur lokalen Bearbeitung aufrufen und verschieben. Seien Sie dabei vorsichtig, denn eine Webseite kann man sich schnell durch Flüchtigkeitsfehler wie irrtümlich verschobene Verzeichnisse kaputtmachen.

Per Rechtsklick auf Verzeichnisse und Dateien auf Ihrem Server öffnet sich ein Auswahlmenü, das neben anderen Möglichkeiten ganz unten den Befehl *Dateiberechtigungen* anbietet. Nach der Auswahl sehen Sie den in Abbildung 5.46 dargestellten Bildschirm.

Sollten Sie jemals zur Änderung von Dateiberechtigungen aufgefordert werden, ist das die richtige Stelle.

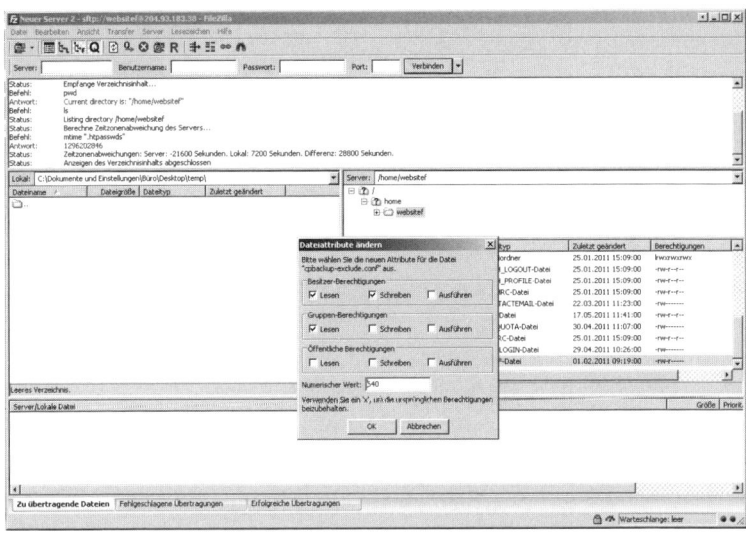

Abbildung 5.46: *Dateiberechtigungen / Dateiattribute ändern*

Mit dem FTP-Dienst können Sie viele Dinge rund um Ihre Homepage erledigen. Für Webdesigner und Entwickler gehört er zum täglichen Brot. Moderne Möglichkeiten wie 1-Klick-Installationen von Inhaltsverwaltungssystemen machen FTP für Anfänger überflüssig. Doch sobald Sie etwas tiefer in die Materie einsteigen wollen, sollten Sie sich mit Tools wie File-Zilla vertraut machen, weil sich damit viele neue Möglichkeiten eröffnen.

Dateien bearbeiten – der Editor

Um Dateien aller Art effizient und fehlerfrei bearbeiten zu können, reichen übliche Windows-Bordmittel nicht aus. Sie brauchen einen so genannten Editor. Ich verwende die kostenlose Open-Source-Lösung Notepad++ (*notepad-plus-plus.org*).

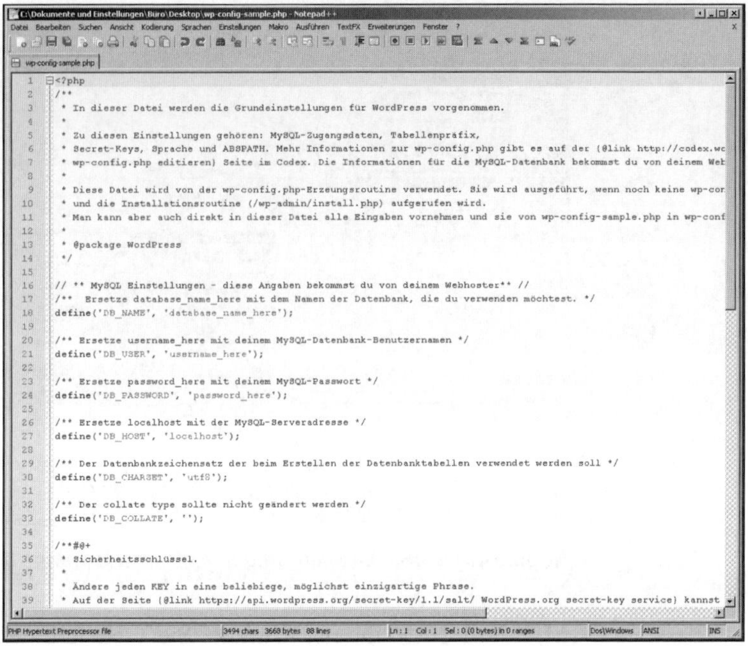

Abbildung 5.47: Editoren wie Notepad++ ermöglichen, die verschiedenen Dateitypen fehlerfrei zu bearbeiten

Mit Editoren dieser Art können Sie auch Dateien auf Ihrem Server direkt bearbeiten, indem Sie nach Rechtsklick auf die zu bearbeitende Datei *Ansehen / Bearbeiten* selektieren. Diese wird dann heruntergeladen und im Editor geöffnet. Nach deren Speicherung werden Sie von FileZilla gefragt: „*... Datei wurde geändert. Soll diese Datei zurück zum Server hochgeladen werden?*" Sehr komfortabel.

Damit Aufruf und Bearbeitung per FTP auch funktionieren, muss FileZilla wissen, mit welchem Programm Dateien zu öffnen sind. Unter *Bearbeiten / Einstellungen* scrollen Sie zu *Bearbeiten von Dateien* hinunter und selektieren rechts *Benutzerdefinierten Editor verwenden*, wobei Sie mit Klick auf *Durchsuchen* die *.exe*-Datei Ihres Editors suchen können.

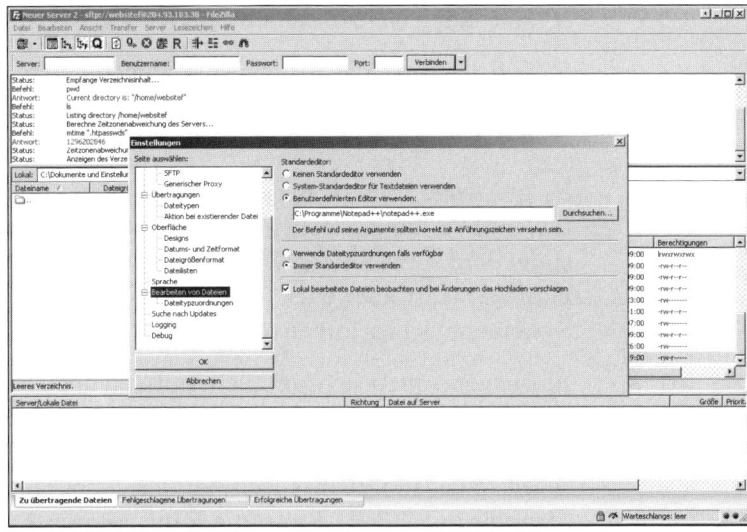

Abbildung 5.48: FileZilla und Notepad++ verknüpfen

Analyse

Ich habe schon mehrfach erwähnt, wie wichtig es ist, seine Besucher genau zu kennen. Den nötigen Einblick verschafft Ihnen die so genannte Webseitenstatistik. Diese zeigt Ihnen, was auf Ihrer Homepage geschieht, zum Beispiel:

✔ Wie viele Besucher kommen täglich zu mir?

✔ Woher kommen sie? Von Suchmaschinen, Links auf anderen Homepages, Social-Media-Portalen (z.b. Facebook) oder über Direktaufruf? Wenn Suchmaschine: Von welcher, und wurden sie eingekauft (z.b. über Google AdWords) oder fand man Sie über die unbezahlten (natürlichen/organischen) Suchergebnisse? Was haben die „Visitors" bei Google & Co eingetippt, bevor sie Ihre Seite fanden?

✔ Aus welchem Land/welcher Region/welcher Stadt kommen sie?

✔ Wie lange bleiben sie, und finden sie, wonach sie suchen?

✔ Welches sind die beliebtesten Inhalte? Erreichen die Besucher Ihre Zielseite (z.B. Ihr Leistungsprofil, den Shop oder das Anfrageformular)?

Es gibt viele weitere Berichte und Daten, die Ihnen Analysetools zur Verfügung stellen können, bis hin zur Bildschirmauflösung, dem verwendeten Webbrowser und Computersystem der Gäste. Das ist aber eher für Spezialisten wie Webdesigner und Systementwickler interessant.

Einsteiger sollten sich vor allem mit den oben erwähnten Punkten auseinandersetzen. Ich habe am meisten dadurch gelernt, dass ich mir die Google-Suchanfragen meiner Besucher angesehen habe. Ein kleines Beispiel: Ich veröffentlichte einen Artikel mit dem Titel „Kann die Bank meinen Kredit einfach so kündigen?". Nach einiger Zeit fand man mich bei Google, wenn man nach „Bank kündigt Kredit" oder „Kredit gekündigt" suchte, aber auch, wenn die Eingabe „Bankkonto kündigen" oder „Arbeit in der Bank kündigen" lautete. Offensichtlich waren letztere Besucher mit dem gefundenen Artikel weniger gut bedient, und deshalb gleich wieder fort. Also schrieb ich auch für diese Anfragen eigene Artikel und verbesserte so laufend die Qualität und Vollständigkeit meiner Seite. Kurz: Die Google-Suchanfragen meiner Gäste dienten mir als Ideenlieferant für weitere Artikel.

Außerdem war es spannend, den Aufstieg meiner Seite live mitverfolgen zu können. Ich freute mich sehr, als ich an einem Tag mehr als 100 Besucher hatte. Egal, ob 200, 300 oder 3.000 „Visitors per day" – jeder Rekord motivierte mich, weiterzumachen. Parallel dazu stiegen auch meine Einnahmen. Ich konnte mit Hilfe der Statistik herausfiltern, welche Beiträge die höchsten Gewinne brachten, und mehr solche Artikel schreiben.

Erstarren Sie jedoch nicht in Verzückung! Das Internet ist ein phantastisches und mächtiges Marketinginstrument. Die Gefahr ist groß, ein so genannter Statistikjunkie zu werden und das Anwachsen der Zahlen mehrmals täglich zu bestaunen. Nicht nur Drogenabhängige, sondern auch analysesüchtige Webmaster können darüber vergessen, im Leben voranzukommen. Beschränken Sie sich deshalb auf Daten, die Sie vorwärtsbringen, wie z.B. die erwähnten Google-Suchanfragen.

Je länger Sie im Internet tätig sind, desto mehr Kennzahlen werden sich Ihnen ganz von selbst erschließen. Wenn Sie Besucher über Google AdWords einkaufen, erhalten Sie eine Fülle aufbereiteter Daten, die es Ihnen ermöglicht, Ihre Anzeigen und damit Ihr Werbebudget immer genauer auf Ihre Zielkunden auszurichten. Ein gewöhnlicher Internet-Surfer wäre erstaunt zu erfahren, wie sorgsam und ausgeklügelt er überwacht, klassifiziert und von einer Seite zur anderen geführt wird, um Ziele von Google oder Dritten zu erreichen. Die Auswertungsmöglichkeiten rund um Webseitenbesucher sind (fast) unerschöpflich. Um Anfänger nicht abzuschrecken, präsentieren die Analyseprogramme beim Einstieg nur übersichtliche Zusammenfassungen und Grafiken. Wer es genauer haben will, kann sich in die tiefsten Untermenüebenen durchklicken. Mein Rat: Konzentrieren Sie sich lieber auf das Wesentliche, und überlassen Sie die hohe Mathematik den Mathematikern.

Statistiktools

Gängige, kostenfreie Online-Analysetools wie *Google Analytics* (*http://www.google.com/analytics/*) oder *Clicky* (*www.getclicky. com*) sind sehr einfach einzubinden. Man registriert sich beim Anbieter, gibt den Namen seiner Webseite an (die Domain) und erhält ein paar Zeilen Code, den man an einer bestimmten Position in die eigene Webseite hineinkopiert. Wer den Anleitungen der Anbieter folgt, kann eigentlich nichts falsch machen. Nun beginnt der Dienst, alle möglichen Daten zu sammeln und für Sie live oder um wenige Stunden verzögert aufzubereiten. Hier der typische Fall der Einbindung von *Google Analytics* in eine selbst gehostete WordPress-Installation:

Legen Sie – wenn noch nicht vorhanden – ein Google-Konto an und gehen Sie auf die Webseite von Google Analytics: *www. google.com/analytics*.

Abbildung 5.49: Die Startseite von Google Analytics

Nach Klick auf *Zugriff auf Google Analytics* öffnet sich das Log-in-Fenster:

Abbildung 5.50: Log-in bei Google Analytics

Nun legen Sie Ihr Analytics-Konto an. Hierfür sind Daten wie *URL der Website*, *Name des Kontos* und Region erforderlich.

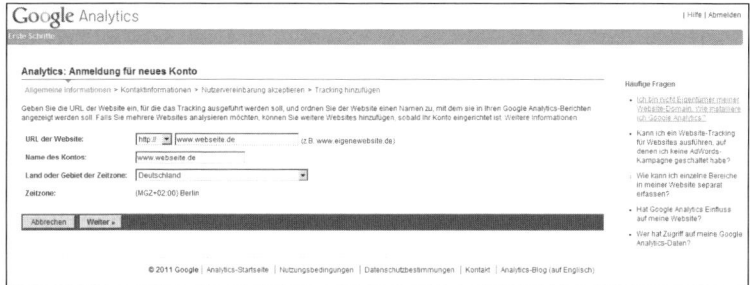

Abbildung 5.51: Analytics-Konto einrichten

Auch Google kommt nicht ohne seitenlange Nutzungsbedingungen aus – der letzte Schritt vor Erhalt des Analytics-Codes.

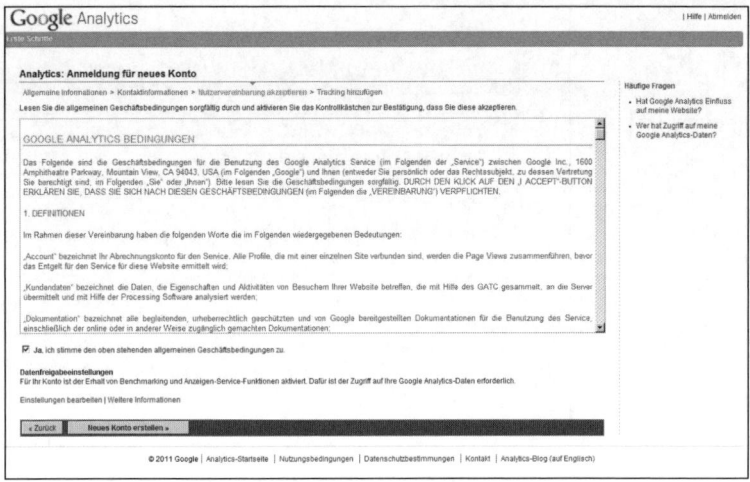

Abbildung 5.52: Nutzungsbedingungen von Google Analytics

Nun gelangen Sie auf eine Seite, auf der Sie weitere Konfigurationen vornehmen können. Für Standard-Webseiten ist bereits
alles richtig eingestellt. Nun sollen Sie einen Code auf Ihrer
Webseite einfügen. Das ist notwendig, damit Google Ihre Seiten erfassen kann, und klingt komplizierter, als es in Wahrheit
ist. Sie sollen die Zeilen *direkt vor dem schließenden Tag* </head>
einfügen (siehe Abbildung 5.53).

Am Beispiel von WordPress und dessen Standard-Template
„Twenty Ten": Zuerst müssen wir den erwähnten, schließen-
den Schnipsel </head> finden. Gehen Sie in Ihrer Administrati-
onsoberfläche auf *Appearance* bzw. *Design* und den Unterpunkt
Editor. Mit Hilfe dieses Editors können Sie die Dateien Ihres
Templates ganz einfach online ändern. Rufen Sie rechts den
Punkt *Header (header.php)* auf. Nun suchen Sie nach </head>.
Gefunden? Dann machen Sie davor ein paar Leerzeilen und
fügen Sie den Analytics-Code ein (siehe Abbildung 5.54).

Abbildung 5.53: Der Analytics-Code für Ihre Webseite

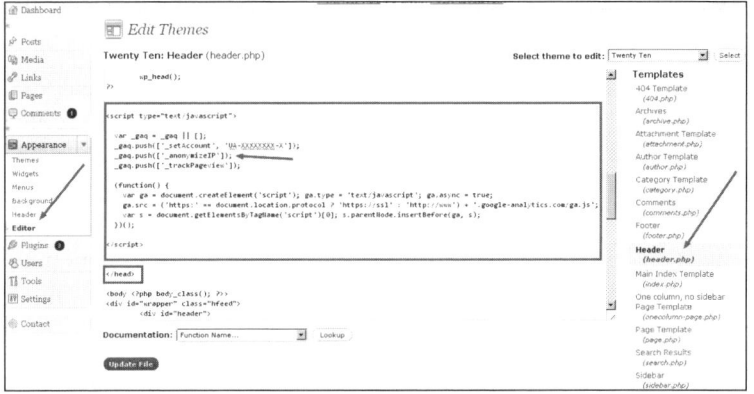

Abbildung 5.54: Analytics-Code in WordPress einfügen

Nach Klick auf *Speichern* befindet sich der Analytics-Code an der richtigen Stelle und Daten werden ab sofort erfasst. Wie oben zu sehen, habe ich den Standard-Google-Code noch um die Zeile

```
gaq.push(['_gat._anonymizeIp']);
```

ergänzt (siehe Pfeil), um die vorgeschlagene IP-Anonymisierung für den Datenschutz zu aktivieren. Warum?

Vor allem in Deutschland wird heftig darüber diskutiert, ob sich die Verwendung von Google Analytics mit Datenschutz und Telemediengesetz vereinbaren lässt. Vor allem deshalb, weil die IP-Adresse des Besuchers („Nummerntafel" seines Internet-Zugangs) für die Analyse an Google übermittelt wird. Ohne ausdrückliche Zustimmung des Gastes sei es nicht gesetzeskonform, seine IP „hinter den Kulissen" weiterzureichen. Es fragt sich jedoch, wie man dieses O.K. einholen möchte, und wer dann wohl „Ja!" sagen würde. Ein gesetzlicher Zwang in diese Richtung wäre das Ende jeder webbasierten Besucheranalyse. Als Kompromiss bietet Google die Funktion „Anonymize IP" an, die als zusätzliche Zeile im Analysecode dafür sorgt, dass eine eindeutige persönliche Zuordnung des Besuchers nicht mehr möglich ist. Auch wenn vor allem Google in den Schlagzeilen war, haben sämtliche webbasierten Analysetools dasselbe Datenschutzproblem.

Wenn Sie nun wieder in Ihr Google-Analytics-Konto einsteigen, finden Sie die Übersichtsseite für Ihre Webseite. Es lohnt sich, regelmäßig vorbeizuschauen und ausgehend von der Einstiegsseite tiefer in die Auswertungen einzusteigen. Nur so lernen Sie, wie Ihre Seite funktioniert. Nach einiger Zeit könnte sich ein ähnliches Bild bieten wie bei meinem Wirtschaftsmagazin (siehe Abbildung 5.55).

In der dort vorgestellten Lösung Google Blogger bzw. *blogspot. com* ist bereits eine einfache Webseitenstatistik vorinstalliert. Sie brauchen sich um nichts mehr zu kümmern und können Ihren Besuchern sofort auf den Zahn fühlen. Einfacher geht es wirklich nicht mehr (siehe Abbildung 5.56).

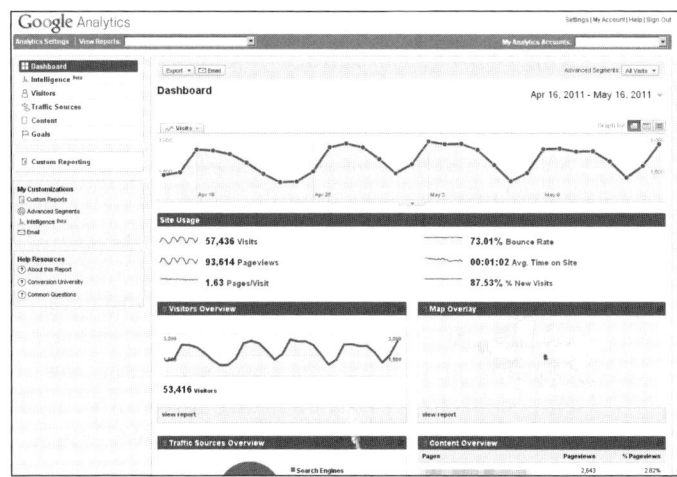

Abbildung 5.55: Analytics-Dashboard: Wichtigste Übersichtsseite

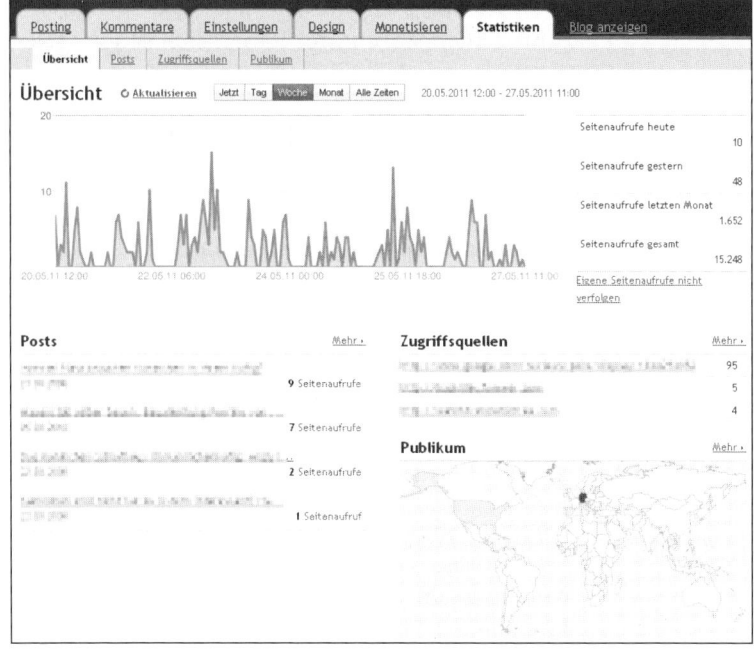

Abbildung 5.56: On-Board-Statistiken von Google Blogger

Es gibt eine ganze Reihe von kostenlosen und kostenpflichtigen Analysetools. Ein immer beliebter werdender Anbieter ist das Open-Source-Tool Piwik (*piwik.org*), das man jedoch zusammen mit der Datenbank zuerst auf einem Webserver installieren muss, ähnlich selbst gehosteter Content-Management-Systeme wie WordPress oder Joomla. Hier bleiben die Daten bei Ihnen und werden nicht an Dritte wie Google oder Clicky weitergeleitet. Die Diskussion rund um Recht und Datenschutz ging trotzdem auch bei Piwik los. Um dem deutschen Datenschutz Genüge zu tun, hat Piwik zusammen mit dem Unabhängigen Landeszentrum für Datenschutz Schleswig-Holstein (ULD) eine siebzehnseitige Anleitung für den rechtssicheren und datenschutzkonformen Einsatz von Piwik ausgearbeitet, die Sie auf *www.datenschutzzentrum.de* finden.

Deutschland ist nicht nur aufgrund solcher Diskussionen und Vorschriften, sondern auch aufgrund des äußerst regen Abmahnwesens ein heißes Pflaster im Internet. Von Google bis zum kleinen Webmaster haben sich schon viele Netzteilnehmer die Finger an deutschen Gesetzen, Verordnungen und individuellen Rechtsansprüchen verbrannt. Als Webseitenbetreiber sind Sie selbst dafür verantwortlich, Ihre Homepage gesetzeskonform zu betreiben. Prüfen Sie fremde Analysetools darauf, bevor Sie sie einsetzen. Die Dinge ändern sich schnell, und wenn Sie dieses Buch in Händen halten, kann die Situation schon wieder anders aussehen. Hier ist Google Ihr Freund: Eine Suche nach dem Namen des Tools und „Datenschutz", also z.B. „Google Analytics Datenschutz" oder „Piwik Datenschutz", verschafft Ihnen schnell einen Überblick zur aktuellen Lage.

Fakt ist: Sie brauchen ein Analysetool für Ihre Arbeit im Internet. Alles andere wäre ein unkontrollierbarer Blindflug.

Fortgeschrittene Analyseinstrumente

Wer über ein eigenes Angebot verfügt, hat mit Sicherheit die Möglichkeit, Käufer oder Interessenten nach Eingabe derer Daten auf eine „Dankeschön-Seite" zu leiten. Wenigstens sollte man bei der Konzeption seiner Homepage an eine solche

Möglichkeit denken. Denn damit wird möglich, was Wirtschaft-
streibende früherer Tage in ungläubiges Staunen versetzt hätte:
Jeden einzelnen Umsatz bzw. Erfolgsfall mit den Daten des entsprechenden Besuchers zu verknüpfen, und damit mess- und
optimierbar zu machen.

Ich weiß, das klingt sehr theoretisch. Nehmen wir also ein Beispiel. Hertha Musterfrau aus Dortmund surft durchs Internet
und sucht bei Google: „Günstige Heizdecken". Ich habe das
Objekt ihrer Begierde im Angebot. Hertha wird warm ums Herz
und sie bestellt bei mir. Das Ziel („Goal") eines Abschlusses
(„Conversion") ist mit dem Aufruf der Dankeschön-Seite erreicht. Meine Webanalysesoftware verknüpft Herthas Datensatz
mit dieser Zielerreichung. Die Statistik weiß nun, woher Hertha
kommt, welchen Computer bzw. Internet-Browser sie hat, wonach genau sie sucht, welche Seiten sie sich vor der Bestellung
angesehen hat und vieles mehr. Im Lauf der Zeit stellt sich
heraus, dass Besucher, die bei Google „Günstige Heizdecken"
suchen, viel öfter bei mir bestellen, als solche, die z.B. „Bett vor-
wärmen" eintippen. Die entsprechenden Suchbegriffe, Regionen oder anderen spezifischen Faktoren kann ich nun verstärkt
bewerben und den Inhalt meiner Webseite darauf optimieren.

Betreiber von Internet-Shops können verschiedenen Statio-
nen am Bestellweg als Teilziele definieren und so auf mögliche
Hindernisse stoßen, die es zu beseitigen gilt. Man nennt dies
Trichter-Analyse. Oben kommen alle Besucher hinein, die den
Warenkorb aufgerufen haben. Unten kommt die Essenz heraus: Jene, die tatsächlich Bestellungen abschicken. Dazwischen
liegen die Hindernisse, die dem Kauf entgegenstehen und die
es zu beseitigen gilt. Ein Beispiel: Der Online-Bestellweg eines
Sportartikelhändlers besteht aus den Seiten Warenkorb, persönliche Daten, Angaben zum Versand, Bezahlweise, Zusam-
menfassung und der Dankeschön-Seite. Jede Seite ist ein eigen-
ständiges Teilziel. Im Idealfall durchläuft ein Kunde alle Seiten
bis zur Dankeschön-Seite. Die Trichter-Analyse der Statistik
zeigt jedoch: Besonders viele Kaufwillige, die Firefox verwenden, brechen den Bestellvorgang auf der Seite „Bezahlweise"

ab. Der Betreiber wäre nie von selbst drauf gekommen, doch genau in diesem Browser lässt sich die Bezahlweise nicht anklicken. Eine kleine Fehlerkorrektur und die Bestellungen schießen nach oben.

A/B-Tests und Multivariate-Tests stellen weitere faszinierende Methoden dar, Webseiten zu optimieren. Zu Testzwecken lässt man verschiedene Versionen der eigenen Homepage parallel laufen und misst, welche am besten funktioniert. „Version A oder Version B?" „Diesen Button lieber in rot oder in grün?" „Begrüßungstext 1 oder 2?" „Kaufen" oder „In Warenkorb legen?" „Bild 1 oder Bild 2 oben rechts?" Die Tests liefern die Antworten. Was dem Einsteiger als philosophische Diskussion ohne Wert erscheinen mag, kann schnell in der dreifachen Bestellmenge und damit verdreifachtem Erfolg enden. Umsatzmaximierung per Knopfdruck – diese Tests machen es möglich. Sie sind fortgeschritten, haben bereits Besucher auf Ihrer Seite und interessieren sich dafür? Die bekannteste Lösung stammt (wieder mal) von Google und nennt sich „Website-Optimierungstool".

Sicherheit und Backups

Wenn Sie sich schon so viel Mühe mit Ihrem Inhalt machen, wäre es doch schade, wenn die ganze Arbeit von einem Tag auf den anderen Futsch wäre, oder nicht? Sicher hat Sie Ihr PC oder Laptop schon mal damit genervt, dass stundenlange Arbeit nicht gespeichert oder durch einen Absturz vernichtet wurde. Selbiges droht auch im Internet.

Häufige Gründe, warum Homepages plötzlich nicht mehr funktionieren:

✔ *Die Webseite wurde gehackt.* Na toll. Irgendein Spinner (oder viel häufiger ein automatisch laufendes Programm eines solchen Spinners) hat sich in meine Systeme geschlichen, sie zerstört, Spuren/Links oder schädliche Software hinterlassen. Wer nicht von selbst draufkommt, erkennt den Schaden

spätestens, wenn Einnahmen und/oder Besucher ausblei-
ben, weil die Webseite nicht mehr erreichbar ist oder man
von Google gekickt wurde.

✔ *Sie haben versucht, das System auf den neuesten Stand zu bringen* („Update„ oder „Upgrade"). Sehr löblich, denn nur die
jeweils neueste Version beliebter Systeme wie WordPress
oder Joomla bietet umfassende Sicherheit. Doch nun ver-
trägt sich z.B. ein Plug-in (= Erweiterung) nicht mehr mit
der Hauptinstallation, und Sie sehen nur noch eine Fehlermeldung.

✔ *Sie spielen an Ihrer Homepage herum* und versuchen, Ihr Template (das Aussehen Ihrer Homepage) im eingebauten The-
me-Editor zu beeinflussen. Plötzlich sehen Sie nur noch eine
Fehlermeldung wie z.B. „Cannot modify header information – headers already sent" oder eine leere weiße Seite, den
berüchtigten „White screen of death".

✔ *Ihr Webhosting-Provider, meist ein Gratisanbieter, deaktiviert
„einfach so" Ihren Account* oder stellt seine Serversoftware
nach dem Motto „Vogel friss oder stirb!" um. Schließlich
darf er machen, was er will – einem geschenkten Gaul …

✔ *Der Server Ihres Webhosting-Providers oder ein anderer Teil seiner
Infrastruktur verabschiedet sich* in die ewigen Jagdgründe. Ob
Großbrand im Serverraum oder winzige, kalte Lötstelle am
Mainboard (ausgerechnet) Ihres Servers – die Konsequenz
ist dieselbe: Ihre Webseite ist „down", also nicht mehr er-
reichbar. Nun werden Sie erfahren, ob Ihr Hosting-Provider
wirklich so schnell und kundenfreundlich ist, wie er in der
Werbung behauptet hat.

Ich habe mir schon manche Nacht um die Ohren geschlagen,
weil diese oder andere Dinge bei mir oder meinen Kunden passiert sind. Ein wirklicher Schaden kann Ihnen daraus aber nur
entstehen, wenn Sie kein aktuelles Backup (Sicherung) Ihrer
Webseite haben. Egal, was geschehen sollte, eine Datensicherung bringt Sie wieder auf den Weg.

Wie macht man ein Backup?

Alle Hosting-Provider kennen das Problem, dass ihre Schäflein dann und wann vor den Trümmern ihrer Arbeit stehen und die Schuld dafür in letzter Konsequenz beim Webhoster suchen. Um sich selbst davor zu schützen, bieten die meisten von ihnen als „zusätzlichen Kundenservice" kostenlose Backup-Möglichkeiten von System und Datenbanken an, nicht selten sogar per Knopfdruck oder automatisiert. Erkundigen Sie sich einfach beim Anbieter Ihrer Wahl.

Steht eine solche Möglichkeit nicht zur Verfügung, kann man seine selbst gehostete Webseite auch selbst sichern. Dafür muss man zuerst verstehen, dass Standardsysteme wie WordPress, TYPO3 oder Joomla erstens aus *Systemdateien* sowie zweitens einer davon getrennten *Datenbank* (meist MYSQL-Datenbank) bestehen. Das System (der Code) sorgt dafür, dass der Laden läuft, die Datenbank speichert alle Inhalte, Protokolle und die Konfiguration Ihrer Seite. Ein vollständiges Backup beinhaltet sowohl System als auch Datenbank, wobei die Datenbank der wichtigere Teil von beiden ist. Während sich die Systemdateien nur bei einem System-Update, der Installation zusätzlicher Plug-ins oder direkten Eingriffen in Ihr Template ändern (z.B. wenn Sie Ihr Design überarbeiten), enthält die Datenbank alle Beiträge, Einstellungen, Statistiken, Benutzerkommentare, Bestellungen und anderen Informationen, die sich unter Umständen sogar stündlich ändern. Ich habe mir daher folgende (generelle) Vorgangsweise für meine Projekte angewöhnt:

✔ Die Systemdateien sichere ich immer, nachdem ich ins System eingegriffen, also z.B. ein Update eingespielt, ein Plug-in installiert, das Design bearbeitet oder direkt im Code gearbeitet habe. Vor allem Updates sollten auch von wenig erfahrenen Benutzern regelmäßig gemacht und danach das Gesamtsystem gesichert werden.

✔ Für die (wichtige) Sicherung der Datenbank benutze ich Plug-ins oder selbständige Tools, die täglich automatisiert

Backups erstellen, andernorts archivieren und mir sogar per E-Mail zusenden können.

Dass die meisten Webhosts, bei denen Webseiten von mir liegen, täglich System und Datenbanken sichern, beruhigt mich nicht wirklich. Denn wenn sich diese Sicherungen im selben Raum befinden wie die Produktivdaten und z.b. im Falle eines Großbrands ebenfalls vernichtet werden, ist meine Webseite trotzdem futsch. Daher ziehe ich sowohl Systeme als auch Datenbanken regelmäßig auf meinen PC herunter.

Backup des Gesamtsystems am Beispiel WordPress

Automatisches Backup per Plug-in

WordPress bietet den Vorteil, dass es für jeden erdenklichen Zweck Erweiterungen (Plug-ins) gibt und man nur selten etwas neu erfinden muss, weil es sicher schon mal jemand umgesetzt und allen verfügbar gemacht hat. So auch bei der Sicherung Ihrer WordPress-Seite.

Ich habe sehr gute Erfahrungen mit dem frei verfügbaren Plug-in „BackWPup" von Daniel Hüsken gemacht: *http://wordpress. org/extend/plugins/backwpup/*. Diese ermöglicht Ihnen, den vollständigen Backup-Prozess zu automatisieren. In Verbindung mit einem Dropbox- (*www.dropbox.com*) oder anderen Online-Speicherdienst können Sie so 100%ige Datensicherheit Ihrer WordPress-Installation herstellen, und das vollautomatisch, ohne nochmals daran denken zu müssen. Das Plug-in sieht bereits die Anbindung an diverse Sicherungsverfahren vor (wenn diese technisch auf Ihrem Server machbar sind) und ermöglicht maximale Anpassbarkeit. Wie schwer war es früher, regelmäßige Backups anzufertigen!

Um Plug-ins (Erweiterungen) zu installieren, bietet WordPress eine automatische Upload-Funktion an. Diese erreichen Sie über Ihr WordPress-Dashboard, *Plugins / Plugins* installieren. Je nach der Konfiguration Ihres Servers können Sie Erweiterungen direkt einspielen lassen oder diese nach dem Download bei *wordpress.org/extend/plugins* per *Hochladen*-Funktion einspielen.

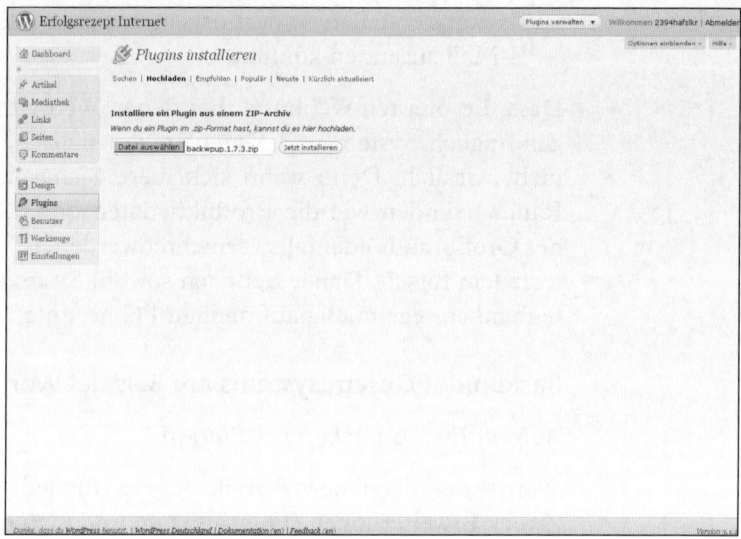

Abbildung 5.57: *Plugins installieren* in WordPress

Aktivieren Sie das Plug-in *BackWPup*, so sehen Sie unter *Werkzeuge* den Punkt *BackWPup* und können dort einen neuen Sicherungsauftrag einrichten (siehe Abbildung 5.58).

Je nach Konfiguration Ihres Servers und Größe Ihrer Seite können Sie sich das Plug-in per E-Mail senden lassen, einen anderen Server per FTP anbinden oder (am bequemsten) einen Online-Speicherdienst wie Dropbox oder Amazon S3 verknüpfen, auf den Ihr Backup automatisch überspielt wird. Das ist nicht nur praktisch, sondern auch sehr sinnvoll, denn Datensicherungen sollten räumlich von der Live-Version Ihrer Seite getrennt werden. Befänden sich Backups auf demselben Rechner – oder im selben Rechenzentrum – könnten größere Schadensfälle Ihre Sicherungen gleich mitvernichten.

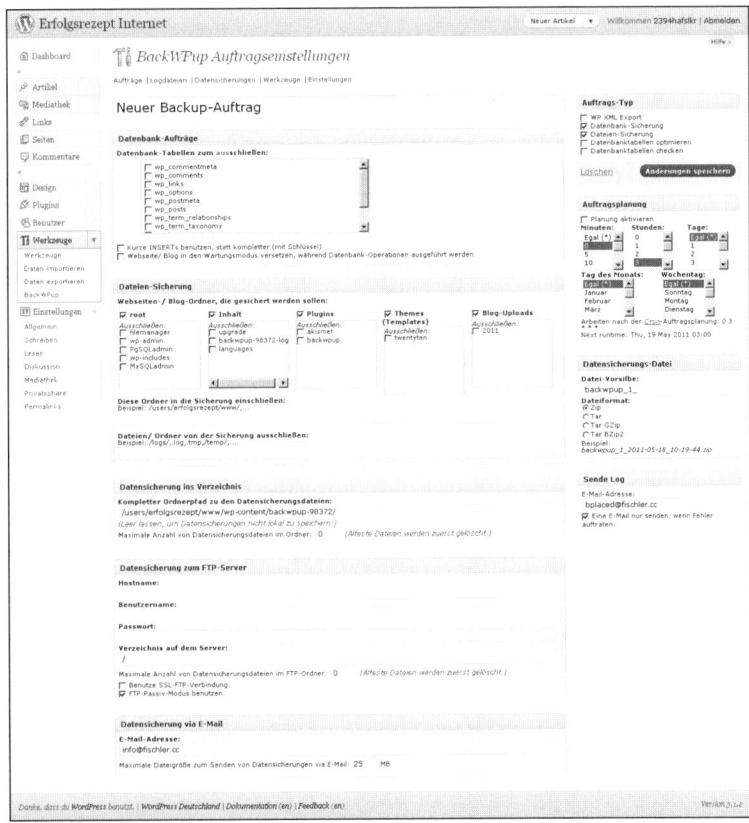

Abbildung 5.58: Neuen Backup-Auftrag erstellen mit der Erweiterung BackWPup

Richten Sie Ihren Backup-Auftrag mit BackWPup ein, und lassen Sie ihn im Menü *BackWPup / Aufträge* per Klick auf *Jetzt starten* laufen. Die folgende Ansicht hält Sie über den Fortschritt auf dem Laufenden.

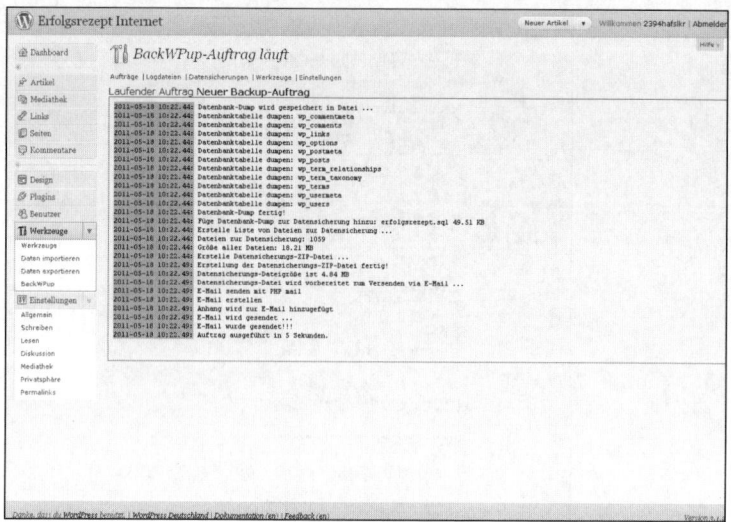

Abbildung 5.59: BackWPup-Auftrag läuft ...

Hat alles geklappt, finden Sie das fertige Backup unter *Daten-sicherungen*.

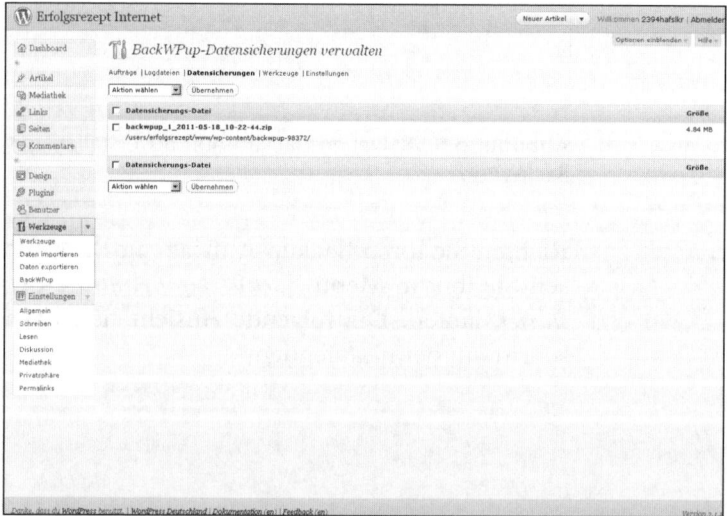

Abbildung 5.60: BackWPup: Vorhandene Datensicherungen verwalten

Hier lassen sich vorhandene Backups auf Ihren PC herunterladen. Für 100%ige Sicherheit empfehle ich Ihnen nochmals, die Zusendung per Mail oder einen Online-Speicherdienst nutzen.

Backup vorhanden – und was jetzt? Das Wichtigste ist, dass Ihre Daten vollständig und regelmäßig in Sicherheit gebracht werden. Wenn es Ihr Speicherplatz erlaubt, bewahren Sie auch alte Backups auf. Man weiß nie, wann man sie braucht. Vielleicht wurde Ihre Seite schon vor Monaten „dezent" gehackt oder Sie müssen einen alten Stand zu Beweiszwecken reproduzieren?

Die Rücksicherung des automatischen Backups ist nicht mehr ganz so einfach. Die Daten selbst kommen per FTP zurück auf den Server, zur Einspielung Ihrer Datenbank nutzen Sie den phpMyAdmin-Zugang Ihres Hosting-Accounts. Mit Basiskenntnissen rund um Homepages sollte dies machbar sein. Im Zweifelsfall wenden Sie sich an Ihren Webhosting-Provider, der Ihnen bei der Rückspielung helfen kann. Zum Verständnis: Für die Wiederherstellung eines früheren Stands Ihrer Webseite gehen Sie genau umgekehrt vor wie beim „händischen Backup-Verfahren", das ich Ihnen jetzt vorstelle.

Händisches Backup-Verfahren

Als Alternative können Sie das händische Verfahren auf alle selbst gehosteten Webseiten anwenden. Meist bestehen diese aus Dateien und Datenbank, manchmal – wie im Fall statischer Webseiten – nur aus den Dateien, die Sie per FTP erreichen können.

✔ *Dateien sichern:* Steigen Sie per FTP-Dienstprogramm (z.B. FileZilla – siehe weiter oben im Abschnitt „FTP: Wie Sie auf Ihren Server kommen") in Ihren Server ein. Wählen Sie das zu sichernde Verzeichnis, und ziehen Sie es auf Ihren Desktop oder in einen anderen Ordner auf Ihrem PC. Im Zweifelsfall sichern Sie den gesamten Inhalt der ersten Seite, auf die Sie per FTP gelangen:

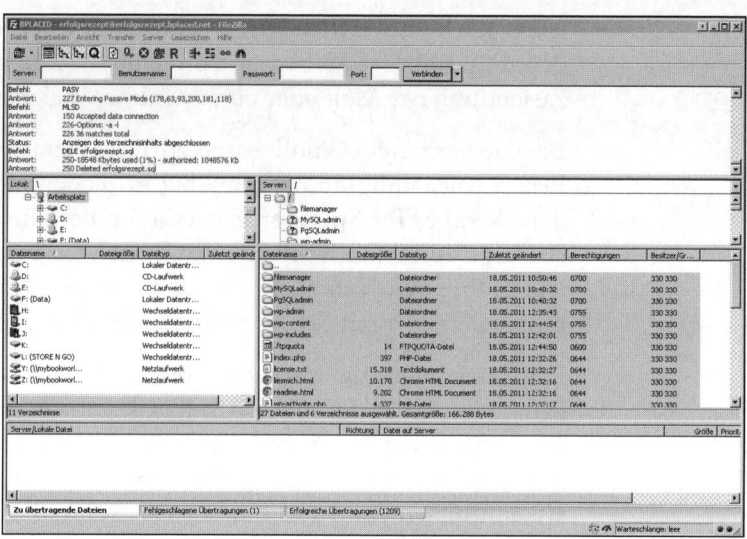

Abbildung 5.61: Datensicherung per FTP: Ziehen Sie Ordner und Dateien vom Server auf ein lokales Verzeichnis

✔ *Datenbank sichern:* Über Ihren Webhosting-Account gelangen Sie in die Datenbankverwaltung. Der übliche Dienst lautet phpMyAdmin, Adresse und Zugang zu dieser Online-Verwaltungsoberfläche Ihrer Datenbank erhalten Sie von Ihrem Webhost. Nach dem Einstieg per Benutzernamen und Passwort bietet sich Ihnen folgendes Bild:

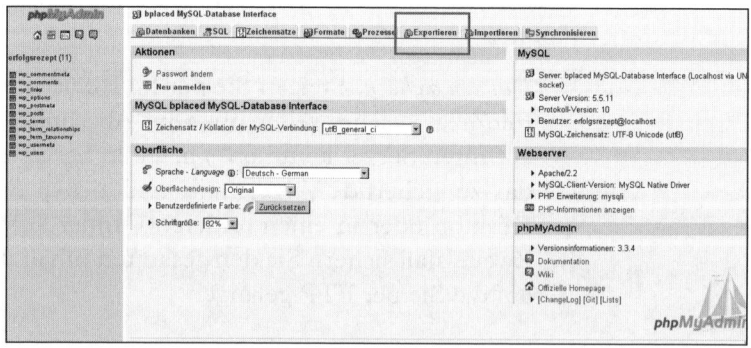

Abbildung 5.62: phpMyAdmin-Einstiegsseite

Selektieren Sie in der linken Seitenleiste Ihre Datenbank (im Beispiel gibt es nur die Datenbank *erfolgsrezept*) und gehen Sie auf den Reiter *Exportieren*.

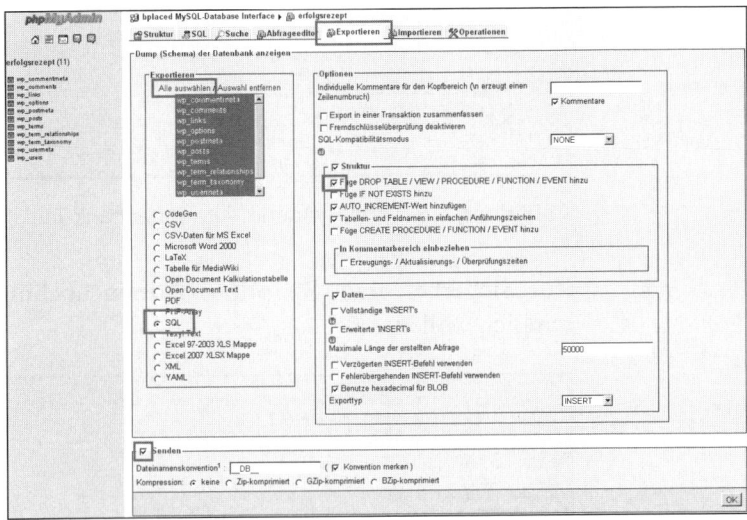

Abbildung 5.63: Datenbank exportieren – notwendige Einstellungen

Für den vollständigen Export Ihrer Datenbank berücksichtigen Sie bitte die oben markierten Punkte: *Alle auswählen*, *SQL*, *Füge DROP TABLE ... hinzu*, *Senden*. Per Klick auf *OK* unten rechts sollte nun der Download Ihrer Datenbank auf Ihren lokalen PC starten.

✔ *Datenbank wiederherstellen:* Wenn Ihre Datenbank kaputt ist, so können Sie diese per phpMyAdmin wiederherstellen. Vergewissern Sie sich jedoch vorher, wirklich ein vollständiges Backup zu haben! Zuerst fertigen Sie nach bekanntem Muster eine Sicherung der für kaputt befundenen Datenbank an. Löschen Sie dann den Inhalt der Datenbank, indem Sie sie aufrufen, alle Tabellen per Klick auf *Alle auswählen* selektieren und den Befehl *Löschen* erteilen.

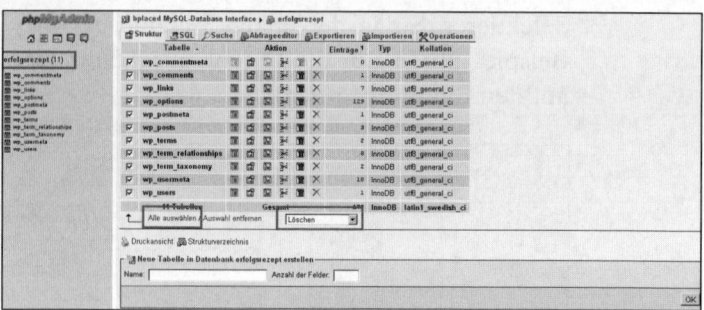

Abbildung 5.64: phpMyAdmin: Alte Datenbank-Tabellen löschen

Zur Sicherheit fragt Sie phpMyAdmin nochmals, ob Sie das wirklich wollen.

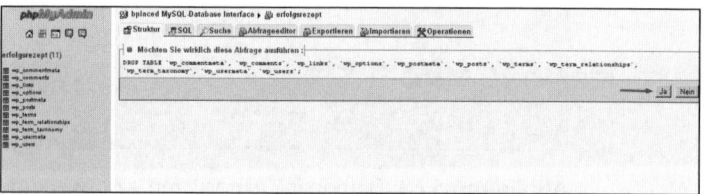

Abbildung 5.65: phpMyAdmin: Löschen bestätigen

Nun ist der Inhalt der Datenbank gelöscht und Sie können das Backup importieren. Dabei handelt es sich um eine sql-Datei, in unserem Fall *erfolgsrezept.sql*, die ich bereits ausgewählt habe. Per Klick auf *OK* startet der Import.

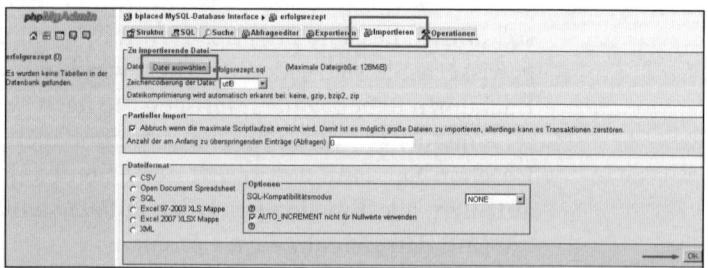

Abbildung 5.66: phpMyAdmin: Datenbank von PC auf Datenbankserver importieren

Hat alles geklappt, sehen Sie folgende Meldung, und die Datenbank-Tabellen erscheinen wieder:

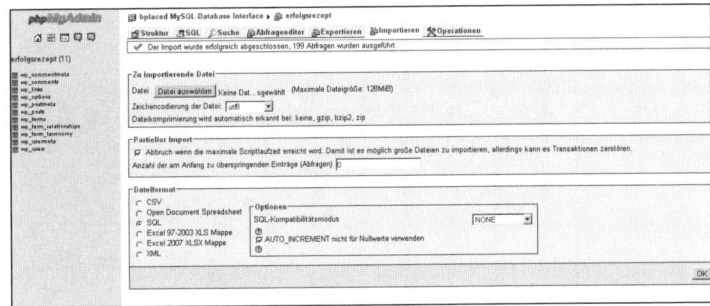

Abbildung 5.67: phpMyAdmin: Datenbank-Import abgeschlossen

Alles nicht so schwer (wenn es denn klappt). Kann man „Blechtrotteln" wirklich jemals vertrauen? Zur Beruhigung: Ich habe diese Vorgänge schon viele Male durchlaufen und bisher gab es noch nie Komplikationen beim Einspielen von Daten und Datenbanken. Wenn Sie ein vollständiges Backup haben, werden Sie Ihre Webseite auch wieder zum Laufen bringen. Notfalls bedienen Sie sich eben der Hilfe Ihres Webhosters oder eines fachkundigen Experten.

Backup einer Google-Blogger-Webseite

Wenn Sie mit der Variante „Google Blogger" arbeiten, können Sie Ihre Webseite wie folgt sichern: Unter *Einstellungen / Grundlegend* klicken Sie auf *Blog exportieren* und dann auf *Blog herunterladen*. Archivieren Sie die Sicherung auf Ihrem PC (siehe Abbildung 5.68).

Das Backup Ihres Designs können Sie unter *Design / HTML bearbeiten* vornehmen. Setzen Sie zuerst den Haken bei *Widget-Vorlagen komplett anzeigen* und klicken Sie dann auf *Vollständige Vorlage herunterladen* (siehe Abbildung 5.69).

Beide Prozesse können nicht automatisiert werden. Nehmen Sie das Blogger-Backup als festen Termin in Ihren Kalender auf.

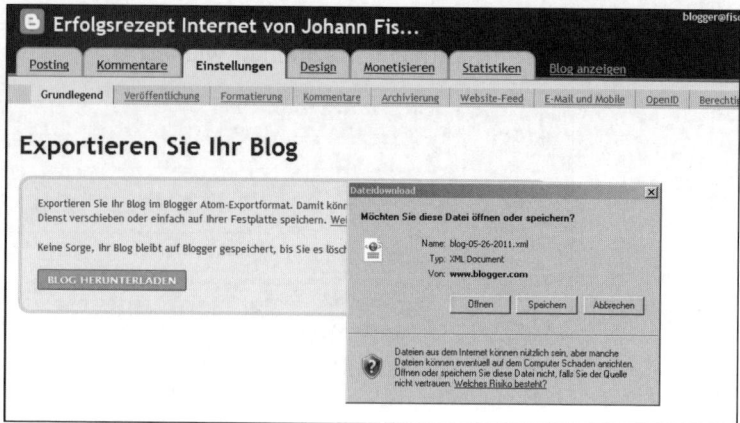

Abbildung 5.68: Blogger-Webseite auf lokalen PC sichern

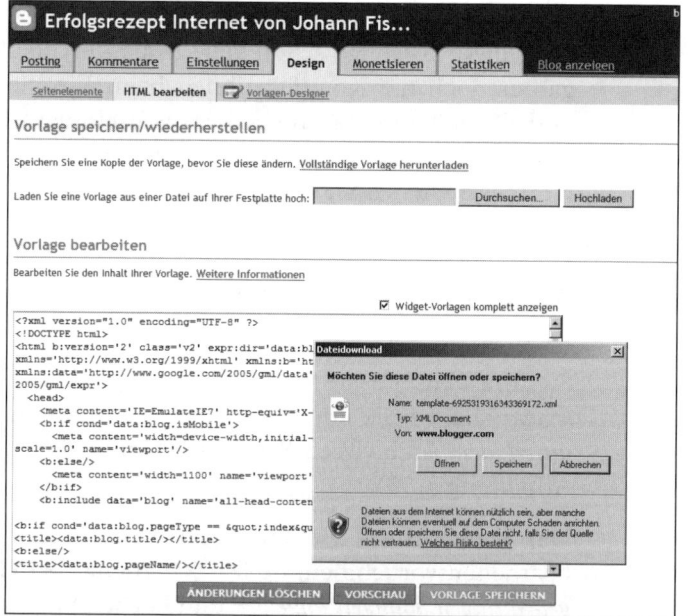

Abbildung 5.69: Blogger-Layout sichern

Einfache Sicherheitsratschläge

Die folgenden Ratschläge machen Ihre Webseite sicherer als 90 bis 95 % aller Homepages „da draußen":

✓ *Fertigen Sie regelmäßig Datensicherungen (Backups) an* – siehe oben.

✓ *Verwenden Sie sichere Passwörter.* „123456" und „Passwort" gehören nicht dazu. Und das ist nicht selbstverständlich. Tatsächlich gibt es kaum häufiger verwendete Zugangscodes. Deren Schöpfer halten sich vermutlich für schlau wie Oskar, doch öffnen Hackern alle Türen. Verwenden Sie also sichere Passwörter (am besten nicht „eines für alle") und ändern Sie diese regelmäßig. Kostenlose Tools wie der Passwortspeicher KeePass helfen Ihnen dabei.

✓ *Setzen Sie Ihr CMS nicht nach „gut Glück" auf,* sondern halten Sie sich an die Installationshinweise. Wenn Sie etwa bei „CMS Made Simple" nach erfolgter Installation den Ordner *install* löschen sollen, tun Sie das. Die beliebtesten Homepage-Motoren wie WordPress oder Joomla sind ausgezeichnet dokumentiert. Installieren Sie sie genau, wie von den Machern verlangt. Das mag zehn Minuten länger dauern, sorgt aber für Sicherheit.

✓ *Halten Sie Ihr System auf dem neuesten Stand.* Sehr alte Versionen von phpBB (Forum-Software), Joomla und anderen weniger sicheren Content-Management-Systemen werden von herumstreunenden Hacker-Skripts identifiziert und vollautomatisch gehackt. Spielen Sie neue Versionen Ihres Systems ein, wenn diese zur Verfügung stehen. Bei WordPress ist das schon länger per Knopfdruck machbar – samt eindeutiger und unübersehbarer Bitte, ein Update vorzunehmen. Nutzer von Blogger brauchen sich nicht darum zu kümmern, denn sie arbeiten direkt im Google-Universum, das Google sicher hält wie Fort Knox. Einzige Schwachstelle: Ihr Google-Passwort.

✔ *Gehen Sie sparsam mit Erweiterungen Ihres Systems um.* Dazu gehören Plug-ins und Code-Erweiterungen, die von Ihnen ins System kopiert werden. Die Zusatzfunktionalitäten sind oft schlechter programmiert als das Hauptsystem und öffnen Hackern so manche Tür, um unerwünschten Code einzuschleusen. Wer nicht genau versteht, was er/sie da eigentlich macht, sollte überhaupt die Finger davon lassen oder vorher die Google-Suche bzw. einen Programmierer konsultieren. Good News: Systeme wie WordPress kommen mit sehr wenigen Plug-ins aus, da sie von Haus aus durchdacht und leistungsfähig sind.

✔ Man kann das Thema Sicherheit bis in alle Unendlichkeit ausdehnen. Je mehr Geld Sie dank Ihrer Homepage verdienen, desto wichtiger wird es, zusätzliche Maßnahmen zu ergreifen. Aber: Keine Webseite dieser Welt ist jemals zu 100 % sicher. Paranoia ist dennoch fehl am Platz. Mit wenig Aufwand lässt sich ein Sicherheitslevel erreichen, das Sie für Angreifer unattraktiv macht. in Kombination mit regelmäßigen Backups lässt es sich so gut (über)leben.

Der Inhalt Ihrer Seite

Die technische Lösung ist die Grundvoraussetzung dafür, im Internet tätig zu werden. Doch der Inhalt entscheidet über Erfolg oder Misserfolg. Wem es gelingt, seinen (menschlichen) Besuchern Mehrwert zu bieten, wird sich positiv vom Einheitsbrei unterscheiden. Jede Wette, dass auch Google das bemerkt!

KAPITEL

6

Der Inhalt Ihrer Seite

Was Google Ihnen rät

Kein anderer Algorithmus ist derart sagenumwoben wie Googles Entscheidungsformel. Niemand weiß genau, was nach oben kommt, und was nicht. Wer das Gegenteil behauptet, und nicht gerade im Search Quality Team des Suchmaschinengiganten arbeitet, lügt. Google lässt sich nicht in die Karten blicken, und das mit gutem Grund. Die Google-Formel besteht aus unzähligen Einflussfaktoren und ändert sich ständig, um den üblen Machenschaften all jener Herr zu werden, die glauben, das System aushebeln zu müssen, statt mit dem System zu arbeiten. Würde man genau erklären, wie man Seiten einstuft, wäre es mit der Qualität der Suchergebnisse schnell vorbei. Die Legionen der Black-Hat-Suchmaschinenoptimierer (die „dunkle Seite" der SEO) und der Spammer würden sofort nach Veröffentlichung der „Magic Sauce" beginnen, das System auszuhebeln und Seiten künstlich nach oben zu heben, die es nicht verdienen. Mit einem Schlag müsste man keine Dummen mehr finden, denen man alle seine Optimierungstricks verkaufen kann, und würde mit eigenen Projekten reich werden.

Google will sich nicht austricksen lassen und macht deshalb ein großes Geheimnis aus seinem Algorithmus. Doch andererseits sagt Ihnen Google ganz genau, was Sie tun sollen, um erfolgreich zu werden und es auch zu bleiben:

Natürlich veröffentlichen wir nicht die tatsächlichen Ranking-Signale, die in unseren Algorithmen verwendet werden, denn es soll ja niemand unsere Suchergebnissen manipulieren. Wenn ihr euch jedoch der Denkweise bei Google annähern möchtet, geben euch die nachfolgenden Fragen Aufschluss darüber, wie wir an die Sache herangehen:

✓ *Würdet ihr den in diesem Artikel enthaltenen Informationen trauen?*

✔ *Wurde der Artikel von einem Experten oder einem sachkundigen Laien verfasst oder ist er eher oberflächlich?*

✔ *Weist die Website doppelte, sich überschneidende oder redundante Artikel zu denselben oder ähnlichen Themen auf, deren Keywords leicht variieren?*

✔ *Würdet ihr dieser Website eure Kreditkarteninformationen anvertrauen?*

✔ *Enthält dieser Artikel Rechtschreibfehler, stilistische oder Sachfehler?*

✔ *Entsprechen die Themen echten Interessen der Leser der Website oder werden auf der Website Inhalte generiert, mit denen ein gutes Ranking in Suchmaschinen erzielt werden soll?*

✔ *Enthält der Artikel Originalinhalte oder -informationen, eigene Berichte, eigene Forschungsergebnisse oder eigene Analysen?*

✔ *Hat die Seite im Vergleich zu anderen Seiten in den Suchergebnissen einen wesentlichen Wert?*

✔ *In welchem Maße werden die Inhalte einer Qualitätskontrolle unterzogen?*

✔ *Werden in dem Artikel unterschiedliche Standpunkte berücksichtigt?*

✔ *Wird die Website als kompetente Quelle zu ihrem Thema anerkannt?*

✔ *Stammen die Inhalte aus einer Massenproduktion oder von zahlreichen externen Autoren bzw. werden sie über ein großes Netzwerk von Websites verbreitet, sodass einzelnen Seiten oder Websites eher wenig Aufmerksamkeit oder Sorgfalt gewidmet wird?*

✔ *Wurde der Artikel sorgfältig redigiert oder scheint er eher schlampig oder hastig erstellt worden zu sein?*

✔ *Hättet ihr bei gesundheitsbezogenen Suchanfragen Vertrauen in die Informationen dieser Website?*

✔ *Würdet ihr diese Website als kompetente Quelle erkennen, wenn sie namentlich erwähnt würde?*

✔ *Bietet dieser Artikel eine vollständige oder umfassende Beschreibung des Themas?*

✔ *Enthält dieser Artikel aufschlussreiche Analysen oder interessante Informationen, die nicht allgemein bekannt sind?*

✔ *Würdet ihr diese Seite zu euren Lesezeichen hinzufügen, an Freunde weitergeben oder empfehlen?*

✔ *Enthält dieser Artikel unverhältnismäßig viele Anzeigen, die vom eigentlichen Inhalt ablenken oder diesen beeinträchtigen?*

✔ *Könntet ihr euch diesen Artikel in einem Printmagazin, einer Enzyklopädie oder einem Buch vorstellen?*

✔ *Sind die Artikel kurz oder gehaltlos oder fehlen sonstige hilfreiche Details?*

✔ *Wurden die Seiten mit großer Sorgfalt und Detailgenauigkeit oder mit geringer Detailgenauigkeit erstellt?*

✔ *Würden sich Nutzer beschweren, wenn ihnen Seiten von dieser Website angezeigt würden?*

Quelle: *http://googlewebmastercentral-de.blogspot.com/2011/05/weitere-tipps-zur-erstellung-qualitativ.html*

Google verfügt über mehr Sensoren, Analysemöglichkeiten und historische Daten, als vorstellbar ist. Man beschäftigt viele der talentiertesten, kreativsten und hellsten Köpfe einer Generation, die schon mit leistungsfähigen Computern aufgewachsen ist. Ihr Arbeitgeber stellt ihnen die größte Daten- und Rechenpower der Welt zur Verfügung. Mir erscheint es logisch, dass die Suchmaschine alle oben erwähnten Fragen tatsächlich beantworten kann. Ausnahmen bestätigen die Regel.

Guter Inhalt = Besuchernutzen

Der folgende Tipp basiert auf meiner jahrelangen Tätigkeit, findet sich in den Aussagen Googles wieder und ist nicht mehr und nicht weniger als der Schlüssel zum Erfolg: Bieten Sie Ihren Besuchern ehrliche, einzigartige, nützliche Inhalte mit Mehrwert, und Sie brauchen sich um nichts anderes zu sorgen.

Wie kam ich selbst zu diesem Schluss? 2007 machte ich mich selbständig, nachdem ich über fünf Jahre lang eine steile Bankkarriere verfolgte. In den ersten Monaten meiner Aktivitäten im Internet beschränkte ich mich darauf, Tag für Tag neue Artikel zu schreiben, die meinen Lesern nützlich sein sollten. Warum? Man könnte sagen, aus Rache an einem System, dem ich zu lange gedient habe. Mein Ausscheiden aus der Bankenwelt war mit großer Frustration verbunden. Als Geschäftskundenbetreuer musste ich jeden Cent aus meinen Kunden herauspressen und nicht selten Unternehmern den Geldhahn zudrehen, weil es die Kreditvergabevorschriften so verlangten. Für die Bestandskunden war kein Geld mehr da, weil man es unbedingt in Fässer ohne Boden (US-Hypothekenbriefe, Karibikgeschäfte, Währungsspekulationen ...) stecken musste. Ich wollte von der abgehobenen, gewissenlosen und realitätsfremden Finanzindustrie nichts mehr wissen und die Seiten wechseln.

Als Wiedergutmachung gab ich nun mein Wissen kostenlos preis. Wer meine Homepage besuchen würde, sollte „den Blick hinter die Bankkulissen" erhalten und sich so besser auf Bankgespräche und Verhandlungen vorbereiten können. Im Lauf der Zeit übertrug ich mein gesamtes Wissen und meine Erfahrungen aus dem Studium der Rechtswissenschaften, der Tätigkeit in verschiedenen Banken und meiner Selbständigkeit ins Internet. Viele Kommentare bestätigen mir auch heute noch, dass sich der Aufbau dieser Inhalte für eine große Zahl von Menschen bezahlt gemacht hat. Manche konnten bessere Zinsen herausholen, andere bekamen Lust auf die Selbständigkeit, und wieder andere schafften es, anhand der Spartipps und verschiedenen Tools, die ich in meinem Online-Wirtschaftsmagazin kostenlos anbiete, ihr Haushaltsbudget in den Griff zu bekommen. Kurz gesagt: Die Inhalte nützten den Besuchern. Das führte dazu, dass andere Webseiten meine Tipps zitierten und „verlinkten". Die Seite wurde von Mensch zu Mensch weiterempfohlen. Offensichtlich betrachteten mich nun auch Redakteure und Journalisten als Experten für alle möglichen und unmöglichen Wirtschaftsthemen und wollten Interviews mit mir. Meine Homepage stieg ganz von selbst in höchste Suchmaschinenpositionen.

Damals kannte ich noch gar keine anderen Methoden, eine Webseite bekannt zu machen, als mit guten Inhalten. Und wissen Sie was? Selbst mit all dem Wissen, das ich heute habe, bleibe ich dabei: Kein Trick, kein Linktausch, keine technische Webseitenoptimierung und kein Suchmaschinen-Tool kann das, was ehrliche Inhalte mit Besuchernutzen können: Ihre Seite nach oben bringen. Konzentrieren Sie sich darauf, Ihren Besuchern Nützliches zu bieten, und Sie sind auf der richtigen Fährte.

Manchmal bereue ich es, von meinem ursprünglichen Weg für einige Zeit abgekommen zu sein. Was passierte? Meine guten Positionen bei Google sorgten für ein ordentliches Echo in der Internet-Szene und ich traf auf Menschen, die mir viel von Suchmaschinenoptimierung (SEO) und Suchmaschinenmarketing (SEM) erzählten. Wer nur eine Webseite habe, stehe ständig am Abgrund, wer keinen Linktausch betreibe, würde seinen Platz an der Sonne (= Google) nicht lange innehaben, und sich nur auf Finanzen zu konzentrieren, sei auch nicht besonders schlau. Schließlich gäbe es ja auch noch Themen wie Pokern, Reisen, Stromanbieter und Datingportale, mit denen man jede Menge Geld „abgreifen" könne. So und so ähnlich waren die Aussagen, die mir um die Ohren flogen. Ich fühlte mich unwissend und rückständig, weil ich nichts anderes tat, als Artikel, Tools und Ratgeber zu dem Thema zu veröffentlichen, das ich beherrschte – auf einer einzigen Seite, einem einzigen Standbein. Das durfte nicht so bleiben, riet der Floh im Ohr.

Also informierte ich mich über SEO und SEM, startete weitere Webprojekte, traf mich mit anderen Webmastern auf Kongressen und Seminaren und multiplizierte mein Wissen über die Branche und ihre Tricks binnen weniger Monate. Ich war beeindruckt, wie leicht man es sich machen konnte, ganz ohne ständig neue Artikel schreiben zu müssen. Plötzlich verdiente ich auch Geld in Themengebieten, von denen ich keine Ahnung hatte. Kurzfristig funktionierte das Spiel mit dem Wissen und Halbwissen der Branche recht gut. Ich steigerte meine Einnahmen weiter und verteilte es auf mehrere Quellen. Bekam ich mein Geld früher ausschließlich aus Google-AdSense-Werbung, hatte ich nun sehr viele Affiliate-Partnerschaften, und überall kam etwas herein. So fühlte ich mich sicherer und „breiter aufgestellt". Jedenfalls für kurze Zeit.

Denn schon bald stellten sich die für die SEO- und SEM-Branche typischen Sorgen ein: Was, wenn Google dieses oder jenes entdeckt? Was, wenn die Suchmaschine draufkommt, dass ich gar kein Experte auf den neuen Themengebieten bin? Was, wenn es Google nicht gefällt, wenn ich Webseiten nur baue, um damit Werbeeinnahmen zu generieren? Was, wenn Google messen könnte, ob Besucher meiner Seite finden, was sie suchen, und erkennen würde, dass es mir in Wahrheit nur auf das Geld und nicht auf die Besucher ankommt? Ich darf vorwegnehmen: Google kam drauf – auf alles, mal früher, mal später, und ein Projekt nach dem anderen stürzte ab. Weil ich meinen Besuchern keinen Mehrwert bot, sondern bereits existierende Inhalte zum x-ten Mal neu aufwärmte, hatte ich auch keine Stammbesucher („Fans") auf diesen Seiten und war einzig und alleine von Googles Gunst bzw. meinem Rang in den Ergebnislisten abhängig. Das war fatal und gleichzeitig sehr lehrreich.

Ich studierte mich sozusagen in die Abgründe des Internets. Wie oben erwähnt bereue ich es fast, mich so tief in die Materie vorgewagt zu haben. Denn was wäre gewesen, wenn ich meinen Weg stur weiterverfolgt hätte? Wenn ich nichts anderes getan hätte, als Tag für Tag neue Inhalte, Rechner und Wegweiser zu bieten, mit denen Menschen ihre Finanzen besser in den Griff bekommen würden? Ich weiß nicht, ob ich sorgenfreier leben würde, doch Bekanntheit, Stammleser und Einnahmen wären bestimmt wesentlich höher. Mit den SEO- und SEM-Aktivitäten verflachte sich meine Ertragskurve zusehends. Dieser Irrweg spiegelt sich in meiner Bilanz wider. Trotzdem bin ich froh, meine eigenen Erfahrungen gemacht zu haben. Sonst würde ich bestimmt glauben, etwas zu verpassen oder zu unsicher aufgestellt zu sein, weil ich nur auf ein (mein) Pferd setze.

So kümmere ich mich seit geraumer Zeit wieder ausschließlich um meine Inhalte und mache einen großen Bogen um Linktausch, Besucherkauf und die Wundermittelchen der Branche. Ich rate sogar ausdrücklich davon ab. Ich vertraue darauf, dass sich Nützliches von selbst herumspricht und keinen Anschub braucht. Mein künftiges Thema ist das dieses Buches: Wie Selbständige das Internet gewinnbringend und einfach einsetzen können. Die Arbeit, die mit diesem Buch beginnt, wird auf meiner Webseite *www.fischler.cc* fortgesetzt werden. Hier sollen Sie alles finden, was Sie für Ihren Durchbruch im Internet brauchen. Denn Bücher sind nicht immer das beste Medium, wenn es darum geht, Schritt-für-Schritt-Ratgeber zu publizieren. Manchmal bleiben Fragen offen, die sich erst in der folgenden Auflage beantworten lassen. Das Internet wandelt sich ständig, und viele Screenshots sind schon veraltet, wenn das Buch aus der Druckerei kommt. Angebote ändern sich, neue Anbieter „sind plötzlich da" und machen vieles einfacher. Manche Arbeitsschritte sind leichter verständlich, wenn man sie in bewegten Bildern sieht. Eine Webseite hat den nötigen Aktualitätsbezug, bietet die Möglichkeit, auf Leserfragen einzugehen, und macht es einfach, Videos online zu stellen. Betrachten Sie *www.fischler.cc* daher als kostenlose Ergänzung zu diesem Buch. Kontaktieren Sie mich mit allen Fragen, die auf Ihrer eigenen Internet-Mission auftauchen könnten. Ich werde Ihnen gerne weiterhelfen.

Mein Rat für Sie: Nutzen Sie meine Erfahrungen, ersparen Sie sich die üblichen Experimente und konzentrieren Sie sich auf die Qualität Ihrer Inhalte. Löschen Sie Linktauschanfragen und werfen Sie Angebote von Suchmaschinenoptimierern und Wunderheilern in den Papierkorb. Vergessen Sie alles, mit Ausnahme des Nutzens für Ihre Besucher, den nur Qualitätsinhalte bieten können.

Wichtig: Die Inhalte selbst müssen nützlich sein und nicht erst Ihr Angebot, mit dem Sie Ihren Umsatz machen. Niemand hat auf die tausendste Firma gewartet, die sich, ihre Produkte, Geschichte, Mitarbeiter und Leistungen selbst in den siebten Himmel lobt. Was macht Ihre Seite einzigartig? Bieten Sie Mehrwerte, die Internet-Besucher auf anderen Seiten nicht finden. Sehen Sie diese Inhalte als Investment in Ihre Zukunft. Die Kunden kommen heute nicht mehr zu denen, die am lautesten schreien, sondern zu jenen, die das Beste bieten. Das Internet macht alles vergleichbar, auch Sie. Eine interessante und nützliche Homepage, auf der Sie Inhalte mit Mehrwert bieten, wirkt nicht nur sympathisch und kompetent, sondern spielt sicher auch bei der Kaufentscheidung moderner Kunden eine gewichtige Rolle. Wer weiß – vielleicht erinnert sich ein möglicher Käufer sogar an eine frühere Begegnung mit Ihrer Webseite, und schließt daraufhin ab?

Was sind „Inhalte mit Mehrwert"?

Damit Sie sich ein besseres Bild davon machen können, was ich denn eigentlich mit „Inhalten, die *selbst* nützlich sind" meine, hier ein paar Beispiele:

✔ *Ein Finanzexperte* publiziert, wie die Bankenwelt hinter den Kulissen funktioniert, und was sie vom Kunden hören will. Besuchernutzen: Man kann sich besser auf Banktermine vorbereiten und seine Finanzen in den Griff bekommen. Betreibernutzen: Der Finanzexperte präsentiert sich als fachkundiger Berater, den man in allen Fragen „rund ums Geld" konsultieren kann. Das schafft Vertrauen und senkt die Hemmschwelle, mit ihm Kontakt aufzunehmen.

✔ *Ein Arzt* erstellt sein eigenes Gesundheitslexikon, bietet Checklisten oder Erste-Hilfe-Ratgeber an. Besuchernutzen: Patienten können sich schon vor dem Arzttermin über mögliche Krankheiten und Behandlungsmöglichkeiten informieren, gefährliche Situationen erkennen und ihr Wissen rund um die Erste Hilfe auffrischen. Betreibernutzen: Die Homepage des Arztes wird öfter gefunden und mehr potentielle Patienten lernen ihn, seine Ansichten und Behandlungsmethoden kennen.

✔ *Ein Ofenbauer* veröffentlicht Tipps und Tricks rund um das Heizen, die Energiekosteneinsparung, die Gebäudesanierung oder einen Ratgeber zum Thema „Gesund durch den Winter". Auch denkbar: Ein Berechnungstool auf Excel-Basis, mit dem Interessenten ausrechnen können, wann sich bestimmte Heizmethoden oder Sanierungsmaßnahmen amortisieren – oder ein Planungstool für den individuellen Kachelofen. Besuchernutzen: Mögliche Kunden erkennen Potentiale für ihre eigenen vier Wände und können künftige Investitionen in das Gebäude besser planen/kalkulieren. Betreibernutzen: Die Besucher lernen den Handwerker kennen, müssen nicht mehr überzeugt werden und kommen bereits vorbereitet zum Erstgespräch.

✔ *Ein Sportartikelhändler* erstellt (in Zusammenarbeit mit einem Arzt) ein eigenes, kostenlos herunterladbares Trainingsprogramm für Menschen, die nach langer Pause wieder aktiv trainieren wollen, und so ihren Fortschritt über die Zeit dokumentieren können. Besuchernutzen: Man sieht, dass sich das Training auszahlt, und wird zum Weitermachen animiert. Betreibernutzen: Sportler brauchen Sportartikel und kaufen gerne bei Händlern, die sie für fähig halten, ihre Kunden umfassend zu beraten. Das Tool könnte übrigens auch der Arzt selbst auf seiner Homepage anbieten, und beide hätten etwas davon.

✔ *Eine Band/Musikgruppe* gibt einen mehrteiligen, videogestützten Instrumentenlernkurs mit eigenen Songs als „Studienobjekt" heraus. Besuchernutzen: Man lernt ein Instrument per Online-Lehrgang. Betreibernutzen: Kursteilneh-mer spielen die Band-Songs nach, kommen zu Konzerten und werden vielleicht sogar zu treuen Fans?

✓ *Ein Hotelbetreiber* gibt auf seiner Seite detaillierte Tipps für Aktivitäten, porträtiert die Region, weist auf Sonderange-bote und Schnäppchen umliegender Händler und Veran-stalter hin oder veröffentlicht die hausinterne Hotelzeitung auf der Homepage. Besuchernutzen: Man bleibt mit seinem Urlaubsort verbunden, kann sich jederzeit „updaten" und nähere Informationen einholen. Betreibernutzen: Der Gast bleibt nicht nur dem Urlaubsort, sondern auch seinem Ho-tel verbunden.

✓ *Ein Computer-Experte* nimmt Erlebnisse aus seinem Alltag zum Anlass, kleine Tipps und Tricks online zu stellen, wie sich PC-Nutzer selbst aus der Patsche helfen können, wenn der „Blechtrottel" diese oder jene Meldung ausspuckt. Be-suchernutzen: Klar – Problem gelöst. Betreibernutzen: Mög-liche Kunden wissen, wen sie kontaktieren sollten, wenn gar nichts mehr läuft.

✓ *Ein Hersteller von Grillöfen* veröffentlicht ein Online-Koch-buch mit seinen besten Grillrezepten oder einen videoge-stützten Grillkurs für verschiedene Fleischsorten oder un-terschiedliche Arten von Öfen. Besuchernutzen: Man kann seine Gäste künftig mit den eigenen Grillkünsten beeindru-cken und bekommt auch mal anderes zwischen die Rippen als Kotelett und Bratwurst. Betreibernutzen: Natürlich zeigt der Hersteller nur eigene Grills. Potentiellen Käufern läuft das Wasser im Mund zusammen, wenn sie die Öfen in Akti-on sehen – was kann es Schöneres geben?

✓ *Ein Online-Händler* begnügt sich nicht damit, die Standard-Produktbeschreibungen und Fotos der Hersteller zu über-nehmen, wie das Tausende anderer Shops machen. Stattdes-sen fertigt er zusätzliche Inhalte an, macht Fotos und Videos rund um die Produkte, bemüht sich um eine ausführlichere Beschreibung der Ware und lässt seine Kunden per Rating und Kommentare zu Wort kommen. Er verkauft seine Waren über bessere Beratung statt den günstigsten Preis. Zwar werden dann immer noch manche Kunden zum billigsten Anbieter wechseln, doch durch die Qualitätsinformation bleibt der Händler als kompetentester Informant in Erinnerung – für einige Kunden wichtiger als der Preis!

Sie sollten Ihrer Kreativität freien Lauf lassen, wenn es um die Schaffung von Mehrwerten auf Ihrer Webseite geht. All diesen Varianten ist gemein, dass sie erstens kostenlos sein sollen und zweitens einen eigenständigen, von Ihren eigentlichen Zielen losgelösten Nutzen bringen. Ich denke, das Prinzip ist klar: Das Geldverdienen verschieben Sie auf später. Zuerst zeigen Sie kostenlos, was Sie möglichen Abnehmern zu bieten haben. Keine Bange, Sie müssen nicht alles verschenken. Es ist absolut legitim, Geschäfte zu machen, und die Blicke auf Ihr kommerzielles Angebot zu lenken. Dass jeder irgendwie Geld verdienen muss, versteht auch die Alles-gratis-Generation.

Wie findet man Ihre Inhalte bei Google?

Wenn Sie wollen, dass Ihre Inhalte über Google gefunden werden, so müssen Sie die Perspektive des Suchenden einnehmen. Hierbei handelt es sich sehr wahrscheinlich um Ihren typischen Zielkunden. Was ist das für ein Mensch? Wie alt ist er? Woher kommt er? Woran ist er interessiert? In welcher Lebenssituation steckt er? Und die Frage der Fragen: Wonach sucht er bei Google, wenn mein Produkt bzw. meine Dienste gefragt sind?

Versuchen Sie, ein Gefühl für Ihre Besucher und deren Suchverhalten zu entwickeln. Im Kapitel „Einzelfall-Beispiele" finden Sie typische Suchanfragen von Zielpersonen verschiedenster Unternehmen. Je spezieller und länger die Suchanfragen, desto spezieller sind auch die Google-Resultate. Die Kombination von drei oder mehr Suchworten führt plötzlich nicht mehr nur zu Großportalen, sondern auch zu vielen kleinen Nischenanbietern. Diesen Effekt sollten Sie für sich nutzen!

Wenn Ihre Webseite schon läuft, sehen Sie sich die Besuche aus der Zugriffsquelle Google an.

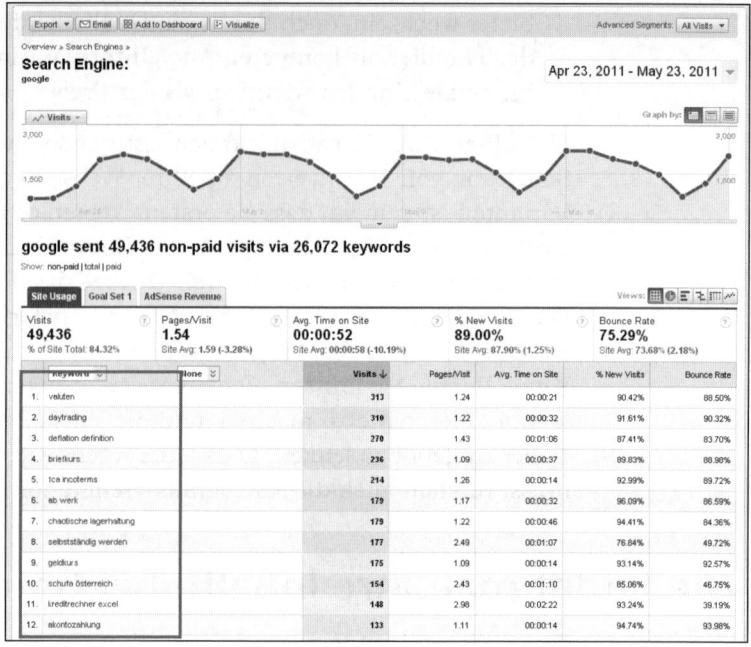

Abbildung 6.70: Zugriffsquelle „Unbezahlte Zugriffe von Google": Wie finden Besucher über Google auf Ihre Seite?

Was genau haben Ihre Besucher bei Google eingetippt, und auf welcher Seite Ihrer Homepage sind sie daraufhin gelandet? Ihre Analysesoftware wird Ihnen all das und noch mehr verraten, und Sie tief in Motivation und Lebenssituation Ihrer Gäste blicken lassen. So wird es Ihnen schließlich gelingen, lohnende Mehrwort-Kombinationen ausfindig zu machen, über die Sie recht einfach an Ihre Zielkunden kommen. Versteifen Sie sich daher keinesfalls auf die Google-Optimierung eines umkämpften Wortes. Die meisten Menschen suchen z.B. nicht einfach nach „Reise", wenn sie einen Tapetenwechsel brauchen. Die Ergebnisse wären viel zu allgemein und wenig hilfreich. Stattdessen tippen sie z.B. ein: „Reisetrends 2012", „neue Ideen

für Urlaub", „Baumhaus-Hotel Schweden", „Griechenland
günstig", „Strandurlaub im Winter", „Ferienwohnung Sylt",
„Abenteuer-Trekking in Norwegen" oder „geführte Busrund-
reise Kalifornien". Was davon haben Sie zu bieten, und womit
verdienen Sie am meisten? Überlassen Sie Suchanfragen wie
„Reise" oder „verreisen" den Branchenriesen, und richten Sie
sich auf die wirklich lohnenden, zu Ihnen passenden Schlag-
wort-Kombinationen aus.

So verhilft das Medium Internet nicht nur den üblichen Ver-
dächtigen, sondern auch Klein- und Mittelbetrieben zu ihrem
Geschäft. Jede einzelne aus der schier unendlichen Menge
möglicher Wortkombinationen ist eine neue Möglichkeit, sich
von den Mitbewerbern zu unterscheiden und zielgenau gefunden zu werden. Wenn Ihr Unternehmen kein Global Player ist,
gehen Sie in die Nische. Richten Sie Ihr Angebot auf eine eng
abgrenzbare Zielkundschaft aus, und nutzen Sie das Internet,
um diese Gruppe „einzusammeln" – egal, wie weit sie räumlich
verstreut sein mag. Das weltweite Netz fördert die Spezialisie-
rung. Ein Beispiel: Sie entschließen sich, Ihr Reisebüro voll auf
Baumhaus-Urlaube auszurichten. Die Webseite dreht sich genau (und ausschließlich) um dieses Thema. Da Sie so auf einen
Schlag alle Baumhaus-Freunde dieser Welt erreichen, bleiben
Ihnen jedenfalls genug potentielle Kunden übrig, selbst wenn
Sie auf die Vermittlung anderer Reisearten verzichten. Fürchten Sie sich nicht davor, zu speziell zu werden. Als Zubringer
fungieren Tipps und Tricks sowie Erfahrungsberichte, die mit
Titeln wie „Baumhaus-Urlaub in Österreich: Ein tolles Ur-
laubserlebnis", „10 Dinge, die Sie beim Urlaub im Baumhaus
beachten sollten" oder „Einmal Baumhaus, immer Baumhaus:
Unser fünfter Urlaub in den Bäumen" für neue Besucher sorgen. Vielleicht entscheiden Sie sich sogar, „Baumhausurlaub"
in den Wortlaut des Firmennamens und der Domain mit aufzunehmen, was die Ausrichtung zusätzlich unterstreicht und
auch Google gefällt. So lichtet sich der Wald, und Sie werden
für Baumhausfreunde zum einzigen Baum auf weiter Flur.

Überlegen Sie gründlich: Ist Ihr Angebot speziell genug, um Sie von übermächtigen Mitbewerbern zu unterscheiden? Wenn ja: Welche „Keyword-Kombis" passen perfekt zu Ihrem eigenen Angebot? Diese Suchanfragen können aus zwei, drei, vier oder noch mehr Wörtern bestehen. Bedienen Sie sich der Tools Google Insights for Search und Google AdWords Keyword-Tool, die ich Ihnen bereits vorgestellt habe. Finden Sie Synonyme, Ergänzungen und Abwandlungen für die Wortkombinationen, und bauen Sie diese möglichst geschickt in Ihre Beiträge ein. Vermeiden Sie typische SEO-Tricks wie künstlich mit Schlagworten gespickte Texte. Erstellen Sie Inhalte mit Mehrwert, die Ihren Zielkunden nützen, und decken Sie Ihr Nischenthema auf entspannte Art und Weise ab.

Mehr Inhalt = mehr Geschäft?

Grundsätzlich würde ich folgende Aussage unterschreiben: „Wer mehr publiziert, wird öfter gefunden und hat mehr Besucher, was in der Folge zu mehr Geschäft führt." Dies setzt natürlich voraus, dass man sich auf seine Zielkundschaft konzentriert, ehrliche, einzigartige Inhalte mit Mehrwert bietet und die richtigen Interessen bedient. Der Arzt mit Homöopathie-Schwerpunkt, der neue Patienten für sich gewinnen will, sollte über Homöopathie in all ihren Ausprägungen informieren, statt auf seiner Homepage Aufsätze über seine schönsten Reiseerlebnisse zu verfassen oder einen schulmedizinischen Wälzer auszurollen. Sonst heißt es: „Thema verfehlt!"

Je zielgerichteter die Artikel, desto größer die Chance, zu bestimmten Suchworten und Suchwortkombinationen gefunden zu werden. Jeder neue, einzigartige Inhalt zieht mit Titel und Beschreibung in den Google-Index ein. Das hat schon viele Menschen zu dem Trugschluss geführt, einfach nur eine große Menge Müll publizieren zu müssen, um erfolgreich zu werden. In der Vergangenheit mögen diese Billig-Strategien noch funktioniert haben. Viele „tote" Artikelportale, Verzeichnisse,

Automatik-Blogs und -Foren später hat es wohl auch der letzte Junk-Prophet aufgegeben, aus Mist Geld machen zu wollen.

Trotzdem bleibe ich dabei: Mehr Inhalt = mehr Besucher = mehr Geschäft. Allerdings nur dann, wenn ...

✔ Sie sich wirklich im Thema auskennen,

✔ es sich um nützliche Inhalte mit Mehrwert handelt,

✔ die neu, das heißt „nicht abgekupfert" sind,

✔ die man in dieser Art sonst nicht findet,

✔ die vollständig, gut recherchiert und korrekt sind und die

✔ Sie auch persönlich unterschreiben könnten.

✔ Die Inhalte Ihrer Webseite müssen weder des Pulitzer-Preises würdig sein noch eins zu eins ihren Einzug in ein gedrucktes Buch finden können. Jeden Qualitätsanspruch zugunsten der Quantität aufzugeben, würde aber definitiv nach hinten losgehen. Arbeiten Sie mit Fingerspitzengefühl, und erstellen Sie Ihre Inhalte in erster Linie für Ihre Besucher.

Statische Seiten, dynamische Beiträge, Tags und Kategorien: Den Inhalt strukturieren

Sie sollten sich Gedanken darüber machen, in welcher Struktur Sie Ihren Inhalt veröffentlichen möchten. Was soll statisch („Seiten" = Wichtiges; ändert sich nicht oder nur selten), was dynamisch („Beiträge" = weniger Wichtiges; Neues vor Altem) präsentiert werden? Wie tief wollen bzw. können Sie in die Materie einsteigen? Wie sollen komplexe Inhalte organisiert und leicht auffindbar gemacht werden? Zu welchen Gruppen (Schlagworten bzw. „Tags" und „Kategorien") lassen sich einzelne Beiträge zusammenfassen?

Je früher Sie mit der strukturellen und thematischen Gliederung Ihrer Webseite beginnen, desto logischer und informativer wächst die Homepage, und umso leichter tun Sie sich später mit der Zusammenführung ähnlicher Inhalte. Der thematische Kontext hält Besucher auf Ihrer Seite, weil sie dort neben der Fundstelle auch weiterführende Informationen finden können. Systeme wie WordPress bieten die faszinierende Möglichkeit, verwandte Beiträge zum aktuell aufgerufenen Inhalt anzuzeigen.

Viele Experten und Vortragende nutzen ihre eigene Homepage als Wissensdatenbank. Sie publizieren alles, worüber sie stolpern, und „später mal brauchen könnten". Statt jedoch wie früher als Notizzettel in Schubladen zu verschwinden, locken die kleinen Beiträge neue Besucher auf die Webseite. Das Inhaltsverwaltungssystem fügt die Bruchstücke anhand von Tags und Kategorien zusammen. Steht ein neuer Vortrag an, genügt es, ein Schlagwort aufzurufen, was die Recherchearbeit auf ein Minimum reduziert. Auch wenn Sie kein Vortragender sind, werden es Ihre Besucher sehr begrüßen, wenn sie einfach und schnell weitere Artikel zum selben Thema finden können.

Sehen wir uns die einzelnen Begriffe genauer an, welche für die Strukturierung Ihrer Inhalte eine Rolle spielen.

Seiten

Als (statische) Seiten bezeichnet man jene Inhalte, die sich nur selten ändern und auf allen Unterseiten Ihrer Homepage zu sehen sein sollen. Dazu gehören typischerweise Inhalte wie *Über uns*, *Produkte*, *Kontakt*, aber auch Rechtliches wie *Impressum* und *AGB*. Die Seiten sind meist in Haupt- und Untermenüs zu finden. Durch ihre Omnipräsenz kommt ihnen erhöhte Bedeutung zu, sowohl seitens Ihrer Besucher als auch „der" Suchmaschine. Das bietet die Gelegenheit, neben den oben erwähnten allgemeinen Informationen auch besonders wichtige, nutzbringende Inhalte in den Status einer Seite zu erheben, statt sie einfach nur als weiteren Beitrag zu veröffentlichen. So gut wie alle modernen Inhaltsverwaltungssysteme können zwischen Seiten und Beiträgen unterscheiden.

Beiträge, Posts

Beiträge, auch „Artikel", „Posts" oder „Postings" genannt, sind Inhalte mit höherem Aktualitätsbezug. Sie entsprechen den klassischen „News" einer Homepage. Heute werden Beiträge in Online-Magazinen, Unternehmensseiten und Blogs für die laufende Publikationsarbeit genutzt, wobei neue Beiträge die älteren „nach unten" bzw. „nach hinten" schieben. Posts können nach Kategorie, Schlagwort, Autor, Datum und anderen Kriterien gefiltert werden und erscheinen daraufhin auf so genannten Indexseiten, welche die Benutzbarkeit einer Webseite und die Navigation durch deren Inhalte erleichtern. Eine klassische Artikelseite listet alle Beiträge ungefiltert nach deren Veröffentlichungsdatum auf – „neueste Neuigkeiten zuerst".

Das bedeutet jedoch keinesfalls, dass Beiträge immer News sein müssen. Posten Sie Fachbeiträge, Medien, interessante Fundstellen, Hinweise und Kommentare, und lassen Sie sich von Ihren Besuchern in Ihrer täglichen Arbeit über die Schulter schauen. Mein Grundsatz: „Alles, was nicht so wichtig ist, dass es erstens dauerhaft, zweitens für alle Besucher und drittens sofort zugänglich sein soll, ist ein Beitrag." Mit Erweiterungen und Funktionen wie *Ähnliche Artikel anzeigen* sorgt Ihr Content-Management-System dafür, dass interessante Beiträge nicht im Nirwana verschwinden, nur weil sie älteren Datums (und keine Seiten) sind.

Kategorien

Kategorien sind die „großen Ordner" für Ihre Beiträge. Eine Online-Zeitung verwendet z.B. die Kategorien *International, Inland, Wirtschaft, Sport* und *Kultur*. Ein Produzent könnte die Einteilung so vornehmen: *Produkte, Kundenmeinungen, Testergebnisse, Aus unserem Unternehmen* und *Wissenswertes*. Ein Künstler: *Acryl, Aquarell, Kohle, Skizzen, Ausstellungen, Presse* und *Persönliches*. Und so weiter. Es geht darum, den Inhalten zu einer generellen Grundstruktur zu verhelfen. Halten Sie die Kategorien daher so übersichtlich wie möglich.

Besucher, die eine Ihrer Kategorien aufrufen, finden so zum Grundthema, das sie interessiert. Dort klicken sie sich zu einzelnen Beiträgen durch. Auf diesen Einzelseiten sollen sie nun weitere Artikel empfohlen bekommen, die noch genauer zum gerade aufgerufenen Inhalt passen. Hierfür reicht die Grobeinteilung der Kategorien nicht mehr aus. Um einzelne Posts treffsicher zueinander finden zu lassen, brauchen Sie Schlagworte.

Schlagworte, Tags

Während Sie eine begrenzte Anzahl von Kategorien verwenden sollten, dürfen Sie bei den Schlagworten oder Tags (fast) alle Schleusen öffnen. Dabei handelt es sich um Einzelwörter und Wortkombinationen, von denen Sie glauben, dass Sie sie in ganz ähnlichen Artikeln ebenfalls verwenden würden oder schon verwendet haben. Aus dem Grad der Übereinstimmung von Tags verschiedener Einzelbeiträge kann Ihr CMS entscheiden, welche Inhalte zusammengehören, und dem Besucher eine Empfehlungsliste verwandter Inhalte präsentieren. Darüber hinaus werden die Schlagworte meist als Links unterhalb des Beitrags angeführt. Diese führen zu Übersichtsseiten mit allen Artikeln, die ebenfalls das aufgerufene Schlagwort als Tag aufweisen – neueste zuerst.

So weit, so theoretisch. Ein Beispiel: Ich betreibe eine Gärtnerei und schreibe einen Artikel mit dem Titel „Die schönsten Frühlingsblumen unserer Region". Als Schlagworte vergebe ich „Blumen", „Wiese", „Frühling", „Flora", „Gänseblümchen", „Löwenzahn" und „Buschwindröschen". Ich versuche, sowohl generelle (Blumen, Wiese, Frühling, Flora) als auch speziellere Schlagworte zu verwenden. Dahinter steckt die Überlegung, dass ich wohl oft generelle Tags verwenden werde und daher mit ziemlicher Sicherheit ähnliche Artikel mit denselben Schlagworten vorhanden sein werden. Als Gärtner veröffentliche ich sicherlich regelmäßig Artikel mit dem Schlagwort „Blumen" und bestimmt auch einige mit „Frühling". Doch vielleicht habe ich ja auch schon über den Löwenzahn geschrieben? Da wäre es doch schön, wenn der Leser ganz oben in der Empfehlungsliste

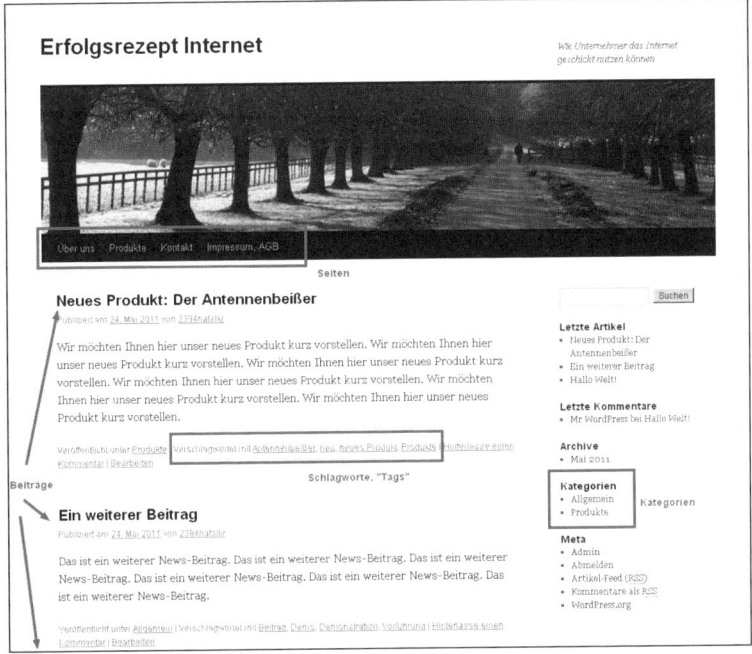

Abbildung 6.1: Im WordPress-Standard-Layout gut zu erkennen: Seiten, Beiträge, Schlagworte und Kategorien

einen Artikel fände, welcher sowohl mit „Blumen" als auch mit „Löwenzahn" verschlagwortet ist. Der würde ihm bestimmt gefallen! Genauso funktionieren Schlagworte in der Praxis – saubere Arbeit vorausgesetzt.

Verweilen wir noch etwas bei den Blumen. Auf vielen Homepages ist ein wahrer Wildwuchs an Tags zu bemerken. Einzahl, Mehrzahl, groß- und kleingeschrieben, mit Rechtschreibfehlern und ohne, aus zwei, drei, fünf oder siebzehn Wörtern bestehend und so weiter. Das kommt meist daher, dass die Webseitenbetreiber den Sinn der Schlagworte nicht verstanden haben: Dass man sie vielleicht irgendwann in genau derselben Schreibweise wieder verwenden wird. Nur so machen die Tags Sinn, sonst haben Sie irgendwann 10.000 Schlagworte, von denen Sie 9.900 kompostieren können. Schade um die Arbeit! Überlegen Sie

sich schon zu Beginn, wie Sie bei den Tags vorgehen möchten. Ich versuche, ein Schlagwort immer in der Mehrzahl zu
verwenden, Groß- und Kleinschreibung zu beachten und keine
Buchstabendreher zu produzieren. Es wäre doch schade, wenn
meine Schlampigkeit dazu führen würde, dass sich Gleich und
Gleich nicht gesellen darf.

Die Startseite

Die Startseite hat die größte Zugkraft all Ihrer Inhalte. Einer
der sinnvollen Tipps der Suchmaschinenoptimierer ist, dieses
Potential nicht zu verschenken. Wer außer „Willkommen bei
der Schneiderei Oberhammer. Wir freuen uns über Ihren Besuch. Hier gelangen Sie zu unserer Homepage!" nichts auf seiner Startseite stehen hat, sollte das unverzüglich ändern. Bieten
Sie Ihren Besuchern schon auf Ihrer Einstiegsseite konkrete,
nützliche Inhalte. Dazu gehört, sich und sein Angebot in Wort
und Bild zu präsentieren. Neben der üblichen Seitennavigation
können Sie Ihre Startseite auch nutzen, um zu Ihren wichtigsten Inhalten zu verlinken und neu erschienene Beiträge kurz
anzureißen.

Wo wir schon bei sinnvoller Suchmaschinenoptimierung sind:
Moderne Inhaltsverwaltungssysteme wie WordPress sorgen da-
für, dass der Name, den Sie Ihrer Seite geben, auch als Title-Tag
Ihrer Startseite verwendet wird. Diesen sehen Sie ganz oben
im jeweiligen Reiter (Tab) Ihres Browsers. Der Reiseanbieter
opodo verwendet als Namen seiner Webseite weder „Opodo",
„Online-Reiseservice Opodo Ltd" noch „Willkommen bei
Opodo!", sondern „Billige Flüge, Städtereisen, Last Minute,
Urlaub, Reisen günstig buchen bei Opodo". Diese einfache
Maßnahme sorgt dafür, dass die wichtigsten Schlagworte, zu
denen man gefunden werden will, schon im Seitentitel selbst
vorkommen.

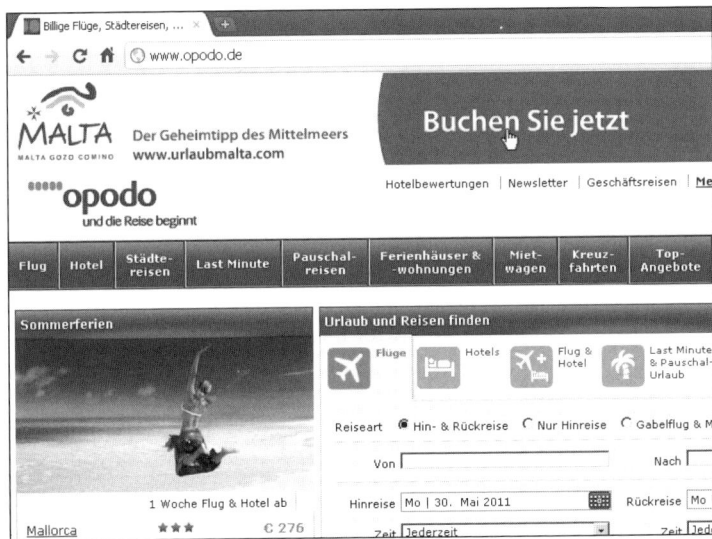

Abbildung 6.2: Title-Tag oben links im Browser-Tab

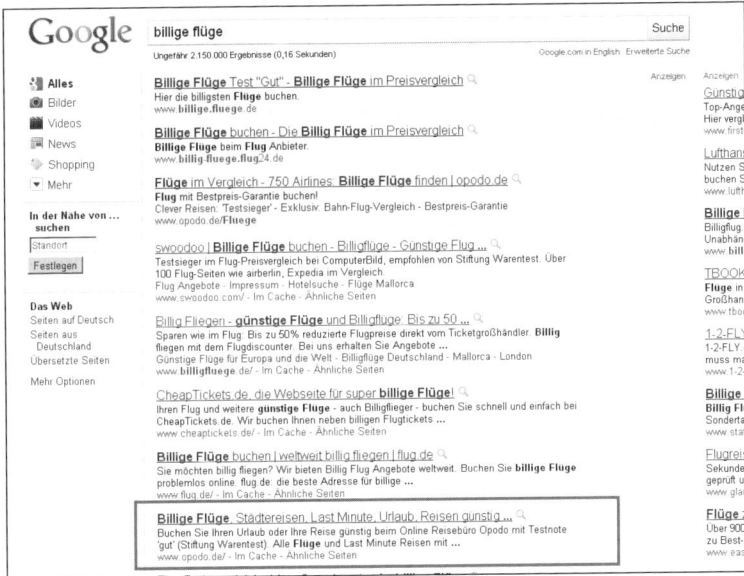

Abbildung 6.3: Suchanfrage „Billige Flüge": Der optimierte Title-Tag macht sich bezahlt!

Des Weiteren ist die „Description" Ihrer Startseite wichtig. Auch das lässt sich in den grundlegenden Einstellungen Ihres Systems konfigurieren. Opodo verwendet hier „Buchen Sie Ihren Urlaub oder Ihre Reise günstig beim Online Reisebüro Opodo mit Testnote ‚gut' (Stiftung Warentest). Alle Flüge und Last-Minute-Reisen mit Bestpreis-Garantie." Dieser kurze, informative Text soll das Leistungsprogramm bestmöglich zusammenfassen und gleichzeitig wichtige Schlagworte enthalten. Er findet sich bei Google unter dem Title-Tag (siehe oben) und soll den Titel nicht nur ergänzen, sondern auch die Neugier wecken bzw. den Suchenden bestätigen, dass dies die „richtige Seite" ist. Eine Spielwiese für Wortakrobaten!

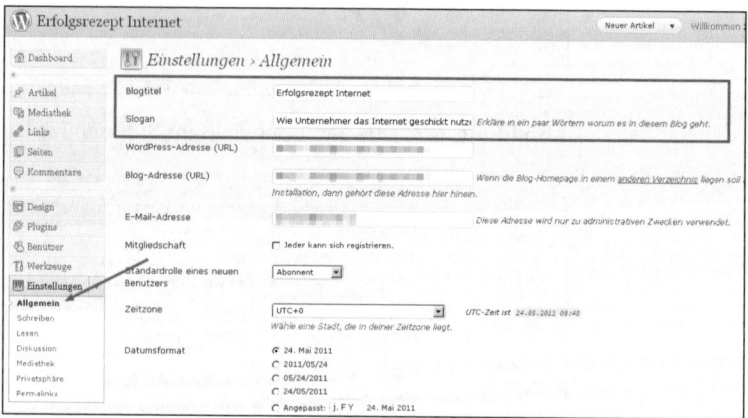

Abbildung 6.4: Konfiguration von Title und Description in den Word-Press-Einstellungen

Auf Unterseiten (z.B. aktuellen Beiträgen) entspricht der Title grundsätzlich dem Beitragstitel und die Description dem Artikelanfang. Mit Hilfe von Plug-ins könnte man eine Unterscheidung herbeiführen. Das ergibt aber nur für Spezialisten wirklich Sinn. Selbst wenn Ihr System nicht in der Lage ist, Title und Description richtig zu vergeben, werden Sie trotzdem bei Google gelistet. In diesen Fällen sucht sich die Suchmaschine Titel und Beschreibung eben selbst aus. Vor allem beim Title-

Tag der Startseite sollten Sie aber selbst festlegen, womit Sie gefunden werden wollen.

Systeme wie WordPress zeigen in ihren Standardlayouts die neuesten Beiträge auf der Startseite an. Alternativ können Sie auch eine statische Seite zu Ihrer Einstiegsseite machen, oder beides miteinander kombinieren. So ist es weit verbreitet, zuerst mit einem kleinen Einstiegstext zu beginnen, der die Quintessenz einer Webseite bzw. eines Unternehmens enthält. Darunter werden dann die drei bis zehn neuesten Beiträge in gekürzter Form vorgestellt. Oder Sie beginnen mit einer statischen Seite (z.B. *Über uns*) und fügen eine Vorschau auf die neuesten zehn Beiträge per Widget in die Seitenleiste ein. Oder umgekehrt. Es gibt keine festen Regeln für das Layout der Startseite. Es kommt nur darauf an, was am besten zu Ihnen, Ihren Kunden und der Natur Ihres Internet-Auftritts passt. Probieren geht über Studieren! Es schadet keinesfalls, verschiedene Startseitenvarianten auszuprobieren, bis man die am besten funktionierende Lösung gefunden hat. Nur bei *Title* und *Description* sollten Sie nicht zu viel experimentieren, weil sonst Nachteile bei Google drohen.

Ein perfekter Artikel

Wie bereits erwähnt, müssen Sie eine Balance zwischen Quantität und Qualität finden, wenn es um Ihre Inhalte geht. Es bringt nichts, einen Text aus 500 Wörtern auf fünf Artikel à 100 Wörter aufzuteilen, um Google mit dem Maximum an möglichen neuen Inhalten und damit verbundenen Title- und Description-Variationen zu füttern. Häppchenweise Inhalte vergraulen Ihre Leser, was die Suchmaschine sofort bemerken würde. Und das wäre schlecht für Ihr Ranking in den Ergebnislisten. Andererseits wäre ein Artikel wissenschaftlichen Umfangs, den Sie auf einer einzigen Beitragsseite veröffentlichen, verschenktes Potential.

Auch um den „perfekten Artikel" ranken sich viele Optimierungslegenden. Ich bin dafür, Inhalte natürlich entstehen zu lassen, ohne die Keyword-Dichte zu prüfen und Artikel nach (pseudo)wissenschaftlichen Vorgaben zu konstruieren. Schreiben Sie gute Artikel, die Ihren Besuchern gefallen könnten. Nach allgemein anerkannten Grundregeln gilt für „gute" Webartikel unter anderem:

✔ Der Titel lässt erkennen, worum es geht, und weckt die Neugier des Betrachters. Aus der Perspektive des Suchenden verspricht er, dessen Suche zu einem Ende zu bringen.

✔ Der erste Absatz konkretisiert den Titel. Ist das wirklich der Inhalt, nach dem ich gesucht habe? Dann führt er den Leser ins Thema ein. Ziel ist es, ihn zum Weiterlesen zu animieren.

✔ Der weitere Inhalt ist in leicht lesbare, nicht zu lange Absätze strukturiert. Sätze sollten kurz und wenig verschachtelt gehalten werden. Endloswurstistschwerverdaulich!

✔ Wenn es der Übersichtlichkeit dient, enthält der Artikel Unterüberschriften, numerische oder punktuelle Aufzählungen und Textmarkierungen wie „fett" oder „kursiv". Nur nicht übertreiben! Es soll ja nicht gleich aussehen wie in der Karnevalszeitung.

✔ Zitate sind als solche gekennzeichnet und mit Quellenangabe samt Link versehen. Alles andere wäre ein Plagiat.

✔ Der Artikel enthält weder kopierte, grob umformulierte noch wörtlich übersetzte Textteile, stammt also zu 100 % aus eigener Feder. Das wäre eigentlich logisch, doch nicht in Zeiten wie diesen …

✔ Interessante, weiterführende Fundstellen aus dem Netz fließen in den einen oder anderen Text mit ein. Damit meine ich weder Linktausch noch Linkkauf.

✔ Der letzte Absatz fasst den Artikel kurz und knackig zusammen – wie das übliche Fazit eben.

✔ Der Inhalt einer Einzelseite ist nicht kürzer als ein durchschnittlicher Zeitungsartikel.

✔ Nochmaliges Korrekturlesen steigert die Rechtschreibqualität. Schrauben Sie am Stil, wo es noch holpert. Laut lesen hilft!

Halten Sie sich an diese einfachen Grundregeln, können Sie vieles vergessen, wozu Ihnen die Fraktion der Suchmaschinenoptimierer rät. Texte zu schreiben ist keine mathematische, sondern eine kreative Tätigkeit. Und niemand soll mir jetzt damit kommen, auch Mathematik sei kreativ! Wer Ihnen erzählt, Sie bräuchten eine Keyword-Dichte von 2 bis 3,5 % in einem Korridor von 340 bis 380 Wörtern pro Artikel, hat vom Schreiben ohnehin keine Ahnung.

Unter Beachtung meiner Grundregeln gehen Sie zu 100 % mit Googles Empfehlungen konform und schaffen einzigartige und qualitativ hochwertige Inhalte. Wenn diese noch dazu nützlich sind und Ihren Besuchern einen Mehrwert bieten, kann schon nichts mehr schiefgehen. Es ist nur eine Frage der Zeit, bis Ihre Artikel wie von selbst ihren Siegeszug in höchste Suchmaschinenpositionen antreten und dort bleiben.

Fotos

Passen Sie bei der Veröffentlichung von Fotos und anderem Bildmaterial auf, nicht gegen fremde Urheberrechte zu verstoßen. Das hat schon manchem Webmaster hohe Abmahn-, Gerichts- und Anwaltskosten eingebrockt. Das Urheberrecht entsteht, sobald ein Fotograf auf den Auslöser drückt. Nur wenn er Ihnen ausdrücklich gestattet, sein Werk zu verwenden, sollten sie es riskieren. Ob das Foto wirklich von ihm stammt, oder er es selbst nur geklaut hat, steht auf einem anderen Blatt …

Achten Sie nicht nur darauf, ob Ihnen der Rechteinhaber die Veröffentlichung gestattet. Prüfen Sie darüber hinaus, ob sich die Erlaubnis auf eine allfällige Bearbeitung sowie kommerzielle Nutzung des Bildmaterials erstreckt. Über den Unterschied zwischen privater, redaktioneller, gewerblicher und kommerzieller Nutzung streiten sich die Experten. Ich halte mich aus

Grauzonen wie dieser lieber heraus und verwende ausschließlich Bilder, deren Lizenz mir weitestgehende (d.h. auch kommerzielle) Freiheiten einräumt. Das gilt jedenfalls für Bilder, die unter der Creative-Commons-Lizenz „Attribution 2.0 Generic" auf Flickr veröffentlicht werden (*http://www.flickr.com/creativecommons/by-2.0/*). Einzige Voraussetzung: „Sie müssen den Namen des Autors/Rechteinhabers in der von ihm festgelegten Weise nennen."

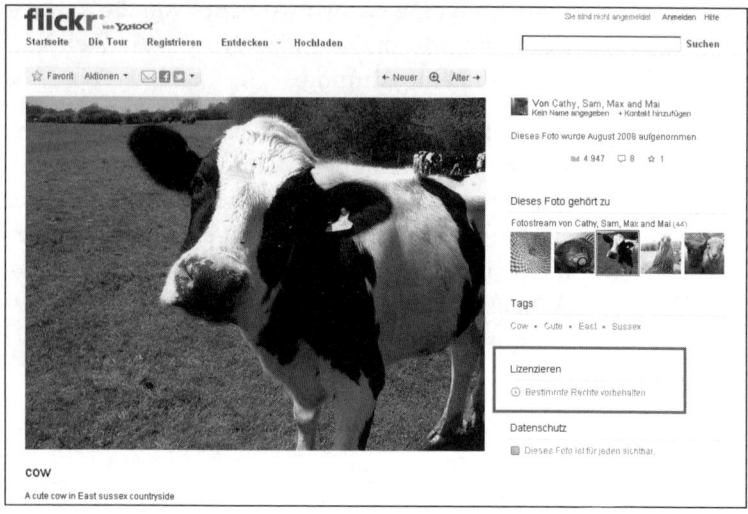

Abbildung 6.5: Foto auf Flickr gefunden – Namensnennung von „Cathy, Sam, Max and Mai" als einzige Bedingung für die vollumfängliche Nutzung

Weitere bekannte Fotoarchive sind *www.pixelio.de* und *sxc.hu*. Prüfen Sie jedoch bei jedem einzelnen Bild, was erlaubt ist und was nicht. Weitere kostenlos nutzbare Bildquellen stelle ich Ihnen auf *www.fischler.cc* vor.

Haben Sie passendes Bildmaterial gefunden, so machen es Systeme wie Blogger oder WordPress einfach, diese per Upload online zu stellen und in Ihre Seiten einzubauen.

Laden Sie zunächst das Foto auf Ihren PC herunter und geben Sie ihm eine aussagekräftige Dateibezeichnung. Ich habe es von *362726171_bfc9c40b31.jpg* in *kuh-schwarz-weiss.jpg* umbenannt. Das ist auch schon ein erster, wichtiger Schritt der Bildoptimierung für Google.

WordPress ist ein repräsentatives Beispiel dafür, wie man weiter vorgeht, um das Foto auf die eigene Seite zu bringen. Zuerst öffnen Sie eine bestehende oder neue Seite:

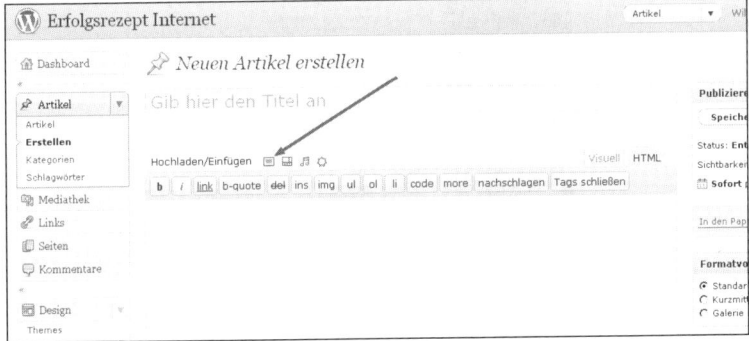

Abbildung 6.6: Bild einfügen: Foto direkt im WordPress-Editor hochladen

Nun erscheint das Upload-Fenster.

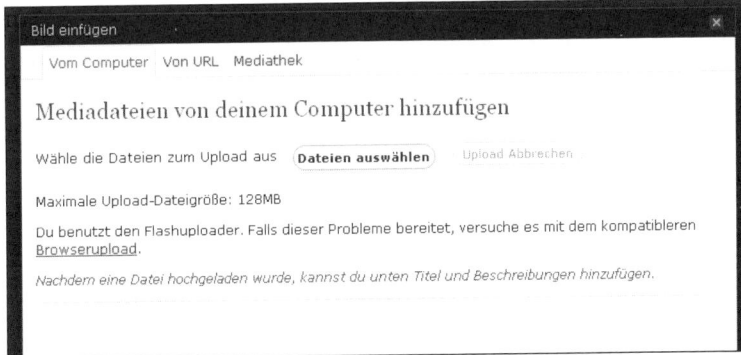

Abbildung 6.7: Datei zum Upload auswählen

Wie wir später noch sehen werden, können sich Fotos über die Google-Bildersuche zum wichtigsten Besucherlieferanten einer Homepage entwickeln. Dafür ist es jedoch erforderlich, einige Grundregeln zu beachten. Google kann nämlich nur beschränkt erkennen, was auf einem Bild zu sehen ist. Greifen Sie der Suchmaschine unter die Arme.

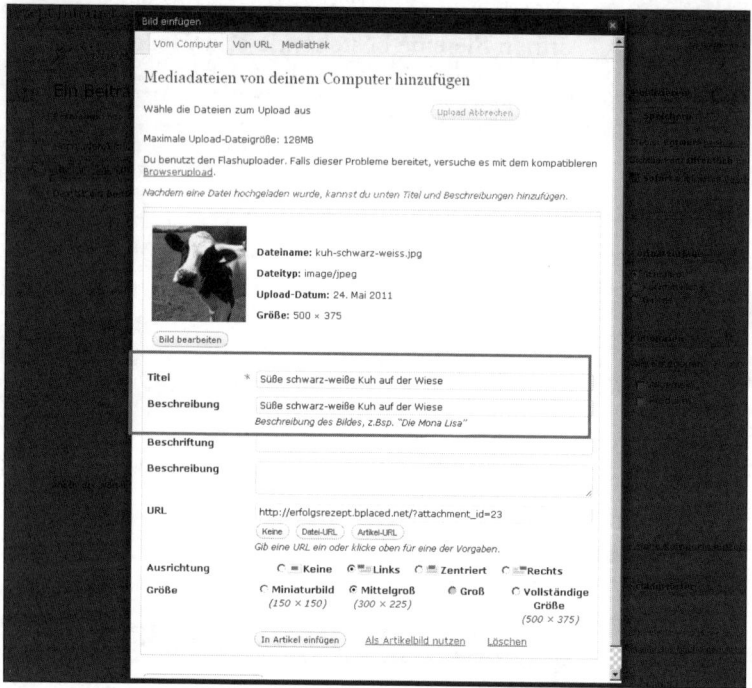

Abbildung 6.8: Upload geglückt – Wichtig: Beschreibung (Alt-Tag) vergeben!

So gut wie alle Editoren ermöglichen es, nach dem Upload *Titel* und *Beschreibung* hinzuzufügen. Wie das dann im Code aussieht, sehen wir gleich. Vor allem die Beschreibung, der so genannte „Alt-Tag", sollte möglichst aussagekräftig sein, um Suchmaschinen eine genaue Zuordnung des Bildes zu ermöglichen. Ein leeres `alt=""` in der HTML-Ansicht Ihres Editors deutet darauf hin, dass Sie den Alt-Tag vergessen haben. Der

Title – im Quellcode als title="Titel des Fotos" zu erkennen
– erscheint, sobald sich der Mauszeiger über dem Bild befindet.
Dieser Zusatz ist weniger wichtig.

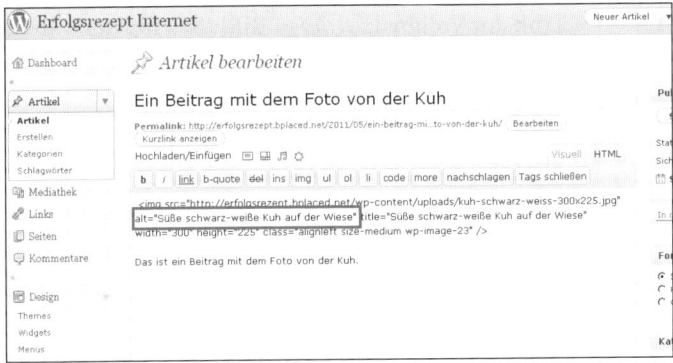

Abbildung 6.9: Der wichtige Alt-Tag im Quellcode:
alt="Süße schwarz-weiße Kuh auf der Wiese"

Abbildung 6.10: Fertig ist der Beitrag mit dem Foto von der Kuh

Im Idealfall deckt sich das Motiv Ihres Bildes mit dem Thema des umfließenden Textes. Das ist eine zusätzliche Bestätigung für ein thematisch fehlerfrei indexierbares Motiv. Ein weiterer Tipp: Machen Sie das Bild nicht zu klein und entfernen Sie den Link zur Vollansicht. Das Bild, das für den Google-Index vorgesehen ist, sollte sich direkt auf der Seite befinden.

Feeds, E-Mail-Abos und Social-Media-Profile

Jedes Inhaltsverwaltungssystem hat *Feeds* mit an Bord. Mit diesen können Benutzer die Inhalte Ihrer und vieler anderer Webseiten abonnieren, ohne jedes Mal 100 Seiten abgrasen zu müssen, wenn sie sich auf den aktuellen Stand bringen wollen. Sicher haben Sie das Symbol schon einmal auf einer Webseite entdeckt.

Abbildung 6.11: Das *Feed*-Symbol: Inhalte einfach abonnieren!

Nach dem Klick auf das *Feed*-Symbol öffnet sich meist ein Fenster mit näheren Angaben zum Feed. Dort können Sie direkt auswählen, mit welchem Dienst Sie den Feed abonnieren wollen, und werden direkt dorthin weitergeleitet.

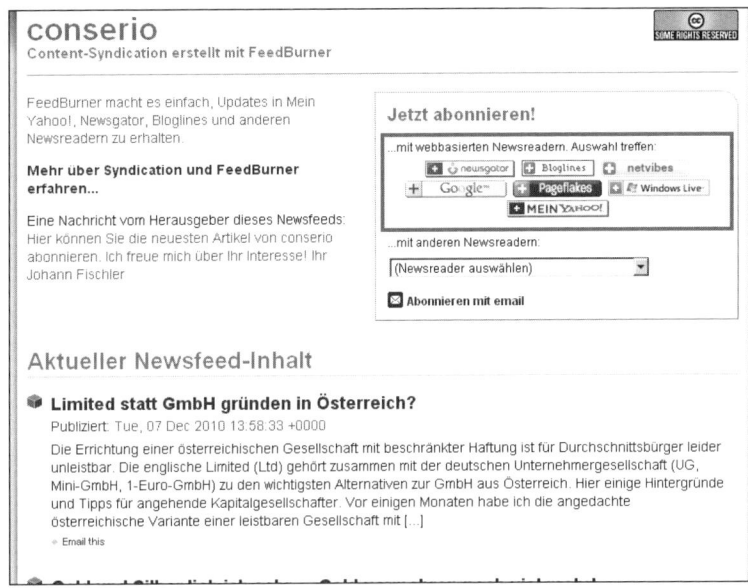

Abbildung 6.12: Feed-Seite: Eigenen Newsreader auswählen

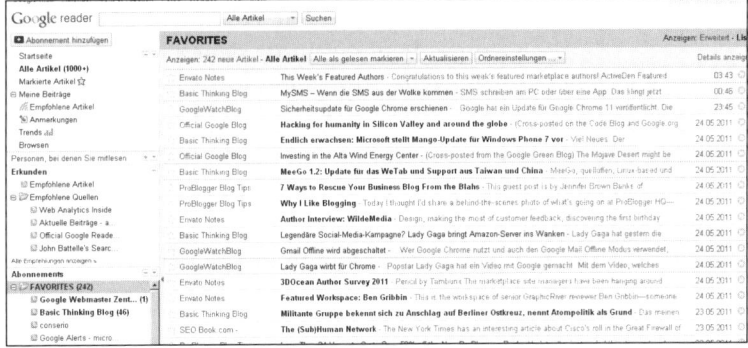

Abbildung 6.13: Google Reader: Nie mehr interessante Inhalte verpassen!

Mit einem *Feedreader* oder *Aggregator* wie *Google Reader* können Sie sich Ihre ganz persönliche Online-Zeitung zusammenstellen, filtern und in Gruppen sortieren. Weitere bekannte Dienste sind *Netvibes*, *NewsGator* oder *Mein Yahoo*. Feeds lassen sich nicht nur mit diesen Online-Diensten, sondern auch lokalen PC-Programmen einlesen und darstellen.

Es ist sinnvoll, Ihren Besuchern einen Feed für Ihre Inhalte anzubieten. Zwar riskieren Sie damit, dass Spammer und andere zwielichtige Gestalten Ihren Content automatisiert abgreifen und neu publizieren, doch damit lebt die Branche schon seit Jahren. Der Nutzen, den Sie mit der Besucherbindung über Feed-Abonnenten erreichen, macht diese Risiken locker wett. Um Ihr Abo anzubieten, müssen Sie nur sicherstellen, dass das *Feed*-Symbol bzw. der Link zu Ihrem Feed gut erkennbar sind. Beide in diesem Buch detailliert vorgestellten Inhaltsverwaltungssysteme (Google Blogger und WordPress) haben die Funktion mit an Bord. Wenn das von Ihnen gewählte Layout noch keinen *Feed*-Button enthält, lässt sich dieser einfach mit Widgets bzw. Gadgets (vorgefertigten Layout-Blöcken) oder Plug-ins (CMS-Erweiterungen) hinzufügen.

Da vor allem ältere Internet-Nutzer eine gewisse Technologieschwelle nicht überschreiten wollen, und „Feed-Abo" noch dazu kompliziert klingt, ist es sinnvoll, auch E-Mail-Abos neuer Beiträge anzubieten. Die Abonnenten erhalten dann automatisch eine E-Mail mit Ihren neuen Inhalten. Bei Google Blogger lässt sich dieses Abo ganz einfach per „Gadget" in den Layout-Einstellungen hinzufügen. Für WordPress stehen verschiedene Plug-ins bereit, die sich direkt über die Verwaltungsoberfläche installieren lassen. „AddToAny" (*http://wordpress.org/extend/plugins/add-to-any/*) macht es einfach, sowohl Feed als auch E-Mail-Abo per Widget in das Seitendesign zu integrieren, ohne sich um die Einstellungen kümmern zu müssen.

Wenn Sie soziale Netzwerke als Ergänzung zu Ihrem Internet-Auftritt nutzen, so können Sie diese ebenfalls mit Ihrer Homepage verknüpfen. So ermöglichen Sie es den Besuchern, Sie auf Facebook, Twitter & Co zu finden und Ihr Freund, Follower oder Fan zu werden. Sie haben eine wahre Flut an Möglichkeiten, Ihre Social-Media-Profile in Ihre Webseite zu integrieren.

Da wären zunächst die Netze selbst, welche es Ihnen (naturge-
mäß) möglichst einfach machen wollen, Ihr Profil zu verlinken,
und für Ihr Content-Management-System passende Erweiterungen zum Download anbieten. WordPress-Plug-ins wie das
„Social Media Widget" (*http://wordpress.org/extend/plugins/social-
media-widget/*) reduzieren die Arbeit auf ein Minimum, weil sie
die populärsten Dienste zusammenfassen:

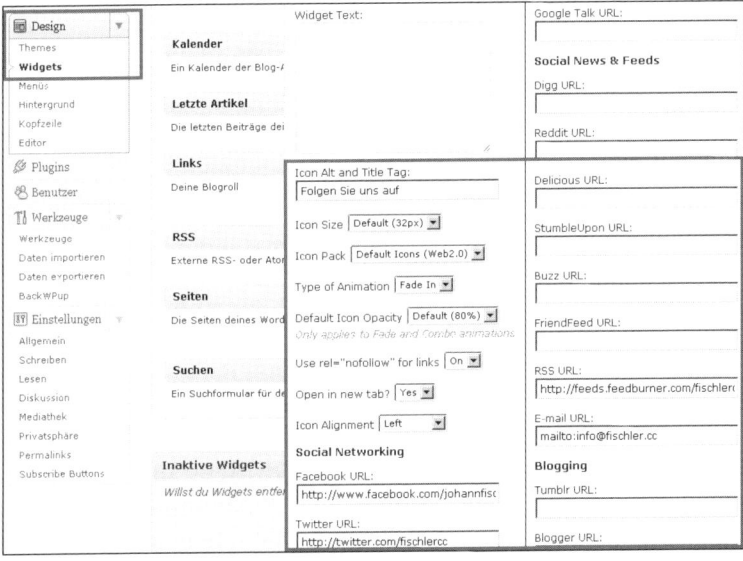

Abbildung 6.14: WordPress-Plug-in „Social Media Widget" konfigurieren

Nach der Installation, die wie bei allen WordPress-Plug-ins
über *Plugins / Installieren* sehr einfach funktioniert, lässt sich das
Social Media Widget unter *Design / Widgets* in die Seitenleiste
oder eine andere Position Ihres Designs einfügen (per „Drag
& Drop"). Nun müssen Sie nur noch die gewünschten Felder
mit den Adressen Ihrer Profile, des Feeds oder Ihrer E-Mail
befüllen – fertig!

Abbildung 6.15: Profile, Feed und E-Mail-Link: Einfache Integration per WordPress-Plug-in

Nun ist sichergestellt, dass jeder Besucher, der sich näher für Sie, Ihre Produkte oder Leistungen interessiert, erstens aktiv mit Ihnen in Kontakt treten, zweitens passiv über Neuigkeiten informiert werden und drittens Ihr Profil in den Social Networks finden kann. Ein Gast schwört auf Facebook, der andere auf Twitter und noch einer abonniert grundsätzlich nur Feeds. Je mehr Möglichkeiten der Kontaktaufnahme und des „Folgens" Sie anbieten, desto individueller gehen Sie auf Ihre Besucher ein, und desto mehr Menschen werden Sie langfristig erreichen können.

Besucher zum Ziel führen

Hat Ihre Homepage das Licht der Welt erblickt, sollten Sie testen, ob die Gäste dort finden, was sie finden sollen. Ob es das ist, wonach sie suchen, steht auf einem anderen Blatt. Sie möchten Ihre Besucher schließlich auch dann von Ihrem Angebot überzeugen, wenn sie ursprünglich an einem Konkurrenzprodukt interessiert waren oder gar nicht so genau wussten, was sie eigentlich wollten. Ihre Aufgabe ist es also, sie zum Ziel zu führen. „Es soll stetig Richtung Kasse gehen", könnte man sagen. Egal, worin der Erfolg Ihrer Homepage bestehen soll, er muss sowohl technisch als auch logisch erreichbar sein. Nicht nur für Sie, Ihre Mitarbeiter oder Ihre Webagentur, sondern auch (und gerade) für typische Zielkunden, die die Webseite noch nie zuvor gesehen haben.

Die Benutzbarkeit (Usability) einer Seite wird oft vernachlässigt. Wie in vielen anderen Bereichen des Lebens stellt sich auch hier die heimtückische Betriebsblindheit ein. Wer täglich mit der Homepage arbeitet, findet alles völlig logisch und einfach. Das Aufspüren von Blockaden kann sich drastisch auf Ihren Erfolg auswirken. Ich habe selbst gesehen, wie einfache Maßnahmen, wie z.B. „diesen Link größer/in Grün statt Schwarz/in die Mitte …" oder die Verwendung anderer Texte und Bilder, die Performance eines Internet-Auftritts „auf Knopfdruck" vervielfachen können. Auf vielen Seiten stehen sich Design und Usability im Weg. Verabschieden Sie sich lieber vom schicken Design als von der Benutzbarkeit. Gute Performance hat nichts mit toller Optik zu tun. Hindernisse zu beseitigen ist wesentlich einfacher, schneller und günstiger, als eine entsprechende Steigerung der Besucherzahlen herbeizuführen. Wie geht man also vor, um Blockaden zu entdecken?

Die Webseitenstatistik gibt Ihnen zwar detaillierte Auskunft über Besuche, Zugriffsquellen, beliebteste Seiten, Verweildauer und anderes, doch die wahren Blockaden kann man mit Analytics & Co nur schwer erkennen. Expertentools wie Zieltrichter, Heatmaps, A/B- und Multivariate-Tests lassen schon tiefer blicken. Doch deren Anwendung ist komplex und bedarf großer Erfahrung, um keine falschen Schlüsse zu ziehen.

Es gibt aber noch eine andere Methode, die sich sehr einfach durchführen lässt. Bitten Sie Freunde, Mitarbeiter, Bekannte, Verwandte und Menschen von der Straße, Ihren Webauftritt zu testen. Je mehr Kandidaten, desto besser. Setzen Sie sich hinter die Testperson und geben Sie vor, welches Ziel erreicht werden soll. Nun heißt es: „Still sein, beobachten und staunen."

Helfen Sie den Testern nicht weiter, sondern machen Sie sich Notizen, wo es hakt. Sie werden es nicht für möglich halten, wie … (Wort bitte selber einsetzen) man sich anstellen kann. Das sind die vielen kleinen Tragödien, welche sich Tag für Tag im Echtbetrieb Ihrer Homepage ereignen. Dass scheinbar Sonnenklares nicht erkannt wird, kann man den Besuchern nicht vorwerfen. Die Verantwortung für mangelnde Benutzbarkeit liegt ausschließlich bei Ihnen!

Rechtliches

Auch wenn ich tatsächlich studierter Jurist bin, möchte Sie hier nicht mit Spitzfindigkeiten und rechtsphilosophischen Diskussionen meiner Zunft langweilen. Daher beschränke ich mich an diesem Punkt auf das absolute Minimum. Nehmen Sie das Thema „Recht im Internet" auch dann ernst, wenn es Ihnen mühsam und überflüssig erscheint. Denn Rechtsverstöße können sehr schnell zu hohen Abmahn- und Verfahrenskosten sowie Begegnungen „der dritten Art" führen. Vor allem in Deutschland, wo die Sportart „Abmahnen, verklagen und anzeigen" dem Vernehmen nach demnächst zur olympischen Disziplin erhoben werden soll. Mit der Devise „Wo kein Kläger, da kein Richter" ist man definitiv auf dem falschen Dampfer. Sie sind dafür verantwortlich, Ihre Webseite in Einklang mit der aktuell geltenden Rechtssituation zu bringen.

Impressumspflicht

Sie brauchen ein Impressum, und im Zweifelsfall schreiben Sie lieber mehr hinein, als unbedingt erforderlich. Denn vor allem in Deutschland ist die Abmahn- und Anzeigegefahr durch Konkurrenten, Neider und andere Schlaumeier allgegenwärtig. Ein fehlendes Impressum ist ein gefundenes Fressen für alle, die Ihnen die Lust am Internet vermiesen möchten. Unwissenheit schützt nicht vor Strafe. Das Impressum soll von allen Seiten Ihres Internet-Auftritts aus verlinkt („leicht erkennbar, unmittelbar erreichbar, ständig verfügbar") sein, z.b. als Punkt in der Seiten- oder Fußleiste.

Die Impressumspflicht für Webseiten ist in Deutschland im § 5 des Telemediengesetzes (TMG), in Österreich im § 5 Abs. 1 des E-Commerce-Gesetzes (ECG) geregelt. Die Gesetzeslage ist im Detail unterschiedlich, führt jedoch auf dasselbe hinaus. Ich fasse beide Rechtssituationen zusammen und rate Firmen, folgende Angaben in ihr Impressum aufzunehmen:

- ✔ Name der Firma, Rechtsform und Name des Vertretungsberechtigten

- ✔ Anschrift, Telefonnummer, E-Mail-Adresse

- ✔ Wenn zutreffend: Register, in dem die Firma eingetragen ist (Handelsregister, Firmenbuch, Genossenschaftsregister o.Ä.) sowie die zugehörige Nummer

- ✔ Berufsbezeichnung bzw. Wortlaut des ausgeübten Gewerbes, zuständige Aufsichtsbehörde (Kammer und gegebenenfalls weitere besondere Aufsichtsbehörden) und Hinweis auf die anwendbaren gewerbe- oder berufsrechtlichen Vorschriften, inkl. Möglichkeit der Einsichtnahme – z.B. Verlinkung einsehbarer Rechtsdatenbanken

- ✔ Umsatzsteuer-Identifikationsnummer

Nicht jede dieser Angaben ist in jedem Land zwingend nötig, ich rate jedoch zur Sicherheitsvariante, alle verfügbaren Daten ins Impressum aufzunehmen. Da ein Buch niemals die tagesaktuelle Rechtssituation wiedergeben wird, kann für die Vollständigkeit dieser Punkte keine Haftung übernommen werden. Informieren Sie sich daher zur aktuellen Rechtslage, sobald Sie im Internet tätig werden.

Datenschutz

Sie haben den Datenschutz schon im Rahmen von Google Analytics kennengelernt. Dort ging es darum, dass die IP (Computeradresse) eines Besuchers nicht ohne dessen Wissen an

Google weitergereicht werden darf. Darüber hinaus gilt für Webseitenbetreiber: Werden im Rahmen des Besuchs Ihrer Nutzer Daten erhoben, so ist in einer Datenschutzerklärung auf die Datenspeicherung hinzuweisen. Voraussetzung für die Verarbeitung und Übertragung dieser Daten ist die konkrete Einwilligung des Nutzers. Es reicht nicht, bloß pauschal in den AGB oder im Impressum darauf hinzuweisen. Das gilt z.b. für Shops, Foren oder andere Dienste, bei denen man sich registrieren oder zu anderen Zwecken persönliche Daten eingeben muss. IT-Unternehmen können zudem verpflichtet sein, einen eigenen Datenschutzbeauftragten zu bestellen.

Jugendschutz

Sollten Sie Erwachseneninhalte publizieren wollen, so sind die Vorschriften des Jugendschutzes zu beachten. Dazu gehört, minderjährige Personen vor nicht für sie geeigneten Inhalten zu schützen. Webseitenbetreiber haben das mit technischen Maßnahmen sicherzustellen. Ob „Wenn Sie über 18 Jahre alt sind, klicken Sie hier" wirklich ausreicht, wage ich zu bezweifeln. Andererseits fehlen die technischen Möglichkeiten, einen Internet-Surfer auf sein Alter hin zu prüfen. Wer sich auf Erotikseiten begibt, wird wenig Interesse haben, sich auszuweisen oder sein Alter anhand anderer Nachweise verifizieren zu lassen ...

Preisauszeichnung

Wenn Sie Waren oder Dienstleistungen für Endverbraucher bewerben oder anbieten, müssen angegebene Preise brutto, also inklusive Umsatzsteuer und eventuell anderer hinzukommender Preisbestandteile ausgezeichnet werden. Auch Versandkosten müssen einfach und vor endgültiger Bestellung zu finden sein. Der Konsument soll so auf einen Blick sehen, was zu bezahlen ist. In der Praxis arbeiten auch große Unternehmen auf ihren Webseiten mit Verwirrungstaktiken und versteckten Kosten. Gesetzeskonform ist es deshalb trotzdem nicht.

Werbung

Wenn Sie Werbung auf Ihrer Homepage einblenden und damit Geld verdienen wollen, müssen Sie die Banner und Anzeigen entsprechend kennzeichnen. Viele Anbieter wie z.b. Google AdSense haben Ihnen das bereits abgenommen. Werbung soll nicht mit dem eigentlichen Inhalt Ihrer Webseite verwechselt und eindeutig als solche erkannt werden.

Links

Wenn Sie fremde Webseiten verlinken, so vermeiden Sie es in jedem Fall, Links auf rechtswidrige Inhalte zu setzen. Denn hieraus könnte sich eine Haftung für Sie ergeben. Zwar ist die Rechtsprechung wie so oft in Internet-Belangen uneinheitlich und gesteht Online-Medien im Rahmen der Meinungs- und Pressefreiheit gelegentlich auch Links auf rechtswidrige Inhalte zu, doch ich würde mich nicht darauf verlassen. Verlinken Sie daher nichts, das gegen Gesetze oder fremde Rechte verstößt.

AGB, Widerrufsbelehrung

Wenn Sie etwas online an Endkunden (Verbraucher) verkaufen wollen, sind besondere Schutzbestimmungen einzuhalten. Allgemeine Geschäftsbedingungen sind zwar nicht explizit vorgeschrieben, doch haben Sie den Konsumenten bestimmte Angaben zu machen. Dazu gehören die Nennung Ihres Unternehmens inkl. Anschrift, Eigenschaften der Ware/Leistung, Bruttopreis, Lieferkosten, Zahlungs- und Lieferungsdetails, Mindestlaufzeit eines Dauervertrags und andere Details.

Es empfiehlt sich, die entsprechenden Angaben zusammenzufassen und dem Kunden in Form der AGB einfach zugänglich zu machen. Im Rahmen des Kaufprozesses ist darauf zu achten, dass der Konsument zustimmen muss, die Bedingungen und Belehrungen gelesen zu haben, z.B. per Setzen eines Häkchens vor der eigentlichen Bestellung. Es reicht nicht, die AGB irgendwo auf seiner Seite zu verstecken, der Verbraucher muss diese eindeutig beweisbar zur Kenntnis genommen haben.

Auch die Widerrufsbelehrung darf im Rahmen von Geschäften mit Verbrauchern nicht vergessen werden. Das in § 355 des deutschen BGB ersichtliche Widerrufsrecht läuft 14 Tage, nachdem der Verbraucher rechtsgültig (in Textform) über dieses in Kenntnis gesetzt worden ist. Unterlässt es der Unternehmer, den Konsumenten zu belehren, hat dieser ein jederzeitiges Rücktrittsrecht. Erfolgt die Belehrung nicht „unverzüglich" nach Vertragsschluss, sondern verspätet, verlängert sich die Widerrufsfrist auf einen Monat. Neben der Belehrung, dass ein Widerrufsrecht besteht, muss der Text auch Einzelheiten darüber enthalten, in welcher Form und wohin ein Widerruf zu richten ist, wann die Frist zu laufen beginnt und welche Rechtsfolgen damit verbunden sind.

Passende Musterformulierungen und Handlungsempfehlungen für Ihre Branche finden Sie nicht nur im Internet, sondern auch bei Ihrer Interessensvertretung.

Urheberrecht

„Jaja, regt euch ab, vielleicht zahl ich ja für den einen oder anderen Song, wenn er mir gefällt. Aber zuerst saug' ich mir das ganze Album gratis vom Torrent. Für Schrott-Songs zum Albumfüllen gibt's von mir aber keinen Cent! Überhaupt verdient die sch... Musikindustrie sowieso viel zu gut." (Kevin, 16, in einem Internet-Forum).

Junge Menschen wachsen in einem gesellschaftlichen Umfeld auf, das den Bruch des Urheberrechts zum salonfähigen Kavaliersdelikt machte. Wie selbstverständlich werden Songs, Software und andere digitale Produkte illegal aus dem Netz gesaugt. Niemand fürchtet sich mehr vor Konsequenzen, weil es alle tun. In China, dem Piratenland Nummer eins, setzen die Produzenten digitaler Medien so gut wie nichts mehr um, trotz der immer kaufkräftiger werdenden Milliardenbevölkerung. Während die großen Automarken dort Rekordumsätze bejubeln, gehen Microsoft, Musikindustrie und andere Rechteinhaber leer aus. Was aus Bits und Bytes besteht, ist nichts wert.

Hersteller mussten schon vor Jahren einsehen: Jedes digitale Produkt tendiert zum Preis null. Bedeutet das, dass das Urheberrecht de facto tot ist und geklaut werden darf, was nicht niet- und nagelfest ist? Dass man fremde Inhalte nach Lust und Laune auf der eigenen Homepage verwenden kann? Dass jeder, der digitale Inhalte neu produziert, selbst schuld ist und zu Recht abgezockt wird?

Wenn Sie eine Homepage betreiben, erfahren Sie bald, wie sich der Diebstahl geistigen Eigentums anfühlt. Bieten Sie gute Inhalte an, werden diese zigfach kopiert, umgeschrieben, übersetzt oder in einer anderen Form aufbereitet ins Netz gestellt. Oft wird aus Versehen oder Unwissenheit gegen Ihr Recht verstoßen, doch nicht selten stecken kommerzielle Interessen dahinter. Sie können sich nur bedingt wehren. Was tun Sie, wenn jemand Ihre Seite 1:1 kopiert, auf einem russischen Server online stellt, diese massiv mit Spamlinks nach vorne pusht, und schließlich sogar bei Google vor Ihnen zu finden ist? In diesem Fall könnten Sie zwar bei Google nach „Mutmaßliche Urheberrechtsverletzung melden: Websuche" suchen und das entsprechende Formular ausfüllen. Ob Google der Beschwerde Folge leistet, steht in den Sternen. Dem Rechtsbrecher wird es so oder so egal sein, denn er hat längst Tausende andere Seiten kopiert.

Doch auch wenn es nur noch wenige tun, rate ich Ihnen, fremde Urheberrechte zu respektieren. Als Webseitenbetreiber sitzen Sie in der Auslage. Vor allem dann, wenn sich Ihr Geschäftssitz in Deutschland befindet, hagelt es schnell Abmahnungen. Das Urheberrecht muss nicht deklariert werden, es entsteht von selbst. Es erstreckt sich auf Texte, Reden, Musik, Bilder, Fotos und andere Werke. Was nicht ausdrücklich erlaubt wird, ist verboten. Wenn sich der Rechteinhaber nicht zu seinem Urheberrecht äußert, bedeutet das nicht, dass Sie alles frei verwenden dürfen. Er muss Ihnen die Nutzung ausdrücklich erlauben, bevor Sie sein Werk zur Gänze oder in Teilen verwenden dürfen. Das Urheberrecht erlischt erst 70 Jahre nach dem Tod des Schöpfers (Deutschland). Zitate sind eindeutig als solche zu kennzeichnen und dürfen nicht zur Umgehung des Urheberrechts missbraucht werden.

Bevor Sie also fremde Inhalte wie Texte, Fotos oder Videos online stellen, vergewissern Sie sich, dass es Ihnen der Rechteinhaber auch wirklich erlaubt hat.

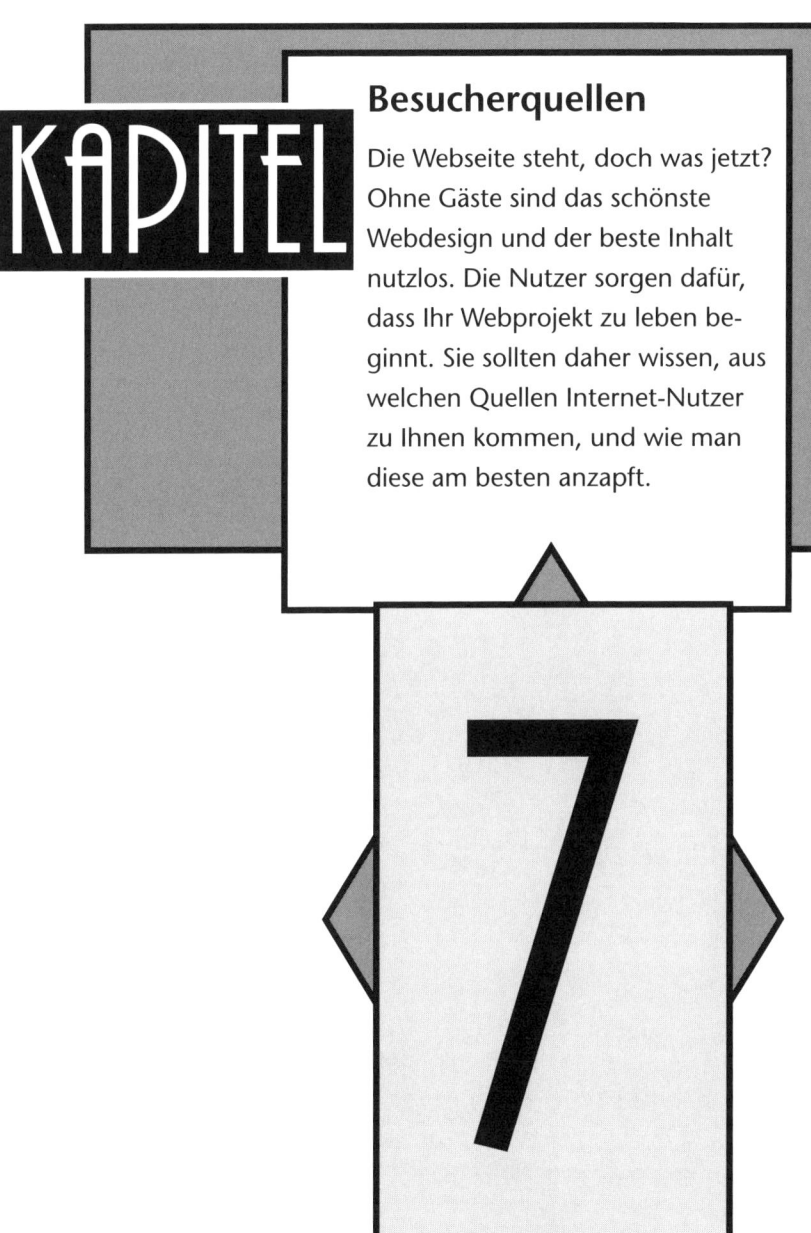

KAPITEL

Besucherquellen

Die Webseite steht, doch was jetzt? Ohne Gäste sind das schönste Webdesign und der beste Inhalt nutzlos. Die Nutzer sorgen dafür, dass Ihr Webprojekt zu leben beginnt. Sie sollten daher wissen, aus welchen Quellen Internet-Nutzer zu Ihnen kommen, und wie man diese am besten anzapft.

7

Besucherquellen

Viele Webseiten werden teuer programmiert, nur um dann in Schönheit zu sterben. Die Webagentur hat ihre Schuldigkeit getan, das System funktioniert und sieht schick aus. 10.000 Euro bitte, danke. Doch weil die Besucher nicht so schnell kommen, wie es der Betreiber gerne hätte, verliert er schnell die Lust an der ganzen Sache. Weil es keine neuen Inhalte gibt, wird die Homepage nicht gefunden und gerät in Vergessenheit. Ein Teufelskreis, und das Unternehmen schreibt seine Homepage schließlich als Fehlinvestition ab. Leider fällt das dann in letzter Konsequenz auf den Ruf aller Webentwickler und Designer zurück. Ich überlege mir bei jedem neuen Projekt zuerst, aus welchen Quellen die Gäste einer Homepage kommen könnten. Denn nichts motiviert mehr zum Weitermachen, als zu merken, dass der Laden zu laufen beginnt und die wirtschaftlichen Ergebnisse Hand in Hand mit den eigenen Anstrengungen gehen. Doch welche Besucherquellen lassen sich nutzen, und vor allem wie?

Organische, „natürliche" Suchergebnisse

Die Suchmaschine ist Ihr wichtigster Besucherlieferant.

Dennoch ist dies wohl das kürzeste Kapitel zum Thema „Suchmaschinen und Suchmaschinenoptimierung (SEO)", das Sie je in einem Internet-Ratgeber finden werden. Es geht natürlich (wieder mal) um Google. Klar gibt es auch andere Suchmaschinen, doch neben Google verkommen sie alle zu bloßen Statisten. Die „Datenkrake" ist für die überwiegende Mehrzahl aller Webseiten dieser Welt das Lebenselixier. Oft kommen mehr als 80 % aller Besucher, die eine Homepage verbucht, von der Google-Suche. Ähnlich groß wird dann wohl der Anteil am Online-Umsatz sein, für den Google verantwortlich zeichnet. Der Suchalgorithmus ist undurchschaubar und wird fast täglich verändert. Zu wissen, dass man so sehr von Google abhängt, verursacht ein mulmiges Gefühl. Google gibt es, Google nimmt es.

Wer vorgibt, ein Wundermittel gegen diese Abhängigkeit gefunden zu haben, dem hängen erfolgssuchende Webseitenbetreiber an den Lippen und öffnen bereitwillig ihre Brieftaschen. Das lässt mich auf jedem Online-Marketing-Kongress schmunzeln: Volles Haus bei Vorträgen von SEO-Alchemisten, leere Reihen bei allen anderen.

SEO, die sagenumwobene Alchemie. Woraus besteht der Zaubertrank? Zur Suchmaschinenoptimierung gehört Sinnvolles wie saubere Programmierung, Erhöhung der Ladegeschwindigkeit Ihrer Seite und die konsequente Nutzung bewährter Artikelstrukturen und Text- sowie Code-Auszeichnungen, weniger Sinnvolles wie Wortdichteanalysen, Linktausch und -kauf und absolut Hirnrissiges wie Brückenseiten, Cloaking und versteckte Texte. Gut und Böse stehen sich in der Wildnis des Internets als „White Hats" und „Black Hats" gegenüber. Was für ein Zirkus.

Mir sind suchmaschinenoptimierte Projekte über Nacht eingebrochen, weil Google an den Stellschrauben seiner Suche gedreht hat. Manche erholten sich wieder, andere nicht – und „Gerechtigkeit" suchte ich in der Reihung der Suchergebnisse oft vergebens. Ich muss zugeben, dass ich dank Google und der konsequenten Ausrichtung auf deren Entscheidungsfaktoren schon viel Geld verdient habe. Doch ich konnte mich nie darauf verlassen, dass das auch morgen noch so sein würde. Eines Tages besann ich mich auf die alten Tugenden aus meiner Anfangszeit. Ich kümmerte mich nur noch um die Qualität meiner Inhalte und deren Nutzen für meine Gäste. Und siehe da: Was meinen menschlichen Besuchern zusagte, gefiel auch Google. Das Projekt schoss nach oben, ohne dass ich einen Gedanken an meinen Platz in der Startaufstellung verschwendet hätte.

Was gut ist, kommt von selbst nach oben. Deshalb möchte ich der Frage „Wie komme ich bei Google nach oben?" keine große Bühne bieten. Ich weiß, damit stehe ich ziemlich alleine auf weiter Flur. Die SEO-Industrie hat einen wahren Kult rund um die Manipulation der Suchergebnisse aufgebaut. Millionen fließen zu Beratern, die mit Tricks dafür sorgen sollen, dass die eigene Seite höher gelistet wird, als sie es eigentlich verdienen würde. Genau das ist die Krux an der Sache. Sie verstehen?

Die einzige wirksame Strategie für gute Suchergebnisse ist, ihnen keine Beachtung zu schenken. Lassen Sie Google für sich arbeiten, statt umgekehrt. Wenn Sie ein modernes System wie WordPress verwenden, braucht daran nichts mehr „aufgemotzt" zu werden. Auch die erstmalige Anmeldung bei den Suchmaschinen, Linktausch, Sitemaps und das ganze Brimborium können Sie getrost vergessen. Google findet Ihre Webseite samt Unterseiten von selbst und kann sehr gut beurteilen, wie es mit deren Qualität aussieht. Sie werden so gereiht, wie Sie es verdienen. Kümmern Sie sich einfach um nützliche Inhalte mit Mehrwert für Ihre Besucher, und Google wird Ihnen den verdienten Platz an der Sonne auf Dauer zugestehen (müssen). Aus die Maus, Suchmaschinenkapitel vorbei.

Google Places

Google Places gehört zum Kartendienst Google Maps. Die Suchmaschine möchte ihren Gästen passende regionale Anbieter präsentieren. Ein kleines Beispiel: Ich sitze hier in Innsbruck, öffne die Google-Suchseite und tippe `installateur` ein. Daraufhin erscheint der in Abbildung 7.1 dargestellte Bildschirm.

Sie können Ihr Unternehmen schnell und einfach bei Google Places anmelden (*www.google.com/local/add*) und zusätzlich Fotos, Videos, Öffnungszeiten, Zahlungsoptionen und andere Details online stellen. Je sorgfältiger Sie das machen, desto öfter werden Sie über Google Places gefunden (siehe Abbildung 7.2).

Über Ihren Google-Places-Eintrag kann man Sie und Ihr Angebot nun auch bewerten. Wenn Sie das Kapitel „Kundenmeinung und Reputation" aufmerksam lesen, werden Sie verstehen: Diese Chance sollte man nicht ungenutzt lassen!

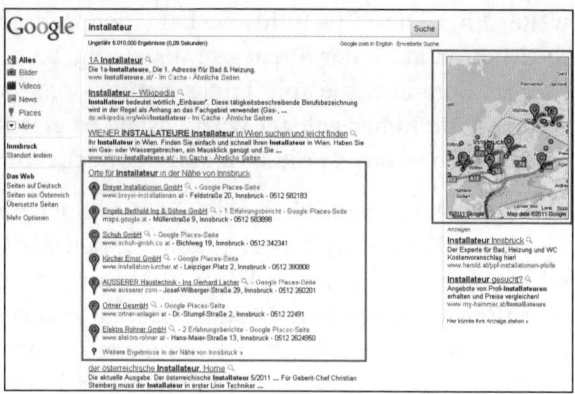

Abbildung 7.1: Suche nach „installateur": Google Places zeigt Anbieter aus meinem Umkreis

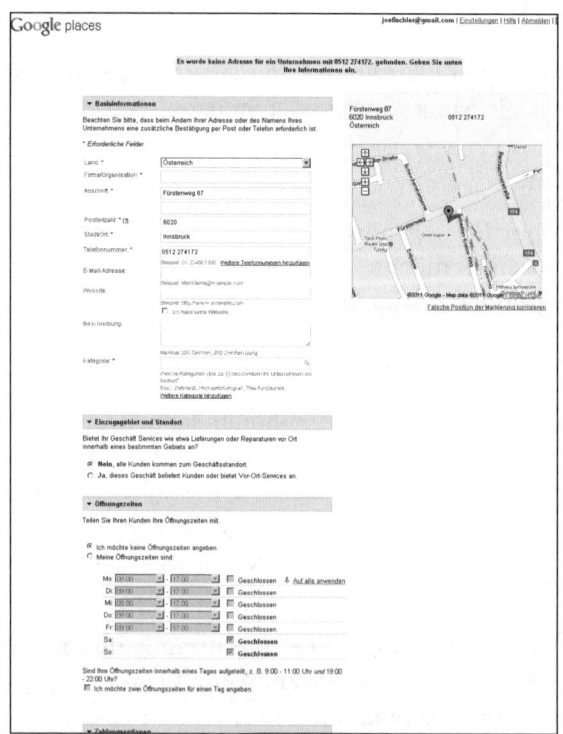

Abbildung 7.2: Anmeldung der eigenen Firma bei Google Places

Bilder und Videos

Unterschätzen Sie niemals das Potential von Bildern und Videos. Ich hatte meine ersten Erfolge mit textlastigen Projekten. Bilder und andere Medien brachten zwar eine optische Auflockerung meiner Texte, sorgten jedoch weder für zusätzliche Besucher noch für mehr Umsatz. Es war zeitraubend, visuelle Medien in meine Texte einzubauen. Eines Tages deaktivierte ich testweise alle Bilder, und siehe da – alles blieb beim Alten. Kein Gast blieb länger oder kürzer, das Verhalten war dasselbe, und die Einnahmen veränderten sich nicht. Daher dachte ich sehr lange, dass Fotos, Videos und andere Medien auf Homepages völlig überflüssig wären. Bei manchen Kunden erlebte ich dann das Gegenteil. Vor allem in jenen Branchen, deren Angebote eng mit visuellen Eindrücken verbunden sind, können Bilder tatsächlich mehr sagen als tausend Worte. Je nach der Art Ihres Geschäfts kann es sogar sinnvoll sein, Bildern und Videos den Vorrang gegenüber Texten zu geben – oder als Ergänzung einzubringen. Beispiele für visuell profitierende Anbieter sind Reiseanbieter, Designer oder Produkthersteller. Je umfangreicher und je klarer die bildhaften Informationen angeboten werden, desto mehr Eindruck werden sie bei potentiellen Kunden machen.

Haben Sie schon einmal die Google-Bildersuche benutzt? Hier werden alle Bilder, die Google bei seinen Streifzügen durchs Internet findet, als kleine Vorschau thematisch sortiert und suchbar gemacht. Per Klick auf ein Vorschaubild gelangt man auf die Seite, wo es gefunden wurde. Diese Funktion ist beliebter, als allgemein vermutet. Ich betreibe Webseiten, die mehr Besucher vom Bildindex bekommen als über die Standard-Websuche. Fotos können zum wertvollsten Zubringer werden. Visuell präsentierbare Angebote sollten daher mit möglichst viel Bildmaterial unterstützt werden. Ein Beispiel: Ein Ofenbauer setzt auf individuelle Planung und Ausführung jedes neuen Ofens. Auf seiner Webseite führt er ein Auftragstagebuch, in dem er vom Auftragsbeginn bis zur Endabnahme alle Schritte fotografisch dokumentiert und als Ergänzung mit wenigen

Worten beschreibt, was auf den Bildern gerade zu sehen ist. Handwerkern beim Arbeiten zuzusehen, ist für sich genommen schon eine beliebte Freizeitbeschäftigung. Die Seitenbesucher werden das Tagebuch verschlingen, selbst wenn es nicht professionell gemacht ist, und den Ofenbauer bei seiner täglichen Arbeit begleiten. Das fördert Vertrauen und kann noch Jahre später zu Aufträgen führen. Der wahre Nutzen der fotografischen Arbeitsdokumentation liegt aber darin, dass viele neue Besucher über die Bildsuche auf die Homepage finden. Wenn es für Ihr Angebot passt, fotografieren Sie, was das Zeug hält. Damit Google Ihre Bilder richtig einsortieren kann, vergessen Sie nicht, diese passend zu benennen und mit dem so genannten „Alt-Tag" zu versehen. Wie das geht, lesen Sie im Kapitel „Der Inhalt Ihrer Seite".

Auch Videos können zum gelungenen Marketing beitragen. Plattformen wie YouTube (der Online-Videodienst gehört zu …? Richtig, Google) werden nicht nur von Millionen von Privatusern, sondern auch von immer mehr kommerziellen Anbietern genutzt. Laut einer aktuellen Statistik laden die YouTube-User *pro Minute* (!) Videomaterial in der Länge von mehr als zwei Tagen hoch, Tendenz stark steigend. Die Serverpower, die das ermöglicht, kann man nur als phantastisch bezeichnen. Dass die meisten Videos in der Versenkung verschwinden, versteht sich von selbst. Doch auch wenn der Müllberg wächst, findet Gutes nach oben. Immer mehr Unternehmen wollen YouTube für eigene Geschäftszwecke einzusetzen. Die vermittelten Botschaften sollen sich im besten Fall wie ein Virus verbreiten (Virales Marketing). Ein Seher steckt andere an, indem er ihnen den Link zum Video schickt. Warum auch immer das Video empfohlen wird, es verbreitet sich wie ein Lauffeuer. Ist das die Zukunft der Werbung? Ich denke nicht, denn viraler Erfolg ist nicht planbar. Man kann die kreativsten Agenturen darauf ansetzen, doch auch sie können keinen Hit garantieren. Für die meisten Unternehmen eignen sich Videos daher nur als ergänzendes Marketinginstrument.

Doch es braucht gar keinen Hit. Ähnlich der Bildsuche ist jedes neue Video, das Sie für Ihre Firma anfertigen, eine neue Chance, gefunden zu werden. Umso mehr, wenn Sie sich etwas Mühe bei Titel, Schlagworten und Beschreibung machen. Bei Bildern und Videos gilt: Der Kreativität sind keine Grenzen gesetzt, und nicht immer muss alles zu 100 % auf eigenem Mist gewachsen sein. Ein Modellbau-Fachhändler könnte regelmäßig zu Vereinsflugtagen und Messen fahren, wo er die spektakulären Flugvorführungen auf Video bannt und (mit Genehmigung) auf YouTube stellt. Die Domain des Shops wird als Wasserzeichen im Randbereich des Videos eingeblendet. Dann macht es nichts, wenn fremde Webseiten das Video ebenfalls einbetten. Das sollen sie sogar, denn so verbreitet sich die eigene Marke noch schneller! Modellflugfans, denen das Video gefällt, werden mit Sicherheit neugierig auf den Shop. Wenn Sie Videos zu Promotion-Zwecken bei YouTube hochladen, so achten Sie darauf, dem Video selbst einen aussagekräftigen Titel zu geben und mit Beschreibung und Schlagworten zu ergänzen. Google macht diesen Prozess sehr einfach und unterstützt Sie dabei. Ähnlich dem Titel eines Beitrags auf Ihrer Webseite sollten Sie sich auch hier in die Lage des Suchenden versetzen: „Was tippt jemand ein, dem das Video gefallen könnte?"

Links

Empfehlungen auf fremden Homepages können ebenfalls zu einer wichtigen Besucherquelle werden. Vor allem dann, wenn große Medienportale auf Ihren Inhalt aufmerksam werden. Vorausgesetzt, Ihr Server hält das aus, beschert Ihnen eine Verlinkung durch ein Massenmedium plötzlich mehrere Tausend unerwartete Besucher. Der x-te selbst platzierte Verweis im y-ten Forum diese Woche wird dagegen wohl wieder nur die üblichen paar Verlegenheitsklicker verschaffen. Und wer ist schon jemals über getauschte Links zu Ihnen gekommen?

Was gut ist, wird von selbst verlinkt. Das sind die „Links de la Links". Wenn jemand Ihre Inhalte so gut findet, dass er/sie per

Link eine Besuchsempfehlung ausspricht, so ist dies authen-
tisch. Sie können sich darauf verlassen, dass nicht nur die Leser
der fremden Webseite, sondern auch „die Suchmaschine" solchen Links sehr viel Gewicht einräumen. Noch dazu sind fremde Links sehr praktisch, weil sie ganz ohne Ihr Zutun entstehen.
Ganz ehrlich: Ich kann mir nicht vorstellen, dass die üblichen
Linktausche, Linksammlungen, Kommentar- und Forenlinks
noch irgendeinen Nutzen bringen. Eher ist das Gegenteil der
Fall. Google steckt vor allem junge Webseiten, die es mit den
Links übertreiben, in die so genannte Sandbox, den Sandka-
sten. Dort darf man dann in Ruhe weiterspielen. Sandkästen
werden gewöhnlich weit von Durchzugsstraßen entfernt plat-
ziert, wenn Sie verstehen, was ich meine. Wer mit den Großen
spielen möchte, sollte bei der Verlinkung nicht tricksen.

Besonders gerne wird im Internet auf kostenlose, nützliche
Downloads verwiesen. E-Books, Berechnungstools, Vorlagen,
Checklisten, Beispiele und Muster aller Art werden nicht nur
oft gesucht, sondern auch gerne verwendet und verlinkt. Zusätzlich können Sie in den Inhalten selbst Verweise auf Ihre Homepage platzieren, und so den einen oder anderen Besucher
auf Ihre Seite locken. Dieser Effekt lässt sich noch verstärken,
wenn Sie die Weiterverbreitung Ihres Downloads erlauben.

Sie müssen nicht darauf warten, von irgendwem irgendwann
passiv verlinkt zu werden. Sie können Links auch aktiv fördern.
Wenn Sie Ihre Besucher auffordern, nützliche Inhalte weiterzu-
tragen, werden sie das tun. Ob es Foren, soziale Medien oder eigene Homepages sind, jeder natürliche Link hilft Ihnen weiter,
bringt neue Besucher und sorgt mitunter auch für „Linkjuice"
in Sachen PageRank und Google-Ranking. Aber Sie kennen
meine Meinung – um Linkpower und PageRank sollte es Ihnen gar nicht gehen. Als weitere seriöse Linkquelle bieten sich
die „Multiplikatoren" an. Dabei handelt es sich um Webseitenbetreiber, die Ihre Zielgruppe besitzen. Ein Beispiel: Wenn Sie
Kinderspielzeug produzieren, sind Betreiber von Eltern-Kind-
Blogs, Foren und anderen einschlägigen Portalen Ihre Multiplikatoren. Die Vorstellung und Verlinkung Ihrer Seite würde

Ihnen Besucher bringen, die sich sehr wahrscheinlich für Ihre Produkte interessieren. Dabei gilt: Die persönliche Empfehlung des Betreibers ist wesentlich besser als die klassische Anzeigenbuchung. Denn während durchschnittliche Internet-User bannerblind sind, vertrauen sie auf das Urteil einer neutralen Person, die mit Ihnen und Ihrer Webseite in keiner offensichtlichen Verbindung steht. Je höher die Glaubwürdigkeit des Multiplikators, desto höher wird die Abschlussrate sein. Doch wie lassen sich Multiplikatoren gewinnen? Eine Möglichkeit wäre, ein paar Exemplare abzuschreiben und an Zielgruppenbesitzer zu senden – z.B. für Tests oder Gewinnspiele. Das hat sich in der Elektronikbranche eingebürgert, wo Betreiber von Magazinen, Blogs und Portalen regelrecht mit kostenlosen „Produktproben" überflutet werden. Erscheint dann ein Beitrag über den MP3-Player oder das Smartphone, hat sich das Geschenk zigfach amortisiert. Vielleicht finden Sie einen sinnvollen Ansatz für Ihre Branche?

Gastbeiträge

Gastbeiträge gehören thematisch zu den „Links auf anderen Webseiten". Es lohnt sich jedoch, einen ausführlicheren Blick darauf zu werfen. Vor allem im englischsprachigen Raum haben sich Gastbeiträge als Möglichkeit etabliert, neue Besucher anzulocken. Man nutzt die Popularität fremder Internet-Auftritte, um dort selbst geschriebene Inhalte zu veröffentlichen. Es ist üblich, solcherart publizierte Inhalte nicht nochmals zu verwenden, sondern dem Dritten exklusiv zu überlassen. Dessen Vorteil besteht darin, kostenlose Inhalte zu erhalten, die zum weiteren Aufbau seiner Seite beitragen. Sie selbst haben etwas davon, weil im Artikel oder in der Vorstellung des Autors ein Link zu Ihrer Homepage enthalten ist. Bei Zigtausenden Lesern kann das schnell zu Hunderten Besuchern für Sie selbst führen. Oft finden noch Monate später neue Gäste aus diesen Quellen zu Ihnen. Je nach dessen Ausgestaltung nützt Ihnen der Link sogar aus suchmaschinentechnischer Sicht. Sie kennen meine Meinung: ein angenehmer Nebeneffekt, doch kein Selbstzweck.

Anders als bei den inzwischen eliminierten Artikelverzeichnissen und Pseudo-Presseportalen sind die Herausgeber großer und beliebter Webseiten sehr wählerisch, was veröffentlicht wird, und was nicht. Es geht um Qualität in jeder Hinsicht. Nicht nur der Artikel selbst muss ausgezeichnet, umfassend und vor allem passend sein, sondern auch Ihr eigener Auftritt, auf den verlinkt wird. Man will schließlich nichts Unseriöses oder Unprofessionelles empfehlen, nur weil man kostenlose Inhalte bekommt. Damit würde man sich über kurz oder lang seiner Stammleserschaft entledigen.

Die SEO-Industrie nutzt Gastbeiträge als Transportmittel für Links mit kräftigen Schlagworten. Das ist ein bedeutender Teil des Business. Der Text selbst wird meist billig produziert, und bietet keinen Mehrwert. Oft werden Heerscharen von Hausfrauen oder Studenten beschäftigt, die fremde Inhalte unzählige Male zu Dumpingpreisen in neue Texte umformulieren. Auf große, beliebte Portale schafft man es damit nicht, aber das ist auch gar nicht der Sinn. Im Fall der SEO geht es bei Gastartikeln nämlich nicht um neue Besucher, sondern um die Links, die möglichst breit verstreut werden sollen. Vergessen Sie das lieber. Bieten Sie auch bei Gastartikeln Mehrwerte, statt mit Müll um sich zu werfen!

Wenn Sie Portale kennen, auf denen sich die Veröffentlichung von Fachbeiträgen, Kommentaren oder ausführlichen Analysen lohnen könnte, so scheuen Sie sich nicht davor, die Macher hinter den Medien offen auf das Thema anzusprechen. Selbst dann, wenn man üblicherweise keine fremden Inhalte akzeptiert, kann Ihr Input Einzug finden. Machen Sie dem Empfänger klar, dass es Ihnen nicht um die Suchmaschinenoptimierung geht, denn hierzu erhält man als erfolgreicher Herausgeber täglich mehrere Anfragen. Ihr ehrlich gemeinter Gastbeitragsvorschlag kann schnell zwischen all dem SEO-Spam untergehen. Ein Tipp: Es kann sich auch im Zeitalter der E-Mails lohnen, den Telefonhörer in die Hand zu nehmen, wenn man etwas erreichen will.

Partnerprogramme

Mit Affiliate-Programmen kann man nicht nur Geld verdienen, sondern (auf der anderen Seite des Tisches) auch zu neuen Besuchern kommen. Starten Sie Ihr eigenes Partnerprogramm und bieten Sie jenen Homepage-Betreibern, die Ihnen Besucher vermitteln, Provisionen an. Sie stellen Links und Banner zu Verfügung, die Partner binden diese in ihre Webseite ein, präsentieren Ihr Angebot auf ihrer Homepage und erhöhen dadurch die Zahl Ihrer Besucher. Das ist vor allem dann sinnvoll, wenn Sie überregional tätig sind und das Geschäft im Internet abgeschlossen werden kann. Webshops sind ein klassisches Beispiel, aber auch Banken, Versicherungen, Abo-Anbieter, Softwareproduzenten und verschiedenste Internet-Portale bedienen sich gerne dieser Besucherquelle.

Bei den Provisionsmodellen haben sich vor allem *Pay Per Lead* (PPL; z.B. ausgefüllter Antrag, abgeschicktes Anfrageformular) und *Pay Per Sale* (PPS; tatsächlicher Umsatz) etabliert. Über die technische Nachverfolgung der einzelnen Klicks können Zielerreichungen genau denjenigen Webmastern zugeordnet werden, die die entsprechenden Besucher vermittelt haben. Der Vorteil dieser Modelle liegt auf der Hand: Sie zahlen nur im Erfolgsfall eine Provision aus. *Pay Per View* (PPV; Bezahlung pro Einblendung) und *Pay Per Click* (PPC; Bezahlung pro Klick) sind nur selten anzutreffen, da die Missbrauchsgefahr zu groß ist und die Performance meist nicht den Erwartungen entspricht. Als große Ausnahme gelten Google AdWords und das Gegenstück Google AdSense, die pro Klick abrechnen. Google hat allerdings die technischen Möglichkeiten, Klickbetrug zu entlarven und schwarze Schafe schnell auszusortieren. Deshalb funktioniert das PPC-Modell bei Google.

Die angebotenen Provisionen sind meist Pauschalvergütungen (z.B. 10 Euro pro ausgefülltem Antrag), prozentuale Beteiligungen (z.B. 8 % vom Umsatz) sowie Stufenmodelle und Mischformen zwischen absoluter und prozentualer Entlohnung. Je nach Wettbewerbssituation kann es notwendig sein, einen guten Teil seines Umsatzes mit den *Publishern* (Website-Partnern) zu teilen, um als attraktiver *Advertiser* (Partnerprogramm-Betreiber) angesehen zu werden. Eine Umsatzbeteiligung von 3 % holt keinen Publisher hinter der Ofenbank hervor. Betreiber besonders lukrativer Geschäfte, wie z.B. Webhoster, sind sogar bereit, einen ganzen Jahresumsatz an den Vermittler auszuzahlen. Da Webhosting-Kunden meist langjährig bei ihren Webhosting-Providern bleiben, ist der Verzicht auf die Einnahmen eines Jahres locker zu verschmerzen. Doch große Versprechungen sind das eine, und was unterm Strich herauskommt, das andere. Was machen Sie aus den vermittelten Besuchern? Je besser Ihre eigene Seite funktioniert, desto höher ist die so genannte *Conversion Rate*. Das ist der Anteil jener an Sie weitergeleiteter Besucher, die tatsächlich das Ziel erreichen. Oft ist es besser, gut konvertierende Partnerprogramme zu schalten, als jene mit den höchsten Provisionsversprechen. Vermittle ich je 100 Besucher an verschiedene Advertiser, sind mir jene lieber, die daraus fünf Abschlüsse à 10 Euro machen, als jene, die nur zwei Verkäufe schaffen, dafür aber je 20 Euro bezahlen. Es zählt, was unterm Strich herauskommt. Arbeiten Sie daher an der Performance Ihrer Seite, um möglichst viele der vermittelten Klicks in Zielerreichungen zu verwandeln. Wie in anderen Geschäftsbeziehungen ist es darüber hinaus sinnvoll, seine Partner aktiv zu betreuen und ihnen hin und wieder etwas Gutes zu tun.

Partnerprogramm über Affiliate-Netzwerk

Die meisten Partnerprogramme werden über Affiliate-Netzwerke wie Zanox und Affili.net angeboten. Dort treffen sich Angebot (Advertiser) und Nachfrage (Publisher). Das Netzwerk stellt die technische Infrastruktur für die Erfassung von Klicks und Zielerreichungen (Affiliate-Tracking) zur Verfügung. Für den Anbieter hat das den Vorteil, dass man sich beim Start seines Partnerprogramms auf die Erfahrung des Netzwerks verlassen kann und keine eigene technische Lösung benötigt. Außerdem gibt es dort bereits viele Tausende potentielle Partner, die bereit sind, neue Programme zu testen. Man muss sich also nicht alleine darum kümmern, an Partner zu gelangen. Der Einstieg in ein Netzwerk kann für Advertiser mit einmaligen Kosten verbunden sein. Darüber hinaus fließt eine laufende Vergütung an das Netzwerk, welche auf Grundlage der ausbezahlten Affiliate-Provisionen berechnet wird.

Affiliates schätzen Netzwerke, weil sie mit einem einzigen Account viele Partnerschaften vergleichen, abschließen und verwalten können. Zudem ist die Teilnahme für sie kostenlos.

Eigenes Partnerprogramm

Wenn Sie kein Netzwerk brauchen, weil Sie schon Erfahrungen als Advertiser gesammelt oder bereits potentielle Publisher an der Hand haben, können Sie Ihr Partnerprogramm auch selbst umsetzen. Dadurch ersparen Sie sich die Setup- und laufenden Kosten der Affiliate-Netzwerke. Sie benötigen eine eigene Affiliate-Tracking-Software. Über diese können sich neue Publisher direkt bei Ihnen anmelden, Werbemittel und Links generieren und ihre Statistiken kontrollieren. Zwei häufig anzutreffende Programme sind *iDevAffiliate* und *Post Affiliate Pro*. In der Regel werden diese auf eigenen Servern aufgesetzt. Sie müssen sich nicht nur um die Technik, sondern auch die Partnergewinnung, -betreuung und den laufenden Betrieb kümmern. Interessante Publisher werden sich nur dann bei Ihnen anmelden, wenn Ihr Programm attraktiver erscheint als jene, die sie auf den Netzwerken finden.

Eingekaufte Besucher

Es ist keineswegs verwerflich, Kunden einzukaufen. Alle tun es. Die einen haben die Besucher, die anderen das Geld. Wer eine Zeitungsanzeige bucht, hofft darauf, einen kleinen Teil der Zeitungsleser zu eigenen Kunden machen zu können. Als zahlender Trittbrettfahrer nutzt man fremde Zugänge zu Gemeinschaften, die möglichst viele Zielkunden beheimaten. Das Internet bietet faszinierende Möglichkeiten, über Online-Werbung zu neuen Kunden zu kommen. Aufgrund der Vielzahl an Auswertungs- und Optimierungsmöglichkeiten lassen sich Abschlussquoten erreichen, die man vor wenigen Jahren als Phantasterei abgetan hätte.

Vielleicht haben Sie schon einen Gutschein für *Google AdWords* zugesandt bekommen. Wer sich bei dem Online-Anzeigendienst anmeldet, kann binnen weniger Minuten in die Welt der Internet-Werbung eintauchen. Google verteilt Ihr Tagesbudget möglichst effizient, schaltet Ihre Anzeigen auf eigenen und fremden Webseiten, und bringt so neue Besucher auf Ihre Homepage. Sie zahlen nur dann, wenn die Werbung angeklickt wird. Millionen von Unternehmen rund um den Globus sind bereits AdWords-Kunden. „Richtig" machen es die wenigsten. Gutes AdWords-Kampagnenmanagement ist eine Wissenschaft für sich. Ich habe mich sehr lange und eingehend mit dem Dienst auseinandergesetzt, in der Summe bereits mehr als 30.000 Euro für eigene Kampagnen ausgegeben und AdWords in allen Varianten angewandt. Doch es geht auch einfach! Über kostenlose Tools wie das „Conversion-Optimierungstool" kann Ihr Werbebudget unglaublich effizient eingesetzt werden, ohne dass Sie selbst etwas von Wahrscheinlichkeitsrechnung und dynamischer Gebotsanpassung wissen müssten. Jeder eingekaufte Besucher wird protokolliert. Wer hat gekauft („konvertiert"), und wer nicht? Gibt es unter jenen, die tatsächlich ans Ziel gelangten, irgendwelche Gemeinsamkeiten? Das braucht Sie nicht zu kümmern. Geben Sie Google den Rahmen vor, und staunen Sie, was Google aus den Leistungsdaten macht.

Nun habe ich vorweggenommen, worauf ich eigentlich hinauswill: Wenn Sie Google AdWords verwenden, so tun Sie das langfristig am besten in Kombination mit dem Conversion-Optimierungstool. Denn kein Mensch auf dieser Welt wird Ihre Online-Kampagnen so genial optimieren können wie diese Gratis-Erweiterung zum Google-Anzeigendienst. Doch fangen wir von vorne an und sehen uns die Startseite von Google AdWords (*www.google.com/adwords*) mal näher an.

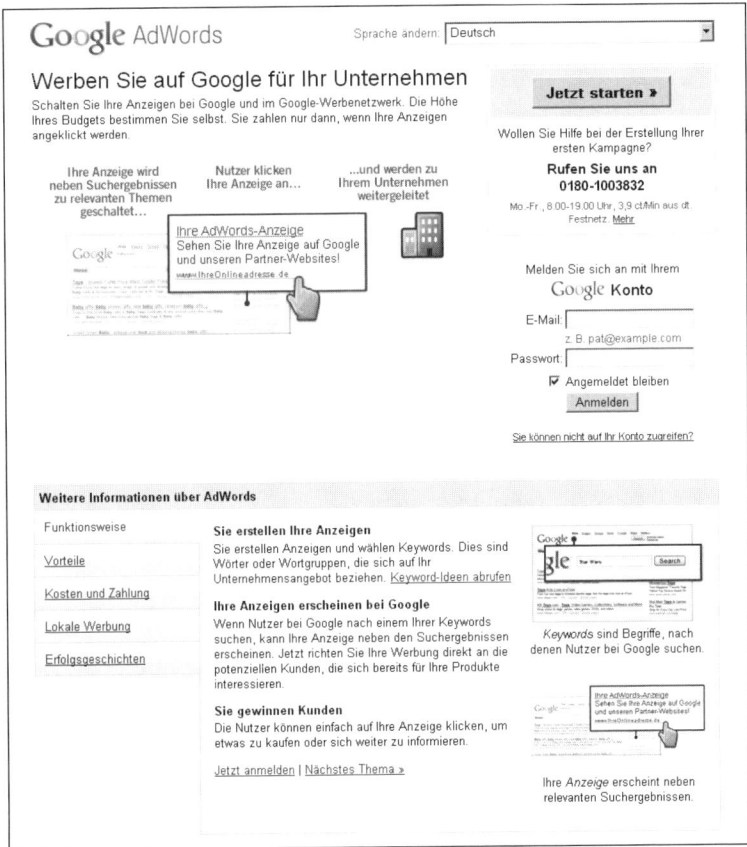

Abbildung 7.3: Google AdWords – der erste Einstieg

Wie Sie sehen, gibt sich Google große Mühe, den Einstieg so bequem wie möglich zu gestalten. Über eine gut sichtbare Telefonnummer kann man mit einem leibhaftigen Google-Mitarbeiter aus Fleisch und Blut kommunizieren, der einem den Einstieg erleichtert. Als ich vor kurzem eine neue Gesellschaft gründete, rief mich eine Mitarbeiterin des AdWords-Teams an, um mich zu AdWords einzuladen! Neben einer ausgezeichneten Wissensdatenbank (AdWords-Hilfe) stehen auch Video-Tutorials (*www.youtube.com/adwordsseminare*) und regelmäßige Online-Seminare samt Fragestunde zur Verfügung.

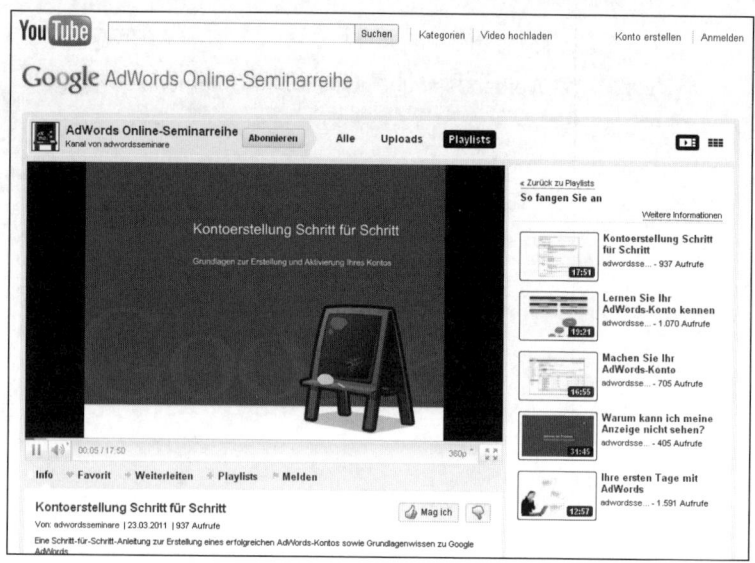

Abbildung 7.4: AdWords Online-Seminarreihe auf YouTube

Warum gibt sich Google so viel Mühe, bei AdWords keine Fragen offen zu lassen? Weil die Suchmaschine damit ihr Geld verdient. Ohne AdWords kein Gewinn, ohne Gewinn kein Google, so wie man es heute kennt. Dabei ist Google AdWords gar nicht kompliziert. Binnen kurzer Zeit ist Ihre erste Kampagne online. Das Tagesbudget als Obergrenze gibt Ihnen die Sicherheit, dass sich Ihre ersten Gehversuche nicht zum Fass ohne Boden entwickeln. Wer einen 75-Euro-Gutschein erhalten hat, kann seine ersten Schritte zum Nulltarif machen. Probieren Sie es einfach aus. Für den Einstieg in Google AdWords empfehle ich Ihnen die vielfältige, multimediale Hilfestellung von Google. Wenn Sie gedruckte Informationen vorziehen, hat Alexander Beck mit „Google AdWords" einen umfangreichen, praxisnahen Ratgeber geschrieben.

Gehen wir nun ein paar Schritte weiter. Sie haben Ihre ersten Erfahrungen mit AdWords gemacht, Kampagnen gestartet und Besucher eingekauft? Für die meisten Unternehmen ist hier bereits Schluss. „Zu teuer", „bringt nichts" oder „unpassende Besucher" lautet der Tenor. Meist deshalb, weil man seine Kampagnen nicht räumlich begrenzt, die Webseitenstatistik nicht kontrolliert, ein Standardgebot für alle Keywords verwendet, ausschließlich auf „weitgehend passende" Keyword-Übereinstimmung setzt, keine „ausschließenden Keywords" definiert und nicht zwischen Such- und Display-Netzwerk unterscheidet. Das Thema ist sehr komplex und ich habe Monate in den Tiefen von AdWords verbracht. Doch das ist gar nicht notwendig! Bereiten Sie einfach so bald wie möglich die Nutzung des Google AdWords Conversion-Optimierungstools vor, und überlassen Sie es der Suchmaschine, die besten Besucher für Sie auszuwählen. Google schreibt zu diesem Dienst:

„Das Conversion-Optimierungstool ist eine AdWords-Funktion, die Ihnen anhand der Conversion-Tracking-Daten mehr Conversions zu geringeren Kosten einbringen kann. Dies geschieht durch Optimierung Ihres Placements bei jeder Anzeigenauktion, um unprofitable Klicks zu vermeiden und so viele profitable Klicks wie möglich zu erzielen."

„Viele AdWords-Kunden, die das Conversion-Optimierungstool verwenden, haben eine Steigerung der Anzahl an Conversions im zweistelligen Prozentbereich erzielt und zahlen dabei denselben Preis oder weniger für jede Conversion."

Das kann ich nur bestätigen. Binnen weniger Wochen verbessert sich die Qualität der eingekauften Besucher wie von Geisterhand, und zwar deutlich. Das Optimierungstool kombiniert verschiedenste Faktoren wie den genauen Wortlaut der Suche, den Standort des Benutzers und andere Faktoren. Damit wird die Wahrscheinlichkeit berechnet, mit der ein über AdWords kommender Besucher das Ziel auf Ihrer Seite erreicht. Durch dynamische Gebotsanpassungen erscheint Ihre Anzeige umso weiter oben, je wahrscheinlicher ein Abschluss desjenigen ist, dem AdWords gerade Ihre Anzeige zeigt.

Um das Conversion-Optimierungstool für sich nutzen zu können, müssen Sie Google zunächst beibringen, was Sie unter „Conversion" (Konvertierung, Abschluss, Zielerreichung) verstehen. Einen Kauf? Eine Anmeldung? Ein abgesandtes Anfrageformular? Das Erreichen einer bestimmten Unterseite? Legen Sie zunächst in Ihrem AdWords-Konto unter *Berichterstellung und Tools* eine neue Conversion an:

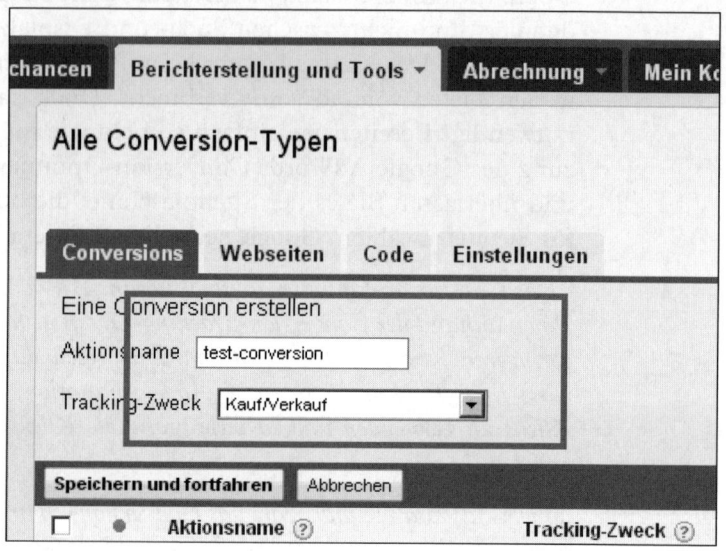

Abbildung 7.5: Eine AdWords-Conversion erstellen

Nach dem Klick auf *Speichern und fortfahren* selektieren Sie noch die Sicherheitsebene und Sprache Ihrer Zielseite. Daraufhin erhalten Sie den Code samt Anleitung, wie Sie diesen in Ihre Zielseite einbinden und testen können (siehe Abbildung 7.6):

Den Code binden Sie wie dargestellt in Ihre Zielseite (und nur in diese) ein. Das ist in den meisten Fällen eine Dankeschön-Seite, die Besucher sehen, sobald sie das Ziel erreicht, z.B. eine Bestellung mit PayPal bezahlt haben.

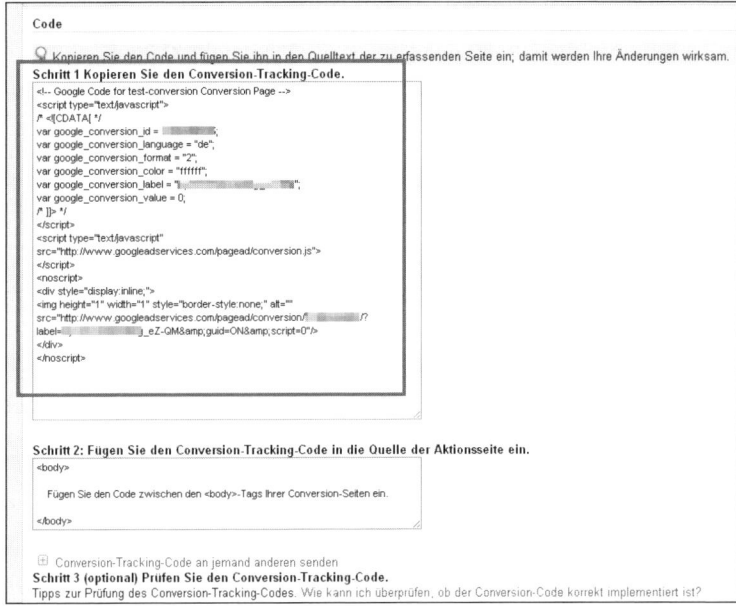

Abbildung 7.6: Conversion-Tracking-Code für Ihre Webseite

Das Erreichen eines Warenkorbes ist noch lange keine Garantie dafür, dass jemand tatsächlich bestellt, geschweige denn bezahlt. Je weiter „hinten" Sie den Conversion-Code in Ihre Prozesse einbinden, desto besser wird das Tool arbeiten. Im Idealfall tritt die Conversion erst dann ein, wenn das Geschäft unter Dach und Fach (meist „bezahlt") ist. Da der Code selbst für Ihre Besucher nicht sichtbar ist, können Sie ihn unter den Dankeschön-Text der Seite einfügen. Von nun an erfasst Google, welche der Kunden, die über AdWords auf Ihre Seite gelangen, die Zielseite erreichen. Man könnte sagen, diese Kunden konvertieren von Interessenten zu Käufern. Die entsprechenden Spalten *Conv. (1-pro-Klick)*, *Kosten/Conv. (1-pro-Klick)* und *Conv.-Rate (1-pro-Klick)* in Ihrem AdWords-Konto geben Aufschluss über laufende Conversions.

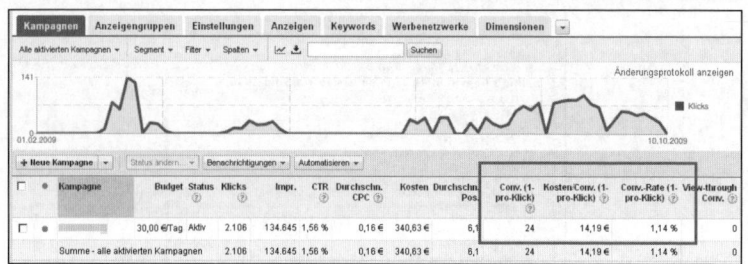

Abbildung 7.7: Conversion-Tracking in Google AdWords

Um das Conversion-Optimierungstool aktivieren zu können, muss die Anzeigenkampagne mindestens fünfzehn Conversions binnen 30 Tagen erzielt haben. Um diesen Wert zu erreichen, kann es sinnvoll sein, die Standardgebote für Ihre Anzeigen zu erhöhen. Sehen Sie das als Investition in die Zukunft. Sobald Google genügend Daten gesammelt hat, um sinnvoll arbeiten zu können, erscheint folgende Meldung in Ihrem AdWords-Account:

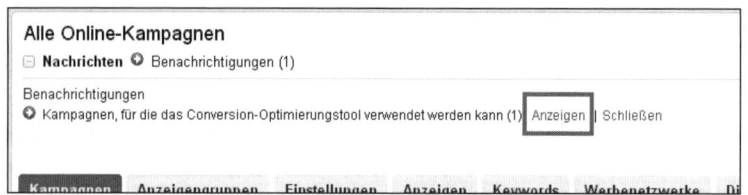

Abbildung 7.8: Conversion-Optimierungstool steht bereit

Wechseln Sie in die *Einstellungen* der entsprechenden Kampagne, können Sie das Tool unter *Gebotsoption* aktivieren.

Abbildung 7.9: Conversion-Optimierungstool aktivieren

Selektieren Sie *CPC-Gebote automatisch einstellen, um Conversions zu maximieren (Conversion-Optimierungstool)*. Es ist ratsam, mit dem empfohlenen Gebot zu beginnen. Unter „CPA-Gebot" versteht Google den durchschnittlichen Preis, den Sie in den letzten 30 Tagen pro Conversion bezahlt haben. Die Einstellungen lassen sich verfeinern, doch zum Kennenlernen des Tools empfehle ich Ihnen, die Vorschläge zu akzeptieren und sich dann zurückzulehnen. Über das Tagesbudget der Kampagne sind die Ausgaben planbar. Bleiben Sie geduldig, denn das Optimierungstool lernt ständig dazu und verbessert sich Schritt für Schritt.

Social Media

Ich bin kein Freund des aktuellen Social-Media-Hypes. Die sozialen Netzwerke haben ihre Daseinsberechtigung und können je nach Anlassfall zu einem machtvollen Kommunikationsmittel werden. Doch es wird lächerlich, wenn man Fan von Waschmittelherstellern, Supermärkten, Handyprovidern oder anderen Allerweltsfirmen werden soll und das Facebook-Logo zu diesem Zweck kostenlos in alle möglichen und unmöglichen On- und Offlinekampagnen eingebunden wird. Die ganze Welt arbeitet gratis für Mark Zuckerberg. Dieser meinte in seiner Anfangszeit zum Erfolg von Facebook (Quelle: *www.businessinsider.com*): *„I don't know why – they ‚trust me' – dumb fucks"*. Tja.

Ich rate Ihnen, soziale Netze zu nutzen und sich auf den wichtigsten davon zu registrieren, auch wenn sie diese (noch) nicht brauchen. Alleine schon, um Ihren Benutzernamen in Sicherheit zu bringen. Es wäre doch schade, wenn ein pubertierender Wicht Ihre Marke für seine Identität missbraucht und damit kompromittierende Texte und Fotos online stellt. Pflegen Sie Ihr Facebook-, Xing- und Twitter-Profil und posten Sie kurze Hinweise auf Neues in Ihrem Unternehmen und auf Ihrer Homepage. Nutzen Sie die Social-Media-Schiene als zusätzliches Sprachrohr, doch machen Sie sie nicht zum hauptsächlichen Kommunikationsinstrument nach außen. Veröffentlichen Sie wertvolle Inhalte ausschließlich auf der eigenen Homepage, und nutzen Sie die Netze, um Interessierte auf Ihre Seite zu locken. Nur so stehen Sie über den Dingen und bleiben im Besitz Ihres geistigen Eigentums.

Auch in Krisenfällen lassen sich die sozialen Netzwerke vorzüglich einsetzen. Freie Meinung hin oder her – trachten Sie danach, potentiell schädliche Diskussionen möglichst schnell auf selbst kontrollierbare Medien zu lenken. Das soll nicht bedeuten, dass Sie dann nach Lust und Laune zensieren können, doch es wird einfacher, Rechtsverstöße zu verfolgen. Was auf Facebook, Twitter, Xing oder in Foren aller Art breitgetreten wird, bleibt unter Umständen für alle Zeiten online, inklusive ausführlicher Dokumentation Ihrer verzweifelten Versuche, Ihren Ruf zu schützen. Ein Motto, an das man sich generell halten kann: „Holen Sie Negatives zu sich (auf Seiten, die Sie selbst kontrollieren), und tragen Sie Positives ins weltweite Netz hinaus!"

Um Social Media zum ständigen Geschäftslieferanten zu machen, benötigen diese Ihre Anwesenheit. Wer nicht ständig präsent ist und auf sich aufmerksam macht, wird schnell von den Mitbewerbern verdrängt. Soziale Medien lassen sich einfacher nutzen als selbst verwaltete Homepages. Daher müssen Sie sich mit Hinz und Kunz um die besten Plätze an der Sonne streiten. Ein großer Konzern kann zum Zweck der Omnipräsenz eigene Mitarbeiter beschäftigen (die man oft am ihnen auferlegten Maulkorb erkennt). Klein- und Mittelbetriebe müssen die nötige Zeit irgendwo abzwacken. Es wäre wirtschaftlicher Selbstmord, wenn sich der Chef oder andere betriebsnotwendige Mitarbeiter mehrere Stunden täglich auf Facebook austoben müssten, um das Online-Geschäft am Leben zu erhalten. Internet geht einfacher.

Direkte Besucher

Die wirkliche Online-Meisterschaft besteht nicht darin, Suchmaschinen zu überlisten oder möglichst viele Fans auf Facebook anzuhäufen. Wahrer Erfolg zeigt sich in Form der „Direkten Besucher". Unter dieser Bezeichnung bzw. als „Direct Visits" finden sie auch in Ihrer Webseitenstatistik Einzug und sind daher einfach messbar. Direkte Besucher sind alle, die Ihre Domain direkt aufrufen (in die Adressleiste des Browsers eintippen): Kunden, Fans, Stammleser, Besucher auf Empfehlung und jene, denen sich Ihr Name so tief ins Gedächtnis gebrannt hat, dass man Sie nicht erst suchen muss. Dieses Branding ist die Königsklasse und macht Sie zum Teil von Google und anderen Besucherquellen unabhängig. Eine Webseite, die ihre Besucher nur aus guten Suchmaschinenpositionen zieht, geht unter, sobald Google den Stecker zieht. Eine starke Marke, am besten in Form Ihrer Domain, hebt Sie vom Großteil Ihrer Online-Mitbewerber ab.

Direkte Besucher kommen nicht von selbst. Sie gelangen zuerst aus den anderen Quellen zu Ihnen. Das Kunststück, das Ihnen gelingen muss, besteht darin, sie schnellstmöglich zu überzeugen, dass es sich lohnt, zurückzukommen. Das geht – wieder einmal – nur über einzigartige Informationen und Angebote mit Qualität. Gefallen Ihren Besuchern diese Inhalte, werden sie verlinkt, kommen bei Google nach oben und sorgen für wiederkehrende Gäste. Und die sind Ihre Zukunftsvorsorge im Netz.

Offline-Promotion

Schließlich können Sie auch Offline auf die Pirsch gehen und nach neuen Besuchern für Ihre Homepage Ausschau halten. Ich bin da eher skeptisch, denn all meine Versuche in diese Richtung waren (gelinde gesagt) Nullnummern. Die Marketinginstrumente des „richtigen" Lebens sind viel zu teuer, als dass sie sich zur Offline-Bewerbung Ihrer Homepage lohnen könnten. Zwar gibt es einige große Internet-Portale, die Werbung in Print, TV und Radio schalten, doch bei diesen stehen meist weniger seriöse, doch äußerst lukrative Geschäfte im Mittelpunkt: Dating- und Erotik-Portale, Online-Casinos und Gewinnspieldienste, hoch provisionierte Finanz-, Tarif- und Preisvergleichsseiten, Goldkäufer …

Eine Nummer kleiner bietet das tägliche Leben dennoch viele Gelegenheiten, die eigene Webseite bekannter zu machen. Vor allem jene Kommunikationsmittel, die Sie ohnehin benutzen, sind ein gutes Transportmittel für Ihre Domain. Dazu gehören z.B.

✔ *Ihre E-Mail-Signatur.* Betonen Sie die Adresse Ihrer Homepage und fordern Sie E-Mail-Empfänger zum Besuch auf. Wer viel per E-Mail kommuniziert, könnte die Signatur aktiv pflegen und um aktuelle Angebote erweitern, samt Link, über den bestimmte Inhalte direkt erreichbar sind. Es gibt sogar Applikationen, die diese Arbeit erledigen, und die aktuellsten Inhalte Ihrer Homepage automatisch in Ihre E-Mail-Signatur übernehmen.

✔ *Ihr(e) Fahrzeug(e).* Folienbeschriftungen sind günstig. Wer viel unterwegs ist, oder einen großen Fuhrpark unterhält, könnte dem einen oder anderen Verkehrsteilnehmer im Gedächtnis bleiben. Das kann durchaus zu neuen Anfragen führen. Vorausgesetzt, Ihre Domain ist leicht im Kopf zu behalten und es ist nicht die rücksichtslose Fahrweise, durch die Sie aufgefallen sind.

✔ *Ihr Geschäftslokal.* Von Ihnen gestaltbare Außenfassaden können ebenfalls geeignet sein, sich und seine Homepage zu bewerben, vor allem an gut frequentierten Orten oder Durchgangsstraßen. Ein Online-Shop könnte z.B. all jene interessieren, die außerhalb der Geschäftszeiten vor verschlossenen Türen stehen.

✔ *Ihre Drucksorten.* Die meisten Unternehmen schreiben regelmäßig Angebote, Rechnungen und Briefe. Ist die Domain auf Ihren Geschäftspapieren gut sichtbar?

✔ *Ihre Streuartikel.* Kugelschreiber, Brieföffner, Regenschirme und andere Utensilien der Give-away-Kategorie gehen nicht selten durch viele Hände und bleiben jahrelang in Verwendung. Wer nur seine Marke, nicht jedoch die Domain aufdrucken lässt, verschenkt wertvolles Potential.

✔ *Ihre Publikationen und Aussendungen.* Wenn Sie ohnehin Prospekte oder Flyer drucken oder sonstige Publikationen veröffentlichen, ist die Domain ebenfalls sehr leicht präsentierbar. Wie wäre es mit dem Hinweis auf ein Online-Zusatzangebot zu den Offline-Unterlagen? Wo wir gerade dabei sind: Auf *www.fischler.cc* finden Sie aktuelle Informationen und Ergänzungen zu diesem Buch!

Ein nicht zu unterschätzender Teil des Offline-Marketings spielt sich (normalerweise) ohne Ihren unmittelbaren Einfluss ab: die direkte Weiterempfehlung von Mensch zu Mensch. Wer glaubt schon einer Firma, wenn sie sich selbst beweihräuchert? Aber wenn Onkel Gustav meint, das wäre was für mich, dann muss es wohl wirklich so sein! Gute Angebote, nützliche Inhalte, hohe Kundenzufriedenheit und leicht merkbare Domains haben das größte Potential, weiterempfohlen zu werden.

KAPITEL

Kundenmeinung und Reputation

Die Meinung anderer kann Sie abheben lassen oder Ihren Niedergang bedeuten. Wenn Sie auf Ihre Online-Reputation pfeifen, müssen Sie sich auf Ihr Glück verlassen. Und das ist keine nachhaltige Geschäftsstrategie. Arbeiten Sie daher lieber selbst und mit seriösen Mitteln an Ihrem Ruf, bevor es andere tun.

Kundenmeinung und Reputation

Der Turbo-Boost: Die Kundenmeinung!

Die aktive Weiterempfehlung von Mensch zu Mensch wird auch als Mundpropaganda bezeichnet und fällt in den Bereich des Empfehlungsmarketings. Da eine Empfehlung auf den zurückfällt, der sie abgibt, ist ein hohes Maß an Vertrauen in das empfohlene Angebot und die dahinter stehende Firma Voraussetzung. Aus dem Grad der persönlichen Beziehung zwischen Ratgeber und Ratnehmer ergibt sich mehr oder weniger Glaubwürdigkeit der Empfehlung. Doch eines ist klar: Kein Marketinginstrument schlägt die weitererzählte Meinung eines überzeugten Kunden.

Um Mundpropaganda zu fördern, gibt es verschiedene Ansätze. Ich finde es eher peinlich, wenn man Kunden über Multi-Level-Vertriebswege zu Weiterempfehlern macht, weil man dann nicht wirklich etwas empfiehlt, sondern seinen Bekanntenkreis abgrast, um Geld zu verdienen. Ich würde auch niemals Kunden mit verschiedenen Anreizen zur Herausgabe von Adressen aus deren Umkreis nötigen. Zwar mag ich den amerikanischen Zugang zum Unternehmertum sehr, doch diese Methoden hätten wir besser drüben gelassen, statt sie für Finanzprodukte, Nahrungsergänzungsmittel und Küchenbedarf zu adoptieren.

Nicht nur von Mund zu Mund, auch im Internet kann man seine Meinung zu Produkten, Leistungen und Arbeitgebern abgeben. Natürlich wiegen solche Fundstellen weniger schwer als mündliche Empfehlungen nahestehender Personen. Doch man sollte das Potential der Online-Bewertung nicht unterschätzen. Häufig genutzte Informationsquellen sind Internet-Händler (z.B. Amazon), Reiseanbieter und Bewertungsplattformen aller Art. Wenn Sie schon länger unternehmerisch tätig sind, sollten Sie nach sich und Ihren Angeboten suchen – irgendjemand hat gewiss schon online seine Meinung samt Sterne-Rating abgegeben. Nun wäre es ein Leichtes, sich mit mehreren Identitäten auf solchen Portalen anzumelden und seine Bewertungen selbst zu schreiben. Das ist gar nicht unüblich! Vor allem auf Amazon ist die Praxis eingerissen, dass Autoren und Verlage ihre eigenen Werke in alle Höhen loben und die Mitbewerber in derselben unlauteren Weise attackieren. Ich schätze, dass gut die Hälfte aller „Kundenmeinungen" in Wahrheit aus der eigenen Feder stammt. Auch wenn es alle tun, seien Sie vorsichtig und lassen Sie die versteckte Selbstbeweihräucherung lieber sein. Täuschungsversuche dieser Art sind nicht nur juristisch bedenklich. Kommt man Ihnen auf die Schliche – und die Portalsbetreiber haben alle Möglichkeiten dafür – kann das sehr peinlich für Sie werden. Zum allgemeinen Aufruhr kommen Spott und Hohn, und die ganze Geschichte bleibt für immer im Internet auffindbar. Publicity dieser Art kann sich niemand leisten.

Fördern Sie lieber den natürlichen Prozess der Weiterempfehlung. Das braucht mehr Zeit als Drücker-, Tarn- und Täuschmethoden, doch ehrlich währt am längsten. Kunden zu überzeugen, geht nicht von heute auf morgen. Vertrauen entsteht langsam und basiert auf der zusammenfassenden Betrachtung vieler kleiner Erlebnisse mit einer Firma. Sie müssen keinesfalls untätig herumsitzen und auf die Erlösung warten. Fragen Sie Ihre Kunden im persönlichen Gespräch, ob sie mit Ihnen zufrieden sind. Fordern Sie überzeugte Menschen aktiv dazu auf, Sie zu bewerten bzw. weiterzuempfehlen. Zeigen Sie ihnen, wie und wo das geht, und sagen Sie ihnen, wie wichtig das für Sie wäre. Vor allem dann, wenn Sie jemandem entgegengekommen sind (Kulanzleistung, kleines Geschenk ...), fühlt sich Ihr Gegenüber moralisch verpflichtet, auch etwas für Sie zu tun. Und was könnte einfacher sein, als ein paar Minuten Zeit zu investieren, und anderen von den eigenen Erfahrungen zu berichten? Besonders gut funktioniert diese Praxis in der Reisebranche, wo es zugleich kaufentscheidend ist, was frühere Gäste vom eigenen Angebot halten. Wenn Sie schlecht bewertet wurden, gibt es verschiedene Ansätze, damit umzugehen. Mehr finden Sie im Kapitel „Erste Hilfe".

Die Kundenmeinung findet ihren Höhepunkt in der aktiven Weiterempfehlung von Mensch zu Mensch. Fördern Sie diesen Prozess auf natürliche Art und Weise.

Die Zukunftsvorsorge: Ihre Reputation!

Die Reputation ist Ihre Zukunftsvorsorge im Internet. Sie ist schwer aufzubauen, doch sehr schnell zerstört. Mein Grundsatz: „Sei immer freundlich, sachlich und großzügig!" Das ist leichter gesagt als getan. Etwa dann, wenn wieder einmal jemand nicht richtig verstanden hat, was Sie eigentlich anbieten, und einfach auf Verdacht irgendwas angeklickt und vielleicht sogar bezahlt hat, kann einem schnell der Geduldsfaden reißen. Es ist wirklich erstaunlich, welchen Menschen man im Lauf der Zeit im Internet begegnet. Immer, wenn Sie glauben, es geht nicht mehr dümmer, kommt garantiert jemand des Wegs und beweist Ihnen eindrucksvoll das Gegenteil. Verbraucherschützer sagen, man müsse „die Kunden" vor den bösen Internet-Abzockern schützen. Ich sage, man muss ein paar dieser Kunden vor sich selber schützen.

Seien es immer die selben Fragen, die so glasklar auf Ihrer Homepage beantwortet werden, Produktbewertungen, die offensichtlich völlig aus der Luft gegriffen sind, unfaire Mitbewerber, irrtümliche Bestellungen oder Racheversuche gekündigter Mitarbeiter – Emotionen stehen auf der Tagesordnung, ganz wie im richtigen Leben. Vor allem Anfänger im Online-Business machen den Fehler, zu hohe Erwartungen an die fachliche und menschliche Qualifikation ihrer Kunden zu stellen und ihren Emotionen an einem bestimmten Punkt freien Lauf zu lassen. Selbst dann, wenn für jeden zurechnungsfähigen Beobachter klar ist, dass Sie alles Menschenmögliche getan haben, Ihr Gegenüber zufrieden zu stellen, und er trotzdem weiter Schwierigkeiten macht, gilt es, Fassung zu bewahren und an seine eigene Zukunft zu denken. Nichts könnte schlimmer sein, als andere Menschen in Foren und Portalen oder gar auf der eigenen Webseite „vor laufenden Kameras" zu attackieren,

Verschwörungstheorien zu spinnen oder Vertrauliches preiszugeben. Aktivitäten dieser Art bleiben auf unbestimmte Zeit dokumentiert und haben schwerwiegende Konsequenzen. Mögen Sie noch so im Recht sein (zum Streit gehören immer zwei), das einzige, was beim potentiellen Kunden der Zukunft hängen bleibt, ist Ihre Aggressivität. Mit jemandem wie Ihnen ist wohl nicht gut Kirschen essen.

Internet-Surfer der neuen Generation suchen geradezu nach Negativem, wenn sie sich über eine Firma informieren wollen. Die Kaufentscheidung soll möglichst schnell fallen, Zeit wird immer kostbarer. Positives könnten Sie auch selbst geschrieben haben, doch Negatives ist ein eindeutiges Identifikationskriterium für ein No-Go. Wenn im Internet Schlechtes über Sie geschrieben steht, können Sie nur hoffen, dass es sehr schwer zu finden ist, denn genau danach wird gesucht.

Daher nochmals mein Rat: Seien Sie immer freundlich, sachlich und großzügig. Und bleiben Sie geduldig. Wenn Sie dieselbe Frage im selben Forums-Thread zum dritten Mal vollständig beantworten und der Fragesteller immer noch neben den Schuhen steht, wird wohl hoffentlich irgendjemandem der Kragen platzen. Nur Sie selbst sollten das nicht sein. Bleiben Sie auf die Sache bezogen und vermeiden Sie jede persönliche Anspielung, auch zwischen den Zeilen. Setzen Sie Ihr bestes Lächeln auf, bevor Sie antworten.

Ein wichtiger Punkt und eine große Chance im Webgeschäft ist das Thema Kulanz. Sie hängt unmittelbar mit Ihrer Reputation zusammen und kann zu einem wichtigen Multiplikator werden. Ihr Entgegenkommen kostet Sie Geld. Dieser Einsatz kann sich aber hundert- und tausendfach amortisieren. Bedenken Sie: Das weltweite Netz basiert, wie der Name sagt, auf weltweiter Vernetzung. Die Kommunikationsregeln sind online dieselben wie offline. Gute Nachrichten verbreiten sich schnell, schlechte noch viel schneller. Es gilt zuallererst, die Verbreitung schlechter Nachrichten zu unterbinden. Ist ein Kunde nicht zu 100 % zufrieden, kommen Sie ihm entgegen, egal, wer im Recht ist. Seien Sie großzügig. Wie viel kann Sie das schon kosten? Angesichts Ihrer Einkaufspreise, unternehmerischen Kontakte und Möglichkeiten ist ein unrentabler oder doppelt gelieferter Auftrag wohl kein Beinbruch. Man kann sich ja auch in der Mitte treffen. Wer digitale Güter vertreibt, den kostet das Entgegenkommen oft nur einen Mausklick. Kulanz geht einfach und tut nicht weh! Viel schlimmer wäre es, wenn Sie aus Prinzip auf wenigen Euros herumreiten und der frustrierte Kunde eine Rachebewertung auf Amazon oder andere Bewertungsportale stellt, die man nur sehr schwer bekämpfen kann. Versuchen Sie bei Gelegenheit, jemanden bei Amazon anzurufen, dann wissen Sie, was ich meine.

Lassen Sie Inhalte, die Sie betreffen, nicht einfach so im Internet stehen. Aber wie findet man überhaupt neue Fundstellen in diesem Datenuniversum? Das gleicht doch der Suche nach der Nadel im Heuhaufen! Wieder einmal kommt uns Google mit einem großartigen Tool zu Hilfe: den Google Alerts, zu finden unter *www.google.com/alerts*.

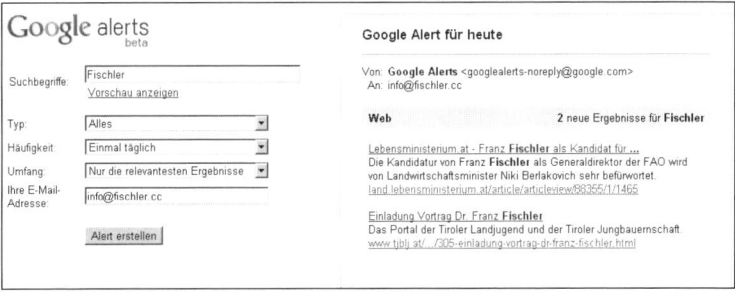

Abbildung 8.1: Google Alerts: Nie mehr neue Fundstellen verpassen

Dieser Dienst verständigt Sie, sobald Google irgendwo im weltweiten Netz von Ihnen definierte Worte und Wortkombinationen neu gefunden hat. Geben Sie Suchbegriffe ein, die im Idealfall unverwechselbar und eindeutig Ihnen zuzuordnen sind: Ihr Name, Ihre Marke, ihre Domain und Ähnliches. Sie können so viele Alerts anlegen wie Sie möchten. Legen Sie fest, in welchem Umfang und wie häufig Sie über neue Fundstellen informiert werden wollen. Egal, wo und von wem etwas über

Sie geschrieben wird – so lange Google es sieht, sehen Sie es auch. So können Sie zeitnah auf alles reagieren, das Sie betrifft.

Handeln Sie unverzüglich, sowohl bei positiven, als auch bei negativen Funden. Damit senden Sie ein wichtiges Signal aus: „Seht her, ich bin da und sehe alles, was Ihr im Internet über mich schreibt!" Außerdem drücken Sie damit aus, wie wichtig Ihnen die Meinung anderer ist. Das lässt auf guten Kundenservice schließen. Bedanken Sie sich für gute Bewertungen, und antworten Sie sachlich, freundlich und kulant auf negative Kritik. Melden Sie sich bei fremden Webseiten an, wenn das die Voraussetzung ist, um Ihre Antwort veröffentlichen zu können. Tun Sie das möglichst schnell, damit sich fremde Gemeinschaften nicht auf Sie „einschießen" können, nach dem Motto: „Jaja, das kenn ich, ich hab auch mal mit solchen Halsabschneidern zu tun gehabt!" Schnell finden Sie sich in einer Ecke mit Betrügern und anderen Kriminellen wieder. Je unverzüglicher Sie eingreifen, desto eher lassen sich solche eigendynamischen Diskussionsprozesse unterbinden. Auch im Fall berechtigter Kritik können Sie gleich die Wogen glätten, wenn Sie schnell und professionell reagieren. Doch wenn alle auf ein Statement von Ihnen warten und keines kommt, kann ein wahrer Sturm (dieses Internet-Phänomen wird als Shitstorm bezeichnet) über Sie hereinbrechen. Vogel-Strauß-Politik ist im Internet ganz verkehrt.

Sie müssen sich aber auch nicht alles gefallen lassen. Wenn Grenzen überschritten wurden und ein Rechtsbruch in Form von unlauterem Wettbewerb, Erpressung, übler Nachrede oder anderen Tatbeständen vorliegt, kann man Betreiber fremder Webseiten als Inhaltsverantwortliche darauf aufmerksam machen. Greifen diese nicht ein und löschen die rechtswidrigen Inhalte nicht, bleibt auch die Einschaltung offizieller Behörden eine Option. Die Entscheidung, worauf man sich einlässt und was zu weit geht, verlangt viel Fingerspitzengefühl. Dieses ließ etwa Jack Wolfskin vermissen, als man im Jahr 2009 brachial gegen die Verwendung von Wolfstatzen-Symbolen im Internet auftrat und eine Reihe von Abmahnungen aussandte. Empfänger dieser Unterlassungs- und Zahlungsaufforderungen waren Kleinstunternehmer wie z.b. Hobbybastler, die zu den schwächsten Gliedern des Internet-Business zählen. Dieses unglaublich aggressive und kurzsichtige Verhalten löste einen Sturm der Entrüstung quer durch Internet und Traditionsmedien aus. Auch im Wikipedia-Eintrag zu Jack Wolfskin (*http://de.wikipedia.org/wiki/Wolfskin*) ist diese verfehlte Markenstrategie ausführlich dokumentiert. Zitat: „Das Firmenimage nahm durch die Abmahnaktionen Schaden." Ich denke, dass sich dieser Schaden kaum in Zahlen ausdrücken lässt. Schließlich gab der Konzern klein bei und zog die Abmahnungen zurück. War es das wert?

Hüten Sie Ihre Reputation wie Ihren Augapfel. Sie ist Ihr wichtigstes Kapital und kann Ihnen ganz leicht davonfliegen. Ein schwacher Moment kann alles ruinieren. Genehmigen Sie sich keine Schwächen, wenn es um Ihren Ruf im Internet geht.

KAPITEL

Erste Hilfe

Wir alle kennen jene Computer-
erlebnisse der dritten Art, die uns
das Blut in den Adern gefrieren
lassen: Nach stundenlanger Arbeit
sitzt man plötzlich vorm abgestürz-
ten PC, und alles scheint futsch zu
sein. Nichts geht mehr. Spontane
Schweißausbrüche können sich
auch im Medium Internet einstellen.

9

Erste Hilfe

Google-Strafe, Penalty und Sandbox

Oje, oje! Ihre Webseite ist von einem Moment auf den anderen nicht mehr oder nur noch auf hinteren Plätzen der Google-Suchergebnisseiten zu finden? Die Analysesoftware zeigt einen markanten, schlagartigen Einbruch der von Google vermittelten Besucher? Dann könnte Ihre Homepage eine Strafe bekommen haben. Dieser so genannte „Penalty" trifft jene, die von der Suchmaschine automatisch oder aufgrund menschlicher Beurteilung als Regelbrecher identifiziert wurden. Strafen sind von natürlichen Schwankungen zu unterscheiden, die immer wieder vorkommen. Im Normalfall bewegen sich diese Fluktuationen aber innerhalb weniger Ränge und lassen Ihre Google-Besucherzahlen nicht komplett einbrechen.

Google hat ein ganzes Arsenal an Strafen, von der Rückversetzung um eine oder mehrere Seiten (de facto ist alles außer der ersten Seite, den Top 10, irrelevant) bis zur gänzlichen Entfernung aus dem Index (Höchststrafe). Die Folge ist immer dieselbe: Da es praktisch nur Google gibt und der Suchmaschinenverkehr für die meisten Webseiten lebensnotwendig ist, wird Ihnen ohne Vorwarnung und Hilfestellung der Boden unter den Füßen weggezogen. Unvermittelt und unvorhersehbar ist es dann mit dem Online-Geschäft vorbei.

Neue Webseiten erleben oft den so genannten „Sandbox-Effekt". Damit will man Spammern das Handwerk legen. Wer frisch registrierte Domains mit Brachialmethoden nach oben bringen möchte, wird zur Abkühlung ein paar Monate lang zurückgestuft. Nach der Meinung vieler Experten handelt es sich hierbei nicht um eine Strafe, sondern um einen Teil des Google-Algorithmus. Je älter die Domain, desto unwahrscheinlicher wird es, von diesem Effekt betroffen zu sein.

Gibt es Ihre Homepage schon länger und sind Sie vermutlich von einer Strafe betroffen, so sollten Sie sich zuerst ehrlich fragen, was denn der Grund dafür sein könnte. Google stellt Ihnen die „Qualitätsrichtlinien für Webmaster" zur Verfügung. In den Grundprinzipien findet sich Folgendes:

Vermeiden Sie Tricks, die das Suchmaschinen-Ranking verbessern sollen. Beachten Sie die folgende Regel: Sie sollten kein schlechtes Gefühl haben, wenn Sie den Inhabern einer konkurrierenden Website Ihre Vorgehensweise erklären müssten. Eine weitere hilfreiche Frage lautet: „Nutzt dies den Besuchern meiner Website? Würde ich das auch tun, wenn es keine Suchmaschinen gäbe?"

Haben Sie oder von Ihnen beauftragte Dienstleister es mit den Tricks übertrieben, kann Ihre Seite für immer „verbrannt" sein. Dann heißt es, mit einer neuen Domain von vorne zu beginnen. Die Alternative wäre, alle Maßnahmen, die zur Strafe führten, rückgängig zu machen, und einen „Antrag auf erneute Überprüfung der Webseite" zu stellen. Ich wage jedoch zu bezweifeln, dass sich aggressive SEO-Methoden gänzlich rückabwickeln lassen. Vielleicht erholt sich die Seite ja wieder und die Strafe ist nur vorübergehend, doch verlassen können Sie sich leider nicht darauf.

In einigen Fällen bleibt die Ursache des Penaltys verborgen. Vielleicht hat man einfach nur Pech gehabt. Der Google-Algorithmus ist dann „gut", wenn er seine Sache im Großen und Ganzen richtig macht. Spammer liefern sich mit Google harte Gefechte, und die Methoden werden auf beiden Seiten raffinierter. Kollateralschäden kommen leider immer häufiger vor. Das Dumme daran ist: Wenn Sie vom Algorithmus (automatisch) bestraft wurden, kann auch ein Google-Mitarbeiter nicht eingreifen.

Jemanden bei Google kontaktieren zu wollen, ist ohnehin aussichtslos. Wenn Sie nicht gerade ein Großkonzern mit Tausenden Mitarbeitern sind, wird sich niemand für Ihr Schicksal interessieren (können). Es gibt Hilfeforen, in denen man andere Teilnehmer um Rat ersuchen kann, etwa dann, wenn Sie sich die Strafe überhaupt nicht erklären können. Google selbst bietet solche Diskussionsplattformen, und daneben gibt es eine Vielzahl von Webmaster- und Suchmaschinenoptimierungsforen mit hilfsbereiten Zeitgenossen. Nachdem sich Google nicht in seine gelben und roten Karten blicken lässt, schwankt die Qualität der Antworten zwischen Sagen und Legenden. Anfänger laufen Gefahr, auf eine falsche Fährte geführt zu werden. Kurzschlussreaktionen und die Befolgung „guter" Ratschläge können dann zum endgültigen Abschuss der Seite führen. „Abwarten und Tee trinken" kann gut gehen, muss es aber nicht. Bei schweren Strafen wie mehrseitiger Rückstufung aller Suchergebnisse oder gänzlicher Entfernung aus dem Index rate ich Ihnen deshalb, neu zu starten und die Entwicklung der bestraften Seite am Rande mitzuverfolgen. Im besten Fall, der Aufhebung der Strafe, haben Sie dann gleich zwei funktionierende Seiten.

Zur Beruhigung: Google-Strafen sind nicht sehr wahrscheinlich. Man muss es schon eindeutig und absichtlich mit der Trickserei übertreiben. Bloße Fehler und schlechtes Handwerkszeug führen in der Regel nicht zu Strafen, sondern höchstens zu schlechteren Positionen. Und so möchte ich abschließend ein weiteres Google-Grundprinzip zitieren: „Erstellen Sie Seiten in erster Linie für Nutzer, nicht für Suchmaschinen." Wenn Sie sich auf Ihre Besucher konzentrieren, und nicht auf Google, können Sie nur profitieren: Nutzer werden zu Fans, Ihre Seiten werden auf natürliche Art und Weise verlinkt, das gefällt wiederum Google – warum soll man Sie da bestrafen?

Langsame Seiten und Webhosting-Probleme

Ihre Webseite ist sehr langsam oder ständig „down"? Kein Beinbruch! Webhosting ist eine austauschbare Dienstleistung. Ähnlich Ihrer Bank, Ihrem Zahnarzt oder Handyprovider können Sie so lange den Anbieter wechseln, bis die Leistung stimmt. Lassen Sie sich nicht von Ihrem Webhosting-Provider frustrieren. Zu wechseln ist besser als aussitzen, und es fällt kostenmäßig nicht ins Gewicht. Hosting kann also höchstens vorübergehend Kopfweh bereiten. Probieren geht über Studieren – glauben Sie nicht alles, was über die verschiedenen Anbieter zu finden ist. Die Webhosting-Branche ist stark umkämpft, Anschwärzen der Konkurrenz, selbst geschriebene Bewertungen und Racheaktionen frustrierter Webmaster sind an der Tagesordnung. Nicht immer ist der teuerste Anbieter auch der beste. Man muss seine Erfahrungen selbst machen, was zum Glück nur wenig Geld kostet. Wenn Sie Wert auf meine Meinung legen, so führe ich auf *www.fischler.cc* eine Liste aktuell zu empfehlender Webhosting-Dienste an, mit denen ich selbst arbeite.

Geschwindigkeit ist nicht nur für Google ein wichtiges Entscheidungskriterium, sondern auch für Ihre Besucher. Niemand möchte gerne zehn Sekunden oder länger warten, bis die Seite vollständig geladen wurde. Google sagt eindeutig, dass sich die Geschwindigkeit einer Webseite auf deren Position in den Ergebnislisten auswirkt. In der Sprache der Web-Nerds: „Speed ist ein wichtiges Rankingkriterium." Dies wird auch dadurch untermauert, dass der Suchmaschinengigant selbst viele Tools und Hilfestellungen für Webmaster und Webhoster zur Verfügung stellt, mit denen man seine Seiten beschleunigen kann. Ob Ihr Webhosting-Paket zu langsam ist, können Sie z.B. in den Google Webmaster-Tools beobachten (*www.google.com/ webmasters/tools*).

Hierzu müssen Sie zuerst Ihre Seite anlegen und verifizieren. Im Unterpunkt *Google Labs / Website-Leistung* sehen Sie, wie schnell Ihre Seite im Vergleich zu allen anderen Webseiten ist. Zu langsames Hosting kann man aber auch gefühlsmäßig wahrnehmen. Die Zeitspanne zwischen Aufruf einer Homepage und dem tatsächlichen Ladebeginn ist die Latenzzeit. Wenn Sie regelmäßig mehrere Sekunden warten müssen, bis der Browser zu rattern beginnt (und das bei fremden Seiten nicht so ist), stimmt vermutlich etwas mit Ihrem Webhoster oder dessen Anbindung nicht. Bringt auch die Einschaltung des Supports keine Verbesserung, heißt es: „Ab zum Nächsten!"

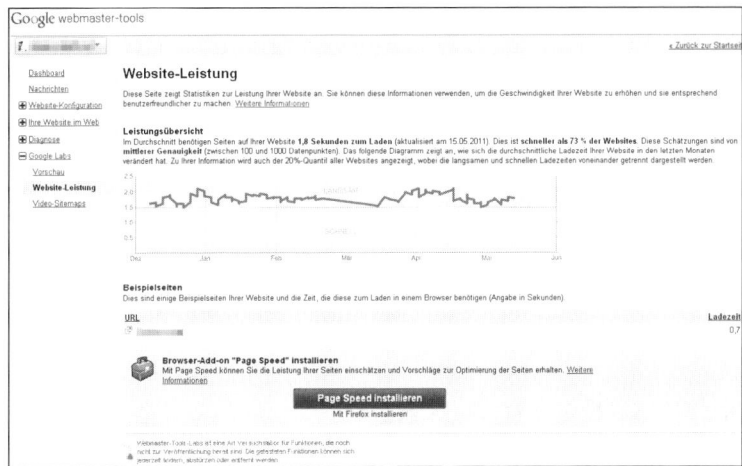

Abbildung 9.1: Google Webmaster-Tools: Wie schnell ist meine Seite, und was kann ich tun?

Unvorhersehbare Ereignisse wie Brandschäden und Infrastruktur-Ausfälle beim Webhosting-Provider können Ihre Seite vorübergehend unerreichbar machen. Davor ist auch der beste Hoster dieses Planeten nicht sicher. Niemand kann eine 100%ige Verfügbarkeitsgarantie geben, das wäre Humbug. Nicht einmal Google ist zu 100 % erreichbar. Solange sich die *Downtime*, also die Zeit, in der Ihre Seite unerreichbar ist, im Rahmen von wenigen Stunden pro Jahr abspielt, ist das in Ordnung. Doch kommt es wöchentlich vor, dass Ihre Homepage für längere Zeit offline ist, wird sich ein Wechsel des Providers nicht vermeiden lassen.

Viele Seitenbetreiber knausern, wenn es ums Webhosting geht. Diese dürfen sich nicht über langsame und schlecht erreichbare Seiten wundern. Ich verstehe nicht, warum man das Hosting unbedingt gratis haben muss, wenn man um wenige Euros pro Monat einen stabilen Dienst im Rahmen einer vollwertigen Kundenbeziehung samt Kundendienst (Support) erhält. Günstige Hostingpakete ermöglichen den Betrieb kleiner und mittelgroßer Webseiten. Bei Gratis-Hostern fliegt man ohne Vorankündigung raus, wenn man bestimmte Grenzen durchbricht.

Nicht selten sind dann alle Daten futsch. Denn was gratis ist, ist nichts wert und verpflichtet auch zu nichts – Näheres finden Sie in den Nutzungsbedingungen solcher Dienste. Das einzige Gratis-Hosting, das ich Ihnen wirklich empfehlen kann, ist jenes im Rahmen von Google Blogger.

Anbieterwechsel sind immer mit Arbeit verbunden. Doch oft wird Ihnen das vom neuen Anbieter abgenommen. Es lohnt sich nicht, auf Geschäftspotential zu verzichten, das durch schlechtes Webhosting verloren geht.

Webseite gehackt

Sie finden plötzlich merkwürdige Inhalte in Form von Texten, Links und Bildern auf Ihrer Webseite, die unmöglich von Ihnen stammen können? Es geschehen seltsame Dinge, und der Virenscanner schlägt bei jedem Besuch Ihrer Homepage aus? Dann könnte es gut sein, dass Ihre Online-Präsenz gehackt wurde.

Meist sind es automatisch laufende Programme (Skripte), die durchs Internet streifen und Ausschau nach verletzlichen Systemen halten. Jene mit einfachsten Passwörtern zum Beispiel, aber auch lange nicht mehr aktualisierte Versionen beliebter Inhaltsverwaltungssysteme. Finden sie solche, beißen sie sich fest und infiltrieren ihre Botschaften. Das Bild eines pickelgesichtigen und übergewichtigen Computerfreaks, der sich mit breitem Grinsen in einer einzelnen Homepage austobt, ist längst überholt. Hacking wurde von der Freizeitbeschäftigung zum industrialisierten Geschäftsmodell. Die Hackerprogramme arbeiten vollautomatisch, 24 Stunden am Tag und erledigen ihren Auftrag still und heimlich. Es geht weniger ums Zerstören Ihrer Arbeit als darum, von dieser zu profitieren. Wenn ein Hack nur dazu führt, dass irgendwo auf der Seite, womöglich sogar thematisch passend, ein neuer Link auf eine kommerzielle Seite des Hackers oder seines Auftraggebers vorkommt, ist das sehr schwer zu entdecken. Wie Vampire saugen sich moderne Hakker an Ihrer Webseite fest. Ihre Beute ist nicht Ihr Blut, sondern Ihr Google-Juice, der über das unbemerkte Platzieren von Links angezapft wird.

Man kann (und soll) sich von den im Kapitel „Kundenmeinung und Reputation" vorgestellten Google Webmaster-Tools benachrichtigen lassen, wenn Google auf Ihrer Seite schädliche Software findet. Hierzu müssen Sie nur auf der Startseite *Alle Nachrichten an ... weiterleiten* auswählen. Unter *Diagnose / Malware* finden Sie zudem direkt in den Webmaster-Tools eine Auswertung gefundener Schadsoftware. Beseitigen Sie eventuelle Funde schnell, denn sonst ist es mit Ihren guten Suchmaschinenpositionen vorbei. Je nach den schon entstandenen Folgen kann es sinnvoll sein, nach Entfernung der Malware eine erneute Überprüfung der Webseite durch Google zu beantragen.

Wenn Sie Opfer eines Hackers wurden, gilt: „Ein Backup macht (fast) alles wieder gut!" „Fast" deshalb, weil Sie herausfinden müssen, welche frühere Version noch nicht gehackt wurde und was dann geschehen ist. Einfache Passwörter und veraltete Homepage-Betriebssysteme wären die heißesten Tipps. Nach der Einspielung des Backups sollten Sie daher das System updaten und sichere Passwörter verwenden. Darüber hinaus lässt sich jede Homepage weiter absichern, was jedoch mit teils unverhältnismäßig hohem Aufwand verbunden wäre. Machen Sie Ihr System sicherer als andere, und der Hacker wird sich leichtere Beute suchen.

Domain verloren

Ihre Domain ist ausgelaufen und wurde Ihnen vor der Nase weggeschnappt? Dann ist Ihre Webseite von einem Tag auf den anderen nicht mehr erreichbar oder zeigt plötzlich eine fremde Homepage an. Ihr Webhoster bzw. der Dienst, der die Domain bisher verwaltete, sollte Ihnen mehr Auskunft darüber geben können, was genau geschehen ist.

Es passiert gar nicht so selten, dass einem die Domain abhanden kommt. Das passiert sogar staatlichen Organisationen und

Großkonzernen gelegentlich und ist dann ein gefundenes Fressen für die „dunkle Seite der Suchmaschinenoptimierung". Frei werdende Webseitennamen werden nicht selten automatisch wenige Sekunden nach Ablauf des bezahlten Zeitraums abgefischt und mit eigenem Content versehen, um von der „Linkpower" gut eingeführter Homepages zu profitieren. Google hat mittlerweile Maßnahmen gegen diese Praxis ergriffen, doch immer noch gilt: Haben Sie versäumt, die Domain zu verlängern, ist sie vermutlich futsch und nur sehr teuer zurückzubekommen.

Domains können Ihnen aus verschiedenen Gründen abhanden kommen. Meist sind es jedoch ungültige Zahlungsinformationen oder abgelehnte Einzugsversuche in Kombination mit ignorierten oder in den Spamordner gelangten E-Mails des Domainverwalters. Ist Ihre Kreditkarte abgelaufen, oder haben Sie Ihr Bankkonto gewechselt? Arbeitet Ihr Provider mit einem Guthabenkonto, und haben Sie versäumt, dieses rechtzeitig mit genügend Geld aufzuladen? Domains sind ein Massengeschäft und müssen automatisiert verwaltet werden. Man kann sich nicht mit jedem Kunden wegen zehn Euro pro Jahr herumärgern. In den AGB gesteht man sich zu, Zahlungserinnerungen per E-Mail statt Post auszusenden und die Domain auslaufen zu lassen, wenn der Kunde nicht rechtzeitig bezahlt. Anders wäre dieses Geschäft auch gar nicht machbar.

Eine Fehlkonfiguration der Verlängerungsoption in Ihrem Hosting-Verwaltungsbereich kann ebenfalls zum Auslaufen statt zu planmäßiger Verlängerung führen. Eine Kontrolle dieser Einstellung kann niemals schaden! Zwar sollte man auch in diesem Fall einige E-Mails zum bevorstehenden (und noch verhinderbaren) Auslaufen erhalten, doch wenn diese nicht ankommen oder ignoriert werden, heißt es: „Tschüss, mühevoll aufgebaute Domain!"

Ausgelaufene Domains gut verlinkter Homepages sind binnen Sekunden wieder registriert. Meist ist es zu spät, wenn man den Schaden erkennt. Sollte der neue Eigentümer Ihrer Domain Ihre Rechte (z.B. Markenrechte) verletzen oder Ihre alte

Webseite nachbauen und so gegen Ihr Urheberrecht verstoßen, schalten Sie Ihren Anwalt ein. Meist werden alte Domains aber auf subtilere Art und Weise genutzt. Dann kann man nur Kontakt zum neuen Inhaber aufnehmen und in Kaufverhandlungen treten. Denn was vom Voreigentümer aufgegeben wurde, kann von jedermann neu registriert werden.

Passen Sie gut auf Ihre Domain auf!

Alles fort und kein Backup

Oje, oje! Die Daten Ihrer Homepage sind unwiederbringlich und ersatzlos zerstört? Wenn sich diese Vermutung tatsächlich bestätigen sollte, dann heißt es: „Zurück an den Start!" Doch bevor Sie die Nerven über Bord werfen, vergewissern Sie sich zuerst, ob Ihre Daten wirklich fort sind. Fragen, die Ihnen vielleicht weiterhelfen, sind:

✔ Macht Ihr Webhosting-Provider automatische Backups, auch wenn er diese nicht aktiv anbietet? Schon zur eigenen Absicherung sichern die Webhoster regelmäßig alle Daten und bewahren diese für lange Zeit auf. Ich denke, dass jeder Provider eine Möglichkeit hat, frühere Datenstände – notfalls gegen Entlohnung – wiederherzustellen.

✔ Hat ein Webdesigner oder IT-Dienstleister irgendwann für Sie gearbeitet und dabei eine Sicherheitskopie angefertigt?

✔ Hat ein Programmierer die Möglichkeit, zerstörte Daten wieder funktionsfähig zu machen? Oft hat man selbst an der Seite herumgespielt und ein einfacher Fehler ist der Grund, warum nichts mehr geht.

Ist wirklich „alles futsch" und man kommt schnell drauf, so lässt sich womöglich anhand des Google-Webseiten-Cache noch einiges rekonstruieren. Mit der Abfrage *site:ihredomain. de*, also z.B. *site:malerei-meier.de*, kommen Sie zu allen Seiten, die Google indexiert hat. Per Klick auf *Im Cache* finden Sie die letzte Version, die Google von Ihrer Seite gemacht hat.

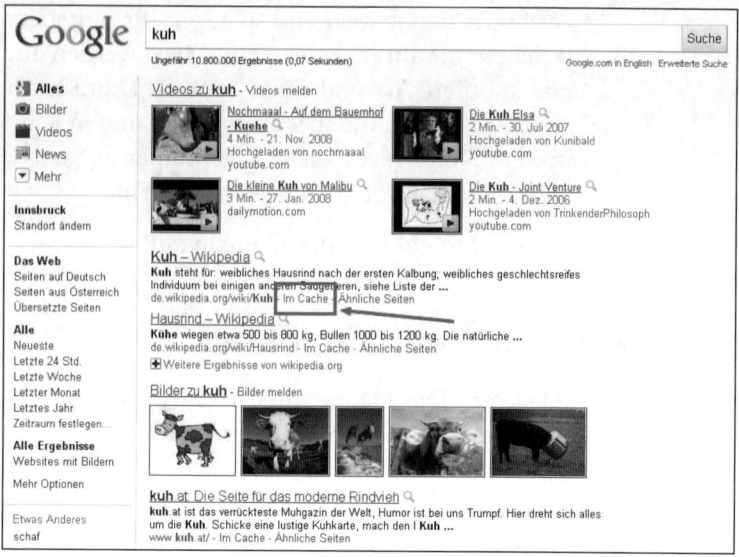

Abbildung 9.2: Googles Zwischenspeicher: *Im Cache*

Abbildung 9.3: Anzeige des Cache einer indexierten Seite

Diese können Sie per Rechtsklick und *Speichern unter ...* auf Ihrem PC sichern. Ein Web-Experte kann die Grundstruktur Ihrer Webseite anhand dieser Daten wiederherstellen. Häufig aktualisierte Homepages werden auch von Google öfter besucht. Wenn Sie sich zu viel Zeit gelassen haben, könnte die letzte Version schon jene sein, die nicht mehr funktioniert, denn ältere Speicherungen werden verworfen. Das wird jedoch nicht bei allen Unterseiten der Fall sein, die oft nur ein- bis zweimal pro Monat von Google durchforstet werden. Versuchen Sie, so viel wie möglich zu retten, denn eine etablierte, tief strukturierte Homepage ist meist gut verlinkt und hat sich ihre Suchmaschinenposition im Lauf der Jahre verdient. Ändern sich plötzlich Parameter wie Seitentitel oder Verzeichnisbaum, weil Sie den alten Stand nicht rekonstruieren können, wird Google dies als Besitzerwechsel oder andere einschneidende Änderungen interpretieren, denen der Algorithmus von Haus aus mit einer großen Portion Misstrauen begegnet. Bringen Sie daher in Sicherheit, was geht.

Das unter *www.archive.org* erreichbare „Internet Archive" könnte Ihr zweiter Rettungsanker sein. Vor allem dann, wenn Sie eine gut frequentierte Webseite besitzen, die es bereits seit mehreren Jahren gibt, sollten Sie dort frühere Stände finden und Teile Ihrer Homepage wiederherstellen können.

Diese Methoden werden einen vollständigen Datenverlust nicht ungeschehen machen. Je mehr Sie von Ihrer Homepage profitieren, desto professioneller sollten Sie daher auch mit dem Thema Datensicherheit umgehen. Backup-Routinen sind günstig und schnell aufgesetzt und werden Sie vor Extremsituationen wie diesen bewahren. Mehr dazu finden Sie im Kapitel „Ihr Auftritt, bitte!" im Abschnitt „Sicherheit und Backups".

Schlechte Bewertungen, Behauptung von Unwahrheiten

Wie bereits erwähnt, sind Kundenmeinung und Reputation essentiell für Ihr Überleben im Online-Business. Schlechte Bewertungen und rufschädigende Aussagen dritter Personen können Ihnen schnell den Geldhahn zudrehen. „Irgendetwas wird an der Sache schon dran sein, wenn jemand extra darüber schreibt!", denkt der gewöhnliche Internet-User. Ob gerechtfertigt oder nicht, Sie sollten immer auf neue, Sie betreffende Fundstellen im Internet reagieren, sobald diese auftauchen. Wie Sie automatisch auf neue, potentiell geschäftsschädigende Einträge aufmerksam gemacht werden können, und welche Möglichkeiten Sie dann haben, habe ich im Kapitel „Kundenmeinung und Reputation" dargestellt.

TEIL

Beispiele und Ergänzungen

Theorie ist das eine, aber wie sieht „das mit dem Internet" in der Praxis aus? Im vierten und letzten Teil dieses Buches geht es – um Konkretes: Die Anwendung des Internets in verschiedensten Branchen, Beauftragung externer Dienste und schließlich – als Draufgabe – Ihre firmeninterne EDV zum Nulltarif.

IV

KAPITEL

Einzelfall-Beispiele

In diesem Kapitel möchte ich Ihnen anhand konkreter Beispiele zeigen, wie sich die gezeigten Prinzipien und Möglichkeiten in der Praxis anwenden und miteinander kombinieren lassen. Dabei habe ich mich auf sinnvolle Methoden und kreative Ideen konzentriert.

10

Einzelfall-Beispiele

Da es hier ums Internet geht, drehen sich die Beispiele ausschließlich um die geschickte Nutzung des World Wide Web. Personen, Orte und Bezeichnungen wurden anonymisiert. Jede Übereinstimmung mit tatsächlich existierenden Betrieben wäre daher bloß zufällig und ist nicht beabsichtigt.

Anton Perchtl, Kinderspielzeugfabrikant

Fallbeispiel

Anton Perchtl ist gelernter Tischler und hat sich auf die Herstellung von Kinderspielzeug spezialisiert. Er ist nun seit zwei Jahren auf dem Markt und hat bereits einige Kunden, die durchweg begeistert von seinem Holzspielzeug sind. Doch das Geschäft ist zäh, der Verkauf läuft schleppend und basiert hauptsächlich auf persönlicher Weiterempfehlung. Wenn das so weitergeht, muss er in einem halben Jahr zusperren. Heute weiß Anton, dass er sich zu sehr auf die Produktentwicklung konzentriert und zu wenig um den Vertrieb gekümmert hat. Doch was tun?

✔ *Ziel:* Herr Perchtl möchte sich auch in Zukunft voll auf Fertigung und Weiterentwicklung seiner Produkte konzentrieren. Der Vertrieb war noch nie seine Sache. Ein eigener Webshop oder eBay-Verkauf kommt für ihn nicht in Frage, denn damit kennt er sich nicht aus. So geht es ihm jetzt ausschließlich darum, über das Internet neue Vertriebspartner zu gewinnen.

✔ *Zielmessinstrument:* Anzahl der neuen Vertriebskooperationen

✔ *Zielpersonen würden bei Google eintippen:* Spielzeug Hersteller, Holzspielzeug, Spielzeug aus Holz, neues Spielzeug, Holzspielzeug 2010 (bzw. aktuelles Jahr), ökologisches Spielzeug,

Spielzeug Tischlerei, Spielzeug Ideen, heimisches Spielzeug, Spielzeugfabrikant, Spielzeug aus Deutschland, gesundes Spielzeug ...

Internet-Strategie

Wer etwas produziert, ist von Natur aus im Vorteil. Er kann jederzeit neue Medien zu seinen Erzeugnissen produzieren (Fotos, Beschreibungen, Videos) und kommt über den Kundenservice in direkten Kontakt mit den Abnehmern, die ihm wertvolles Feedback geben. Auf der anderen Seite gibt es viele Vertriebsprofis, z.B. Handelsvertreter und On- und Offline-Händler, die immer auf der Suche nach guten Produkten sind. Mit seinem heimisch produzierten Holzspielzeug könnte Herr Perchtl bewusst gegen den Strom schwimmen und ein Zeichen gegen Billigwaren aus Fernost setzen, die um die halbe Welt zu uns transportiert werden und doch nur einen Bruchteil dessen kosten, was heimische Qualitätsarbeit wert wäre. Mit dem ökologischen Ansatz könnte Herr Perchtl eine kaufkräftigere Klientel ansprechen.

Um Vertriebsprofis auf sich aufmerksam zu machen, braucht Herr Perchtl eine einfache Informationswebseite, auf der seine Produkte, seine Philosophie und die persönlichen Kontaktdaten im Vordergrund stehen. Dass er auf der Suche nach Vertriebskooperationen ist, soll kein Geheimnis bleiben. Die laufende Veröffentlichung von Produktfotos und Meinungen begeisterter Kunden lockt immer mehr Besucher auf die Seite. Parallel dazu wendet sich Herr Perchtl auch an wichtige Online-Multiplikatoren: Die Zielgruppenbesitzer. Dazu gehören z.B. Betreiber von Eltern-Kinder-Blogs, Foren und themenbezogene Online-Magazine. Die kostenlose Zusendung von Produkten „zum Test" kann für viel Publicity sorgen. Der betriebliche Aufwand von ein paar verschenkten Exemplaren ist für Produzenten vernachlässigbar. Schließlich kann Herr Perchtl auch in direkten Kontakt zu Online- und Offline-Shops treten und diesen seine Produkte vorführen, was jedoch sehr aufwändig und taktisch weniger klug wäre, als sich von möglichen Partnern finden zu lassen.

Eine (wesentlich zeitgemäßere) Lösung, die zwischen eigenem und fremdem Vertrieb steht, ist das so genannte Drop-Shipping (Streckenhandel, Direktversand): Ein Vertriebspartner verkauft das Spielzeug, ohne dieses jemals selbst in die Hand zu nehmen. Die Ware wird direkt vom Hersteller an den Kunden geschickt, zusammen mit den Papieren des Vertriebspartners. Der Kunde merkt davon nichts. Der Hersteller hat mehr Aufwand mit Kommissionierung und Versand, kann sich diese Dienstleistung jedoch gut bezahlen lassen. Der Vertriebspartner braucht sich nur darum zu kümmern, den Endkunden von den Produkten zu überzeugen, und lagert manuelle Tätigkeiten aus. Für Online-Marketing-Experten wie mich ist eine solche Kooperation sehr reizvoll, da sich alle Beteiligten auf ihre Stärken konzentrieren können.

Persönliche Beurteilung

Man kann niemandem vorschreiben, wie er seine Geschäfte zu machen hat. Wäre ich Hersteller von handgefertigten, in niedriger Stückzahl produzierten Gütern, würde ich Direktvertrieb bzw. Drop-Shipping-Partnerschaften vorziehen. Klassische Distributionswege mit Groß- und Einzelhandel (die Ware geht durch viele Hände) vervielfachen den Preis eines Produkts, bis es beim Endkunden ankommt. Ohne den klassischen Zwischenhandel kann ein Hersteller günstiger anbieten und trotzdem besser verdienen.

Spätestens dann, wenn sich die Endkundenanfragen auf seiner Webseite häufen („Wo kann ich das kaufen?"), wird sich Herr Perchtl wohl überlegen, ob ein Eigenvertrieb nicht doch besser wäre, als sich auf Vertriebspartner festzulegen. Schließlich ist das Internet prädestiniert dafür. Einmal aufgebaut, wird die Webseite eines Herstellers viel eher verlinkt, erwähnt und wieder besucht als die eines beliebigen Händlers. Aufgebaute Homepages laufen von selbst weiter, während sich Herr Perchtl wieder auf seine Produkte konzentrieren kann. Als kleiner, ökologisch orientierter Tischlereibetrieb muss (und soll) er nicht in die Massenproduktion einsteigen. Durch die wesentlich höhere Rentabilität des Direktvertriebs bräuchte er weniger abzusetzen, um auf das gleiche Ergebnis zu kommen. Wenn er nur von seiner Position abrücken würde, nichts mit dem Vertrieb am Hut zu haben ...

Wenn's mal wieder leckt: Gerharter Installationen

Fallbeispiel

Heinz Gerharter ist Chef eines Berliner Installateurbetriebs mit sieben Mitarbeitern. Für die Teilnahme an öffentlichen Ausschreibungen ist seine Firma zu klein. Als Sub-Auftragnehmer übernimmt er daher oft Teilleistungen für größere Betriebe. Vor kurzem ging einer dieser Auftraggeber pleite und die Firma Gerharter muss einen hohen Forderungsausfall verkraften. So kann es nicht weitergehen!

✔ *Ziel:* Um nicht mehr von anderen Unternehmern abhängig zu sein, möchte Herr Gerharter mehr private Stammkunden gewinnen. Bei diesen ist der Preisdruck auch nicht so hoch wie im Rahmen öffentlicher Aufträge, die von einer großen an viele kleine Firmen ausgelagert werden.

✔ *Zielmessinstrument:* Die Homepage der Firma Gerharter wird auf die neue Zielgruppe „private Haushalte" ausgerichtet. Der Erfolg dieser Strategie ist z.B. in der Anzahl ausgefüllter Anfrageformulare oder ausgedruckter „Kennenlern-Gutscheine" messbar. Die Zuordnung von telefonischen und persönlichen Anfragen ist dagegen schwer messbar. Die Rückfrage, wie man denn gefunden wurde, wird im Alltag oft vergessen, womit der Wert einer Homepage zu gering eingeschätzt wird. Daher empfehle ich immer, eindeutig und automatisch messbaren Zielerreichungen den Vorrang zu geben.

✔ *Zielpersonen würden bei Google eintippen:* Tropfender Wasserhahn, Heizung kaputt, Heizung reparieren, Installateur Berlin, Notfall Installateur, Installateur Hotline, Heizung schnell reparieren, Wasserschaden, Rohrbruch Berlin was tun, Wasser in der Wohnung schnell Hilfe, Hilfe Wasserschaden, Waschmaschine leckt, Dichtung tauschen ...

Internet-Strategie

Herr Gerharter baut eine informative Webseite rund um das Thema „Installationen im Haushalt" auf. Mit regelmäßigen, kleinen Expertentipps für den eigenen Haushalt (z.B. wie man verstopfte Rohre frei bekommt, Dichtungen tauscht, Rohrbrüche erkennt, Lecks provisorisch versiegelt, bis der Fachmann kommt) beweist Herr Gerharter Fachkompetenz und Hilfsbereitschaft und wird öfter über Suchmaschinen gefunden, wenn Menschen vor diesem oder jenem Problem stehen. Wenn Herr Gerharter die Zeit findet, kann er sich zusätzlich in Frageportalen und Foren anmelden und hier seine Fachkompetenz beweisen. Über den Link in der Signatur finden Besucher auf seine Homepage.

Eine einfache Strategie der Suchmaschinenoptimierung für Handwerker: Wer sich regional nicht in die Quere kommen kann, könnte sich gegenseitig vorstellen und verlinken. Jedoch nicht im Rahmen der unsäglichen „Links"-Seite, sondern über informative Beiträge, die scheinbar nur nebenbei einen Link auf die Homepage des anderen Anbieters enthalten. Das wird man natürlich nur mit Firmen machen, von deren Qualität man überzeugt ist. Ehrliche Empfehlungen sind geeigneter, Ihre Seite nach vorne zu bringen, als plumpe Link- und Bannertauschs.

Google AdWords: Über den Anzeigendienst von Google kann Herr Gerharter eine Anzeigenkampagne schalten, die sich räumlich genau auf seinen Tätigkeitsbereich eingrenzen lässt.

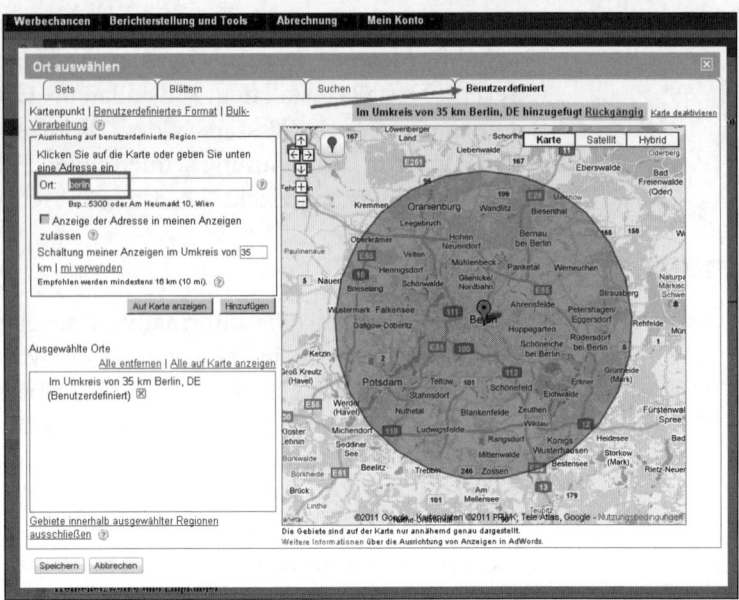

Abbildung 10.1: Google-AdWords-Anzeigen nur in Berlin schalten

Damit kauft der Betrieb nur solche Webseitenbesucher ein, die sich im Tätigkeitsbereich befinden. Indem er das Conversion-Optimierungstool von AdWords mit dem Aufruf des Kennen-lern-Gutscheins verknüpft, lässt er Google die Optimierungsarbeit seiner AdWords-Kampagne erledigen.

Google Places: Google blendet bei vielen Suchergebnissen ganz oben Anbieter ein, die sich in der unmittelbaren räumlichen Umgebung des Suchenden befinden. Diese regionale Suche führt Kunden und Anbieter „im wirklichen Leben" zusammen und ist einer der großen Trends im Internet. Was würde mir ein Installateur aus Bayern nützen, wenn ich doch hier in Berlin nasse Füße bekomme! Also zeigt mir die Suchmaschine zuerst eine Liste von Firmen aus meiner Umgebung, die mein Problem lösen könnten, zusammen mit einer interaktiven Landkarte (Google Maps). Suchen Sie einfach mal nach „Installateur", und Sie werden sehr wahrscheinlich Anbieter aus Ihrer Region angezeigt bekommen. Zu Demonstrationszwecken habe ich noch „Berlin" hinzugefügt.

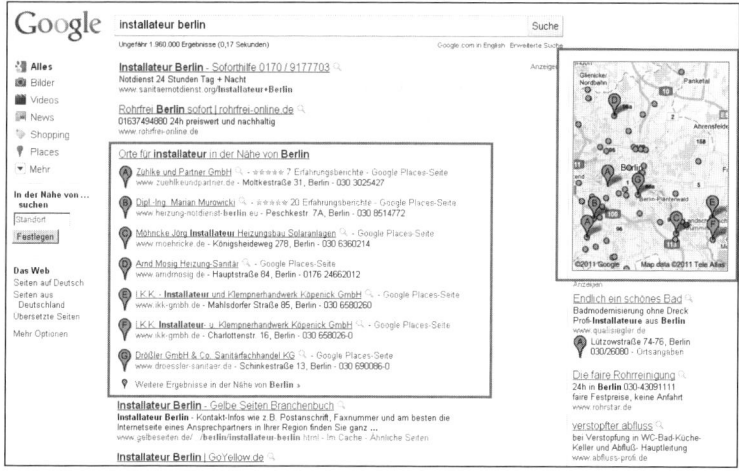

Abbildung 10.2: Google Places: Regionale Anbieter einfach finden

Die Aufnahme in Google Places ist unter *www.google.com/local/ add* kostenlos und schnell erledigt. Und wenn wir schon bei Branchenverzeichnissen sind: Die Domain sollte auch in den Gelben Seiten ersichtlich sein. Aber auch am Firmenschild, Kugelschreiber, Kfz, Geschäftspapier …

Darüber hinaus veröffentlicht Herr Gerharter Kundenreferenzen und Dankesschreiben als selbständige Beiträge und verlinkt diese gut sichtbar von der Startseite aus. Da es das Ziel der Firma Gerharter ist, zu privaten Kunden zu kommen, sind Rufnummer und andere Kontaktdaten auf jeder Seite deutlich zu sehen, verbunden mit dem Angebot, jederzeit für Kunden erreichbar zu sein. Ein ausdruckbarer Kennenlern-Gutschein („erste halbe Stunde geschenkt") senkt die Hemmschwelle für Neukunden.

Persönliche Beurteilung

In welcher Situation befinden sich Ihre Zielkunden? Mit dieser Frage sollten Sie sich ausführlich auseinandersetzen, bevor es an den Aufbau einer Informationsseite für den eigenen Betrieb geht. Im Fall von Handwerkern, die neue Privatkunden gewinnen wollen, sind es typische, meist dringende Probleme des Alltags. Wenn es Ihnen gelingt, sich kompetent, zuverlässig und entgegenkommend zu präsentieren, wird ein Notfalldienst nur der erste Einstieg in eine neue, rentable Kundenbeziehung sein. „Der hat mir in der Not geholfen und mir noch dazu die erste halbe Stunde geschenkt, statt meine Situation auszunutzen!", ist eine wertvolle Botschaft, die sich fast von selbst weitererzählen wird. Der Notdienst wird zum Akquise-Instrument, statt den schnellen Ertrag zu suchen. Solcherart überzeugte Stammkunden wenden sich mit Sicherheit wieder an Sie, wenn es um weitere, rentablere Arbeiten geht, z.B. die Sanierung oder Neuerrichtung von privatem Wohnraum. Die Schiene „Internet – günstige Notfallhilfe – rentables Stammkundengeschäft" könnte das Handwerk wieder auf den goldenen Boden zurückführen.

Stein auf Stein: Esoterik Rauscher

Fallbeispiel

Hannelore Rauscher betreibt einen kleinen Esoterikladen in der Altstadt von Lübeck. Neben Räucherstäbchen und Strickwaren hat sie Silber-, Edelstahl- und Steinschmuck im Sortiment. Sie fertigt selbst Steinketten an und verfügt über umfangreiches Wissen zu Heilsteinen und ihren Kräften. Sie legt viel Wert auf persönliche Beratung und hat schon einige Stammkunden. Doch diese reichen nicht aus, um die Kosten zu decken. Der allgemeine Trend zum Sparen macht sich auch in Frau Rauschers Kasse bemerkbar. Es muss sich etwas tun. Einen Laptop samt Internet-Anschluss gibt es im Geschäft, obwohl Frau

Rauscher eigentlich lieber von Mensch zu Mensch als „mit dem Computer" kommuniziert.

✔ *Ziel:* Frau Rauscher muss ihren Umsatz steigern, um ihr Geschäft halten zu können. Das Ziel lautet daher, Waren auch online zu verkaufen und zusätzlich neue Kunden ins Geschäft zu bringen. Da sie mit den selbst gefertigten Heilsteinketten am besten verdient, sollen diese den Schwerpunkt ihrer Internet-Aktivitäten bilden.

✔ *Zielmessinstrument:* Der Online-Umsatz ist leicht messbar, z.B. über Shop-Statistik und Buchhaltung. Neue Laufkundschaft ist schwerer zuzuordnen. Wie wäre es mit Gutscheinen, die es nur auf der Homepage gibt? Frau Rauscher könnte natürlich auch jeden neuen Kunden fragen, wie er/sie in ihr Geschäft fand. Einfach messbaren Zielen ist jedoch immer der Vorzug zu geben.

✔ *Zielpersonen würden bei Google eintippen:* Steinschmuck, Heilsteine, Steinketten Lübeck, Steinkette kaufen, Esoterikbedarf Schleswig-Holstein, Schmuckketten Lübeck, Heilsteine Wissen, Wirkung von Gesundheitssteinen, Steinketten basteln, Halbedelsteine, Tigerauge Kette, Rosenquarzanhänger, Malachit Wirkung, wirken Gesundheitssteine wirklich, Heilstein schenken, welcher Stein wirkt bei Kreislaufproblemen ...

Internet-Strategie

Frau Rauscher nutzt die Zeit, die sie alleine im Laden verbringt, und baut zuerst eine Informationsseite auf, in die sie ihr gesamtes Wissen über Heilsteine überträgt. Sie beschränkt sich nicht darauf, einen Stein nach dem anderen zu porträtieren, denn solche Seiten gibt es schon zur Genüge. Vielmehr bezieht sie sich auf Wirkung und Eigenschaften der Steine, fasst diese nach Zielgruppen, Farben oder Anwendungsgebieten zusammen und nutzt ihren Warenvorrat, um umfangreiches Bildmaterial zu erstellen, mit dem sie die Informationen auf der Homepage ergänzt. Parallel dazu meldet sie sich bei diversen Esoterikforen an, tritt Facebook-Gruppen bei und beantwortet themenbezogene Fragen, die auf Frage-Antwort-Portalen wie „Yahoo! Clever" (*http://de.answers.yahoo.com/*) gestellt werden. In den ersten Monaten ist es besonders wichtig, viele neue Besucher auf die eigene Informationsseite zu locken und diese zu wiederkehrenden Gästen zu machen. Natürlich muss die Seite selbst einen Mehrwert bieten, den man sonst nicht finden kann, wie z.B. den Detailreichtum der Berichte oder die vielen selbst erstellten Fotos. Frau Rauscher könnte zusätzlich anbieten, Fragen per E-Mail oder Telefon zu beantworten, und sich so die ersten „Fans" erarbeiten. Nach und nach lässt sie auch Fotos und Beschreibungen ihrer eigenen Steinketten in ihre Informationsseite einfließen und stellt ihr Geschäft in der Lübecker Altstadt vor, ohne dabei aufdringlich zu werden.

Nun bindet sie einen Online-Shop in ihre Informationsseite ein. Dort präsentiert sie ihre Steinketten. Sie achtet darauf, nur solche anzubieten, die sie immer wieder nachproduzieren kann. Es wäre doch schade um die viele Arbeit mit Bildern und Beschreibung, wenn sie ein Stück nur einmal verkaufen könnte! Käufer können wählen, ob sie sich die Ketten zuschicken lassen oder persönlich im Verkaufslokal abholen wollen. Frau Rauscher macht auch ihre Bestandskunden auf ihren neuen Internet-Auftritt samt Shop aufmerksam. Sie sorgt dafür, dass die Adresse ihrer Internet-Seite in der Auslage, am Geschäftsschild und an ihrem Fahrzeug gut erkennbar ist. Und natürlich trägt sie sich auch in Google Places ein.

Wenn Frau Rauscher aufgeschlossen ist, lehrt sie ihre Besucher die Herstellung von Steinketten. Das könnte sie mit Videos, PDF-Dateien oder umfangreich bebilderten Artikelserien machen. Solche Kurse sprechen sich nicht nur schnell herum und werden gerne verlinkt, sie hätten im Fall von Frau Rauscher auch einen großen Zusatznutzen: In ihrem Shop könnte sie Steine, Seile, Verschlüsse und andere Teile anbieten, die für die Herstellung der Ketten benötigt werden.

Persönliche Beurteilung

Wer sich zuerst um den Aufbau einer nützlichen Informationsseite kümmert, kann dadurch Kompetenz beweisen und sich
eine kleine Online-Fangemeinde erarbeiten. Das sorgt dafür,
dass die Seite verlinkt wird und über die Google-Suche immer
mehr Besucher anlockt. Das Wissen, welches Sie online stellen,
bleibt dort, selbst wenn Sie sich eines Tages nicht mehr so en-
thusiastisch wie am ersten Tag um die Homepage kümmern.
Nun arbeitet das „ausgelagerte" Wissen für Sie. Es ist so, als
würden Sie den Besuchern täglich Ihre Geschichte erzählen,
mit dem Unterschied, dass Sie keine Arbeit mehr damit haben. Ihr „virtuelles Ich" berät viele Menschen gleichzeitig, und
das rund um die Uhr. Über die Informationsseite als Zubringer
macht ein Shop erst richtig Sinn. Wer gleich mit einer Verkaufs-
seite beginnt, wird schnell die Lust verlieren, weil die Besucher
fehlen. Und niemand hat auf einen weiteren Shop gewartet, der
gleich aussieht wie alle anderen. Frau Rauscher hat den Vorteil,
selbst Produkte herzustellen, was sie von normalen Händlern
abhebt und unverwechselbar macht. Trotzdem ist der Verkauf
erst der zweite Schritt. Die Informationsseite wird schnell erste
Besucher bringen. Der Kontakt mit ihnen wird Frau Rauscher
zum Weitermachen motivieren, was schließlich die Grundlage
für den Onlineshop bildet. Natürlich braucht diese Internet-
Strategie Zeit. Kleine Einzelhändler sitzen jedoch oft alleine
im Laden, während sie auf Kundschaft warten. In der heutigen
Wirtschaft müssen auch Leerzeiten produktiv genutzt werden.
Der Aufbau der Internet-Seite und des Online-Shops ist daher
die perfekte Ergänzung zum Tagesgeschäft.

Könnte Frau Rauscher auch eBay nutzen? Ich bin da skeptisch.
Auf dem Auktionsportal geht es Käufern vor allem darum,
Geld zu sparen. Der Preis ist ein schlechtes Verkaufsargument.
Die Stärke von Frau Rauscher liegt im Fachwissen und in der
persönlichen Beratung ihrer Kunden. Zwar wird sie bei eBay
schneller gefunden, doch diese Plattform ist deutlich unpersön-
licher als ihre eigene Webseite. Noch dazu agiert das Portal sehr
restriktiv und schwer nachvollziehbar, zieht hohe Gebühren ein

und frustriert seine Händler mit immer neuen Vorschriften. Ich halte den Aufbau eigener Webseiten für wesentlich besser, als sich von solchen Marktplätzen abhängig zu machen.

Traumurlaub im Alpentraum

Fallbeispiel

Die Familie Kammerlander hat das Kitzbüheler Hotel „Alpentraum" gerade frisch renoviert. Vorher war das Gebäude schon sehr abgewohnt und zog nur noch große, unrentable Reisegruppen an. Das Preisdumping hätte das Haus früher oder später in den Ruin geführt. Nun erstrahlt es wieder in neuem Glanz, doch die Stammkunden bleiben seit Jahren aus. Busreisegruppen möchte man in Zukunft vermeiden, und wieder mehr Individualreisende anlocken. Besonders rentabel sind die direkten Buchungen über die Webseite, weil hier keine fremden Provisionen mehr abgezogen werden und Direktbucher weniger preissensitiv sind.

- ✔ *Ziel:* Mehr Buchungen über die Homepage

- ✔ *Zielmessinstrument:* Anzahl der Online-Buchungen

- ✔ *Zielpersonen würden bei Google eintippen:* Hotel Kitzbühel, Kitzbühel Ferien, Urlaub in Tirol, Hotel in Tirol, Schilaufen in Kitzbühel, Sommerurlaub in Tirol, Urlaub in den Bergen, Alpenurlaub Tirol, Hotel in Tirol, Wellness Kitzbühel, Streif selbst runterfahren, Familienurlaub Kitzbühel, Hahnenkamm, Toni Sailer Schigebiet, Hansi Hinterseer Urlaub …

Internet-Strategie

Zuerst geht es darum, die nötige Infrastruktur zu schaffen. Die Webseite eines Hotels (z.B. *www.alpentraum-kitzbühel.com*) soll einfach, übersichtlich und hochwertig sein. Es ist ein Irrglaube, dass es dafür teure Spielereien wie Flash-Filme, animierte Hintergründe oder ähnlichen Schnickschnack braucht. Tatsächlich geht es vielmehr um ein elegantes, stilvolles Grundesign. Die

Homepage wird mehrsprachig aufgebaut und ein Buchungstool integriert. Als Zubringer für den Webauftritt startet Familie Kammerlander ein Hotelblog. Dieses könnte unter einer
eigenen Domain laufen, wie z.b. *www.urlaub-kitzbühel.com*. Für
den Betrieb ist Google Blogger perfekt geeignet. Während die
eigentliche Homepage einfach, funktional und übersichtlich
bleibt, publizieren die Hoteliers und deren Mitarbeiter auf dem
Blog, was das Zeug hält. Je mehr informative und nutzbringende Beiträge, desto besser. Mit ein wenig Phantasie lassen
sich Hunderte, wenn nicht Tausende Themen finden, über die
sie schreiben könnten. Alles, was Kitzbühel betrifft, wer dort
wohnt, was es gibt, was sich ereignet, was man unternehmen
kann und vieles mehr ist einen Beitrag wert. Wie wäre es mit
Interviews berühmter Töchter und Söhne des Ortes? Die Kam-
merlanders nutzen darüber hinaus jede Gelegenheit, Fotos
und Videos von Hotel und Umgebung online zu stellen bzw. in
Beiträge einzubinden. Gibt es eine eigene Hotelzeitung, gehört
auch diese in das Blog – bestimmt würden Stammkunden zu
Hause den einen oder anderen Blick hineinwerfen und sich an
die schöne Zeit zurückerinnern. Angebote, Aktionen und Gewinnspiele wären weitere mögliche Themen.

Das Hotel ist auch auf Facebook und Twitter zu finden, die
entsprechenden Buttons sind deutlich auf den Webseiten plat-
ziert. Je mehr Fans und Follower, desto besser. Die Arbeit in
den sozialen Netzwerken beschränkt sich jedoch auf die kurze
Ankündigung neuer Inhalte. Wer mehr wissen will, soll auf die
eigene Homepage kommen.

Gästen, die über Reisebüros und andere Quellen kommen,
könnte man Gutscheine für die nächste Online-Buchung mit-
geben. Direktbucher könnten zudem in den Genuss von Mehr-
leistungen kommen. Die Domains sollten auf Geschäftspapieren und in E-Mail-Signaturen präsent sein. Die Familie Kammerlander nutzt jede Gelegenheit, Ihre Homepages auch offline
zu bewerben.

Das Hotel Alpentraum wird natürlich in Google Places eingetragen, aussagekräftig, ausführlich und schön bebildert. Noch

viel wichtiger ist es aber, zu den bestbewerteten Hotels „am Platz" zu gehören. Deshalb fördert die Familie Kammerlander positive Bewertungen, indem sie zufriedene Gäste aktiv ersucht, auf TripAdvisor, HolidayCheck.de oder anderen Portalen ihre Meinung zu hinterlassen – vielleicht mit einer kleinen Aufmerksamkeit als Dankeschön? Über Google Alerts lässt sie sich benachrichtigen, wenn Google neue Inhalte zu „Hotel Alpentraum", „Kammerlander Kitzbühel" oder „alpentraumkitzbühel.com" findet. So kann sie zeitnah reagieren und aktiv am Ruf des Hotels arbeiten.

Persönliche Beurteilung

Tausende Portale, Reisebüros, Verbände und Dienstleister wollen den Gast für sich gewinnen. *Am* und *im* Urlaub sparen wir nur sehr ungern, schließlich möchten wir uns auch mal was gönnen. Und so ist das Thema „Reise" ein sehr lukrativer, aber auch umkämpfter Markt. Um sich von den Mitbewerbern abzuheben, müssen Sie für das Medium Internet offen sein. Denn mit den heutigen Möglichkeiten lohnt es sich zweifellos, das Marketing in die eigene Hand zu nehmen. Der erste Aufbau mag schwierig erscheinen, doch regelmäßiger Einsatz führt schließlich zum Erfolg.

Direktbucher sind rentabler als andere Gäste. Der Preis wird zur Nebensache, wenn es Ihnen gelingt, Menschen für Ihr Hotel zu begeistern. Davon abgesehen, bräuchten Sie ohnehin weniger Kunden, um Ihre Ziele zu erreichen, da Sie keine „Zwischenhändler" wie Reisebüros und Reiseveranstalter mitfüttern müssen. Der bessere Deckungsbeitrag pro Kunde könnte es Ihnen ermöglichen, mehr Geld in Online-Werbung zu investieren. Da AdWords & Co im Reisebereich sehr umkämpft sind, sollten Sie das nur mit Erfahrung bzw. Unterstützung wagen.

Es spricht übrigens nichts dagegen, auch bei Direktbuchungen mit den Methoden von Reisebüros und Veranstaltern zu arbeiten und Vorauskasse von den Buchenden zu verlangen. Das wird Ihre Liquiditätssituation verbessern und Forderungsausfälle vermeiden.

Tourismusregionen mit starken saisonalen Schwankungen haben eine große Chance. Sie können sich in schwächeren Zeiten vermehrt auf das Internet konzentrieren. Der Aufbau eines eigenen Blogs als Zubringer für die Hotelhomepage mag zunächst aufwändig erscheinen. Doch dieser Einsatz lohnt sich definitiv. Jeder neue Beitrag ist eine weitere Angelschnur, die künftige Gäste anlockt. Einmal aufgebaut, wird das Blog zum stabilen Gästelieferanten. Nutzen Sie jede Gelegenheit, neue Inhalte zu produzieren – jeden Tag ein wenig ist aufs Jahr gerechnet sehr viel! Und es lassen sich doch bestimmt Verwandte und Bekannte finden, die im Blog mitarbeiten und ihr Talent in Form von Texten, Bildern und Videos einbringen möchten?

Gerade im Tourismus wird der eigene Ruf über die Zukunft entscheiden. Das weltweite Netz fördert den Austausch von Meinungen. Sicher lesen auch Sie die Bewertungen früherer Gäste, bevor Sie sich für ein Hotel entscheiden. Welchen Platz hat es im Vergleich zu anderen Hotels im selben Ort? Die Portale *TripAdvisor* und *HolidayCheck.de* sind besonders oft auf Seite eins zu finden, wenn man Hotelnamen und Ort kombiniert und bei Google eintippt.

Abbildung 10.3: Suche nach „edelweiß kitzbühel": TripAdvisor und Holidaycheck.de (wie immer) sehr weit vorne zu finden

Abbildung 10.4: TripAdvisor-Eintrag des Hotels Edelweiss

TripAdvisor gehört zu den beliebtesten Reisebewertungsportalen der Welt. Das Hotel Edelweiß liegt auf Platz zwei von 53 Hotels in Kitzbühel. Das ist top! Als Inhaber oder Manager des Hotels können Sie den Hoteleintrag optimieren, siehe den entsprechenden Link unter den Hotelfotos (siehe Abbildung 10.5).

Google zieht die Bewertungen der Reiseportale bei Google Places zusammen. Wie in der obigen Grafik zu sehen ist, hat Google für das Hotel Edelweiss bereits 207 Erfahrungsberichte gefunden. Probieren Sie es einfach mit anderen Hotels aus – erkennen Sie die große Chance in diesem System?

Leider verschließen sich viele Hoteliers noch vor dem Meinungsaustausch. Fürchten sie sich etwa vor Transparenz und Mitbewerb? Das wäre ganz falsch! Mühelos könnte man die vordersten Plätze in der Kundenbewertung erobern, würde man nur die Augen öffnen. Natürlich muss die Leistung stimmen, und man sollte nicht damit beginnen, sich selbst zu bewerten.

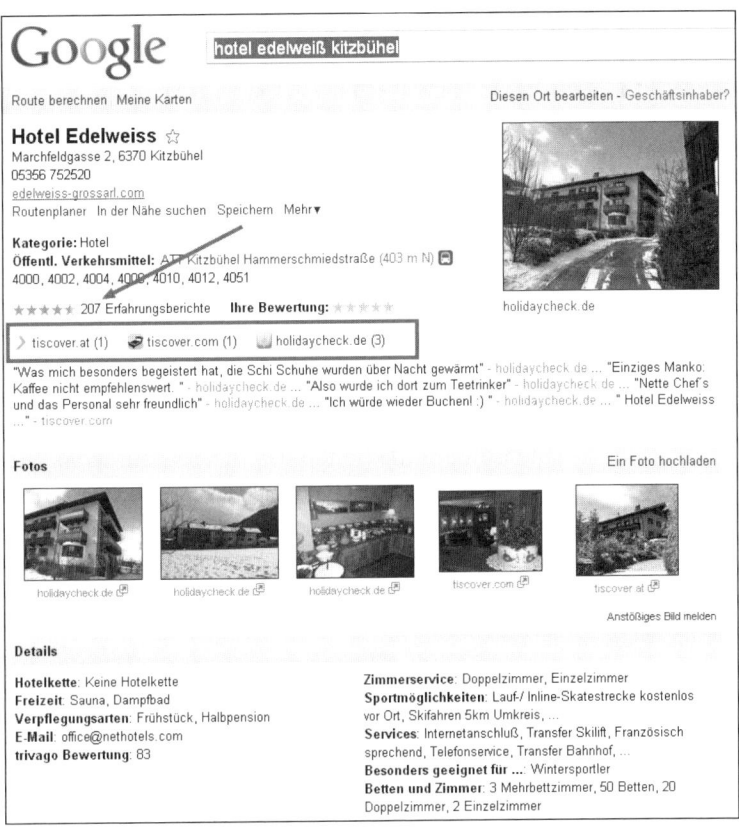

Abbildung 10.5: Google-Places-Eintrag des Hotels Edelweiss

Doch wie leicht wäre es, alle Gäste nach deren Meinung zu fragen und auf die Bewertungsportale aufmerksam zu machen? Ein kleines Dankeschön für aussagekräftige Bewertungen anzubieten? Auf jede einzelne Bewertung zu antworten und so Professionalität und Kundenservice zu signalisieren? Sich großzügig zu geben, wenn mal jemand nicht so zufrieden war?

Ganz ehrlich: Von den Chancen, die Hoteliers heute noch verschlafen, können die meisten von uns nur träumen.

Partnerprogramme: „Geld verdienen im Internet"

Hintergrund

Als „Affiliate" bezeichnet man jemanden, der im Internet für fremde Anbieter als Werbepartner fungiert. Ich gehöre selbst zu diesen „Publishern", die Webseiten betreiben und darauf fremde Werbung („Ads" der „Advertiser") platzieren. Der Vorgang an sich ist auch unter dem Namen „Partnerprogramme" bzw. „Affiliate-Marketing" bekannt. Ich blende die Werbung auf meiner Homepage ein, und ein kleiner Teil meiner Besucher wechselt auf die Seiten des Inserenten. Jedes Mal, wenn jemand auf die Werbung klickt, diese eingeblendet wird oder jemand tatsächlich beim Werbepartner kauft, bekomme ich eine Provision für meine Leistung. Affiliates machen ihre ersten Schritte sehr oft mit Google AdSense. Dort kann man sich auch als kleiner Webseitenbetreiber registrieren und binnen weniger Minuten fremde Werbung auf eigenen Homepages schalten. Dabei wird man pro Klick bezahlt. Partnerprogramme, die über Netzwerke wie *Affiliando.de*, *Affili.net* oder *Zanox.de* vermittelt werden, vergüten hingegen meist pro „Lead" (z.B. ausgefüllte Anträge oder Informationsmaterial-Anforderungen) oder pro „Sale" (tatsächlicher Umsatz). Je nach Vereinbarung erhält man einen Prozentsatz vom Umsatz oder eine pauschale Vergütung.

Partnerprogramme sind unterschiedlich rentabel. Man kann Millionen damit verdienen. Einmal aufgestellt, lässt man die Sache laufen und genießt das passive Einkommen. Mann kann aber auch sehr schnell wieder abstürzen, z.B. weil man es mit der Suchmaschinenoptimierung übertreibt. Viele Publisher werden selbst zu Inserenten und versuchen, Besucher um weniger Geld einzukaufen, als man auf der anderen Seite über Affiliate-Programme mit ihnen verdient. Dieses Margengeschäft kann den Ertrag des Affiliates vervielfachen, bedeutet aber auch ein höheres Investitionsrisiko.

Viele Partner verstehen nichts vom Geschäft, das sie bewerben. Sie erstellen Ihre Webseiten ausschließlich zum Zweck des Geldverdienens. Das Kriterium für die Auswahl des Themas ist nicht eigenes Interesse und Erfahrung, sondern die höchste Bezahlung. Viele Affiliates versuchen, sich mit billig produzierten oder kopierten Inhalten, die dann massiv beworben werden, an anderen vorbeizumogeln, was Google gar nicht gerne sieht. Das Erfolgsprinzip „Sie brauchen ein eigenes Angebot" gilt in besonderem Maße für das Affiliate-Business. Wer Webseiten um der Werbung willen betreibt, wird früher oder später damit baden gehen. Warum sollten Sie langfristig erfolgreicher sein als der eigentliche Anbieter? Wo liegt der Mehrwert Ihrer Homepage? Google wird den Prozess abkürzen und Sie als Zwischenhändler ausschalten.

Geht es jedoch nicht nur um die Werbung, sondern wird diese nur eingeblendet, um sich mit einer attraktiven und gut besuchten Seite etwas dazuzuverdienen, sind Affiliate-Programme von Google AdSense über Partnernetzwerke bis zu Direkt-Partnerschaften ein probates Mittel. Wenn Sie sich näher für die Welt des Affiliate-Marketing interessieren, empfehle ich Ihnen die Webseite *www.100partnerprogramme.de*.

- ✔ *Ziel:* Das Ziel des typischen Affiliates ist die Ertragsmaximierung aus der Webseite selbst. Man will möglichst hohe Provisionen aus Google AdSense und anderen Partnerschaften „abgreifen".

- ✔ *Zielmessinstrument:* Dieses Ziel ist einfach zu kontrollieren. Alle Programme stellen Ihnen topaktuelle Statistiken und Auswertungen zu vermittelten Klicks, Leads und Umsätzen zur Verfügung.

Internet-Strategie

Meist werden einfache Vergleichsseiten gebaut – z.B. tabellarische Vergleiche – die dann mit Fachbeiträgen unterlegt und über Suchmaschinenoptimierung (SEO) und Suchmaschinenmarketing (SEM) mit Besuchern beliefert werden. Mehr

Mühe, aber auch mehr Potential bedeutet es, ein Fachportal zum Thema aufzubauen, das für sich genommen hohe Qualität (Inhalte mit Mehrwert) bietet. Das Affiliate-Geschäft rückt in den Hintergrund und wird zum beiläufigen, kompetenten und „freundschaftlichen Rat" des Portalbetreibers. Zwar gibt es weniger Klicks, dafür steigt die Abschlussrate, da man den Empfehlungen eines Experten mehr Glauben schenkt als einer x-beliebigen Affiliate-Seite. Dafür ist allerdings Voraussetzung, dass man sich ausgezeichnet im Thema auskennt bzw. bereit ist, sich intensiv und über lange Zeit damit zu beschäftigen und die Werbung in den Hintergrund zu stellen. Gewöhnlich sind Affiliates eher an kurzfristigen Erträgen interessiert, was man an der Unzahl von werbebepflasterten „Informationsseiten" im Internet erkennt. Mal ehrlich: Welche davon bleibt Ihnen im Gedächtnis? Mit dem fehlenden Stammbesucherpotential ist auch die Zukunft dieser Webseiten und ihrer Betreiber ungewiss – eine kurzsichtige und keinesfalls nachhaltige Strategie.

Persönliche Beurteilung

Bauen Sie keine Webseiten um der Werbung willen. Es ist schön, wenn man mit seiner Homepage Geld verdient, doch das kommt erst im zweiten Schritt. Versuchen Sie zuerst, Menschen von der Qualität Ihres Informationsangebots zu überzeugen und sie zu Stammbesuchern zu machen. Das wird Ihnen den weiteren Ausbau der Seite beträchtlich erleichtern. Nach und nach können Sie die Seite dann monetisieren. Übertreiben Sie es aber nicht damit. Erhöhen Sie lieber die Zahl der Seitenbesucher als die der Anzeigenblöcke, denn so schaut langfristig mehr für Sie heraus.

Fisch, Frischer: Saitschlagers!

Fallbeispiel

Hannelore Saitschlager eröffnet in drei Monaten ein Fischrestaurant („Saitschlagers") in München. Den Schwerpunkt sollen heimische Fische bilden. Sie hat noch keine Homepage und möchte das Internet für den bestmöglichen Start nutzen.

- *Ziel:* Bekanntheit steigern, Auslastung gewährleisten

- *Zielmessinstrument:* Mitgebrachte Gutscheine, Rang und durchschnittliches Rating auf Bewertungsportalen

- *Zielpersonen würden bei Google eintippen:* Fischrestaurant München, Fisch essen gehen, frische Fische in Bayern, Saibling essen, Restaurant Fischspezialitäten, guten Karpfen wo, Fisch essen München, Fischessen Bayern ...

Internet-Strategie

Die empfohlene Online-Strategie deckt sich großteils mit dem Hotel Alpentraum. Die Homepage wird aktuell gehalten, z.B. mit wöchentlichen Mittagsmenüs. Mit einfachen Erweiterungen könnte Frau Saitschlager sogar Online-Tischreservierungen anbieten. Zwar reichen drei Monate nicht aus, um eine informative Zubringer-Homepage (Blog) zusätzlich zur eigentlichen Webseite aufzubauen, doch erste Schritte sind auch hier möglich. In ihrem Blog berichtet sie über ihren Weg bis zur Eröffnung des „Saitschlagers" und gewährt darüber hinaus Einblicke in ihren Alltag als Restaurantchefin. Kleine Rezepte, Aktionen sowie Tipps und Tricks aus der Küche eignen sich perfekt zum Drüberstreuen. Mit vielen Bildern und Videos sorgt sie für zusätzliche Besucher. Sie bietet zusätzlich ein kleines Kochbuch mit den Gerichten ihrer Speisekarte als Download an. Geschickt gemacht, erarbeitet sich Frau Saitschlager das Vertrauen der Besucher und senkt die Einstiegsschwelle für neue Gäste. Mit online ausdruckbaren Gutscheinen misst sie, welche Kunden über das Netz zu ihr gefunden haben.

Möglichst bald sorgt sie dafür, dass ihr künftiges Restaurant auf den üblichen Bewertungsportalen gelistet wird. Es gelten dieselben Ausführungen wie beim Hotel Alpentraum – der Ruf ist entscheidend!

Persönliche Beurteilung

Die Gastronomie ist ein heißes Pflaster. Neueinsteigern wird es sehr schwer gemacht, sich zu etablieren. Wenn man den Behördenkram hinter sich gebracht und Banken von der Kreditwürdigkeit überzeugt hat, geht die Arbeit erst richtig los. Kein Gast kommt nur deshalb, weil man eben mal aufsperrt. Das Marketing ist entscheidend, und das Internet kann nur einen Teil davon übernehmen. Restaurants sind daher auch im digitalen Zeitalter von persönlichen Weiterempfehlungen und Offline-Werbung abhängig.

Ob eine Google-AdWords-Kampagne sinnvoll ist, wage ich zu bezweifeln. Der durchschnittliche Ertrag pro Kunde ist vermutlich nicht hoch genug, als dass es sich rechnen würde, einen winzig kleinen Teil der eingekauften Seitenbesucher ins Lokal zu bringen. Das zeigt auch die geringe Anzahl von AdWords-Anzeigen zu restaurantspezifischen Keywords. Ein Versuch kann dennoch nicht schaden und würde vor allem in der Anfangszeit für zusätzliche Publicity sorgen.

Homepage und Blog, vor allem aber die Internet-Bewertungsseiten in Kombination mit Google Places können sich zu stabilen, von selbst laufenden Umsatzbringern entwickeln. Neben TripAdvisor und HolidayCheck.de werden Gastlokale auch auf *qype.com* oder *restaurantkritik.de* bewertet und von Google auf der (für Restaurants obligatorischen) Places-Seite zusammengefasst.

Der eigene Ruf ist in der Gastronomie von entscheidender Bedeutung. Um ihn braucht man sich nicht zu sorgen, wenn man lückenlos hohe Qualität bietet. Doch jedes Restaurant hat auch mal schlechte Tage. Negatives verbreitet sich viel schneller als Positives. Sollten unzufriedene Kunden die einzigen sein, die Bewertungen abgeben? Die Verbreitung positiver Bewertungen muss deshalb aktiv gefördert werden.

Fräulein Fröhlich finanziert Freiraum

Fallbeispiel

Mirjam Fröhlich wird in Kürze ihre Ausbildung zur Fachberaterin für Finanzdienstleistungen abschließen und möchte sich gleich selbständig machen. Sie weiß, dass das Ansehen der Branche nicht das beste ist, und will daher ein neues Konzept anwenden. Statt von Banken und Versicherungen Provisionen zu nehmen, setzt sie auf Beratung gegen Honorar. Den Schwerpunkt sollen Immobilienfinanzierungen bilden.

✓ *Ziel:* Dank Internet zu potentiellen Neukunden kommen

✓ *Zielmessinstrument:* Ausgefüllte Anfrageformulare

✓ *Zielpersonen würden bei Google eintippen:* Haus finanzieren, Immobilienfinanzierung, Darlehen für Wohnung, Haus kaufen, Wohnung kaufen, Geld für Wohnraum, wer leiht Geld für Hauskauf, Wohnungskredit, wie kauft man ein Haus, Wohnraum anschaffen ...

Internet-Strategie

Frau Fröhlich baut eine Informationswebseite rund um Immobilien und deren Finanzierung auf. Dabei achtet sie darauf, dass die Webseite selbst, und nicht erst ihre persönliche Beratung, für Kunden nützlich ist. Neben detaillierten Anleitungen, Finanzvergleichen und Hintergrundinformationen bietet sie einfache Berechnungstools (z.B. Baunebenkostenkalkulator, Finanzierungsrechner, Checklisten) als Excel-Vorlage zum Download an. Sie muss sich nicht ausschließlich auf Finanzthemen beschränken. Inhalte rund um Immobilien runden ihr Angebot ab und schaffen zusätzliches Vertrauen in ihre Kompetenz. Über Gastbeiträge und Kommentare für Wirtschaftsportale, Forenbeiträge, Aktivität in sozialen Netzen wie Xing und Facebook sowie Werbung in lokalen Medien macht sie die Homepage bekannt. In alle Seiten ist ein einfaches Formular eingebunden, über das Besucher jederzeit mit Frau Fröhlich in Kontakt

treten können. Das kostenlose Kennenlerngespräch senkt die
Hemmschwelle. Nun geht es darum, am Ball zu bleiben und
die Seite auszubauen, bis sie schließlich zu ihrem einzigen Ak-
quisitionsinstrument wird.

Persönliche Beurteilung

Ich kenne die Branche sehr gut, weil ich selbst lange für sie
gearbeitet habe. Der Honorarberatung mag die Zukunft gehören, doch sie ist schwer zu verkaufen. Der Kunde sieht nicht
ein, dass er besser beraten wird, wenn es für den Berater keine
versteckten Provisionen zu verdienen gibt. Er tendiert deshalb
zum scheinbar kostenlosen Berater, statt ein Stundenhonorar
zu bezahlen. Daher ist es besonders wichtig, potentielle Kunden schon im Vorfeld von den Vorteilen zu erzählen, die die Honorarberatung bietet. Die eigene Homepage kann hier wichtige
Vorarbeit leisten.

Weil mit dem Thema „Finanzierungen" im Internet viel Geld
zu verdienen ist, gibt es Hundert Webseiten, gegen die man
bestehen muss. Doch was Frau Fröhlich dem durchschnittlichen Finanz-Webmaster voraushat, sind Ausbildung und Einsatz. Mit ihrer Fokussierung auf Immobilienfinanzierungen
kann sie zielgerichtete Inhalte bieten und genau die richtigen
Besucher ansprechen. Da es ihr nicht um den schnellen Euro,
sondern um neue Kunden geht, gibt sie sich wesentlich mehr
Mühe mit ihren Inhalten. Schließlich steht ja auch ihr Name
auf dem Spiel. Gute, nützliche Texte, nachhaltiger Informati-
onsaufbau und Interaktion mit den Besuchern bleiben Google
nicht verborgen.

Dennoch gilt es zu Anfang, die Seite extern, über soziale Medien, andere Webseiten und auch in der „wirklichen" Welt zu
bewerben. Die Mitwirkung bei Wikipedia könnte sich bezahlt
machen. Wenn Sie dort ihre Kompetenz beweisen, können Sie
mit Sicherheit den einen oder anderen Link zu Ihrer Webseite
unterbringen. Vor allem Links zu Tools und Informationen, die
man sonst nicht findet, bleiben langfristig online und sorgen
für neue Besucher. Die Schaltung einer regionalen AdWords-

Kampagne ist vor allem im Kreditbereich sehr teuer. Wenn Sie drei Euro und mehr pro Seitenbesucher ausgeben müssten, um einen winzigen Bruchteil aller eingekauften Gäste zu Kunden zu machen, würden die Werbekosten explodieren. Sie sollten daher in erster Linie auf die Qualität Ihrer Informationen achten. Google und die Mundpropaganda erledigen den Rest.

Bettina Brombeers Kriminalromane

Fallbeispiel

Bettina Brombeer ist begeisterte Krimiautorin. Bisher schrieb sie ihre Krimis neben Kindern und Haushalt, doch nun soll endlich mehr daraus werden. Die Geschichten rund um Hauptkommissar Sebastian Strahlmann finden großen Anklang im Bekanntenkreis, doch leider blieben sie bisher auf diesen beschränkt. Ihre Bücher erscheinen bei Book-on-Demand, einem Print-on-Demand-Verlag, bei dem man sein Buch für wenig Geld verfügbar machen kann. Einen Verlag hat sie bisher nicht gesucht. Kann sie ihr Hobby zum Beruf machen?

 ✔ *Ziel:* Mehr Bücher verkaufen und Stammleser gewinnen

 ✔ *Zielmessinstrument:* Wiederkehrende und direkte Besucher (Webstatistik), Anzahl der Downloads, Amazon-Partner-Net-Statistik

 ✔ *Zielpersonen würden bei Google eintippen: –*

Internet-Strategie

Frau Brombeer entschließt sich zu einem radikalen Schritt. Um Hauptkommissar Strahlmann zum Durchbruch zu verhelfen, erscheint der nächste Krimi nicht nur als Buch, sondern zusätzlich auch kostenlos. Der gesamte Inhalt kann direkt auf ihrer Webseite gelesen werden – in kleinen Häppchen, Seite für Seite. Zusätzlich erlaubt Frau Brombeer ihren Lesern, den Krimi herunterzuladen (z.B. als PDF-Datei), und in ungeänderter Form weiterzuverbreiten. Sie gibt sich viel Mühe mit dem Gratiskrimi, denn es soll ihr bisher bestes Werk werden. In die Datei sowie ihre Homepage bindet sie Links zu ihren bereits erschienenen Büchern ein. Die PDF-Ausgabe enthält zusätzlich eine deutliche Verlinkung des Webauftritts sowie der Amazon-Seite der Druckversion. Frau Brombeer meldet sich bei *Amazon PartnerNet* an und verwendet die dort zur Verfügung gestellten „Affiliate-Links", um das gedruckte Buch zu verlinken.

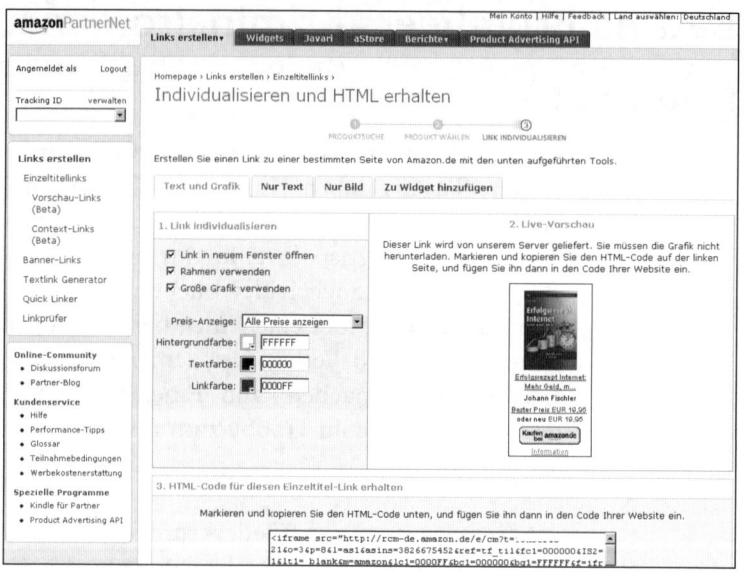

Abbildung 10.6: Amazon PartnerNet: Affiliate-Links als Zubrot für Autoren

So erhält sie von Amazon nicht nur eine Provision für jedes verkaufte Buch, sondern sieht auch, wie oft diese Speziallinks angeklickt werden – eine tolle Methode, die Verbreitung der PDF-Datei zu messen. Sie sendet den Krimi per E-Mail an Freunde, Verwandte und Bekannte, mit dem Hinweis, ihn weiterverbreiten zu dürfen, wenn er Anklang findet. Auch auf fremden Portalen, in Foren und Netzwerken hinterlässt Frau Brombeer Spuren zu ihrem kostenlosen Angebot.

Persönliche Beurteilung

Pro Jahr werden alleine in Deutschland über 100.000 Bücher neu veröffentlicht. Niemand hat auf neue Autoren und deren Geschichten gewartet. Niemand kennt sie. Deshalb sucht auch niemand nach ihnen. Sie haben nicht die Chance, Besucher mit ihren konkreten Fragen bei Google abzuholen und ihnen eine Antwort anzubieten. Suchmaschinen, Besuchereinkauf, Bilder und Videos fallen flach. Auch fremde Webseiten und soziale Netze sind nicht wirklich für die eigentliche PR-Arbeit geeignet. Es gibt diverse Autorenportale, in denen man seine Werke vorstellen und mit seiner Zunft interagieren kann – unterm Strich bleibt man damit aber unter seinesgleichen und erreicht keine Leser. Sich ausschließlich auf einen Verlag zu verlassen, hat – wenn man denn einen findet – auch nur wenig Zukunft, denn die Zahl der Neuerscheinungen pro Jahr erreicht schwindelerregende Dimensionen, und auch Verlage müssen sehen, wo sie bleiben. Den Durchbruch zu schaffen, gleicht dem Sechser im Lotto. Wer sich nicht selbst ums Marketing kümmert, wird vom Schreiben nicht leben können.

Wie lässt sich die Quadratur des Kreises erreichen? Schriftsteller (und andere Künstler) müssen die Nachfrage erst schaffen, indem sie sich und ihre Helden zu Marken machen. Das bedarf einer gänzlich anderen Herangehensweise ans Internet, als wir bisher gesehen haben.

„Gratis" ist der radikalste Preis von allen. Doch „gratis" darf nicht mit „umsonst" verwechselt werden. Vielmehr ist es ein Investment in Ihre Zukunft. Aber nur dann, wenn es keine Verlegenheitsinvestition ist. Zwar schaut man einem geschenkten Gaul nicht ins Maul, doch auch kostenlose Inhalte müssen gut sein, um größere Kreise zu ziehen. Was gefällt, kann sich aufgrund der fehlenden Preisbarriere wie ein Lauffeuer verbreiten. Von da an geht alles einfacher. Hat man einen Namen, viele Stammbesucher, Fans und Follower, verkaufen sich die künftigen (und auch die alten) Werke wie von selbst. Zu Beginn einer Autorenkarriere geht es daher ausschließlich darum, bekannt zu werden. Statt Bargeld ernten Sie Bekanntheit, die sich im zweiten Schritt monetarisieren lässt.

Immobilien + Birger + Lisa = Immobilisa!

Fallbeispiel

Lisa und Birger starten gemeinsam die Immobilisa Immobilienvermittlung GmbH. Beide arbeiteten bisher unselbständig für einen Immobilienmakler. Jetzt wollen sie selbst ins Geschäft einsteigen und sich auf ausbaufähige Dachböden in Bremen spezialisieren. Diese sollen gefunden, begutachtet, vorgeplant und schließlich an Käufer vermittelt werden.

✔ *Ziel:* Interessenten über das Internet gewinnen – sowohl auf Käufer- als auch auf Verkäuferseite.

✔ *Zielmessinstrument:* Anzahl der Kundenanfragen

✔ *Zielpersonen würden bei Google eintippen:* Dachboden Bremen, ausbaufähiger Dachboden, Dachboden kaufen, günstiger Wohnraum Bremen, Dachböden Verkauf, Dachgeschoß kaufen, Dachgeschoß Bremen Rohzustand, Dachwohnung günstig, Dachboden ausbauen wie, Dachboden zum Ausbauen ...

Internet-Strategie

Die Webseite der Immobilisa GmbH wird einfach und hochwertig gestaltet. Gäste sollen schnell zu den Projekten finden. Kontaktmöglichkeiten per Telefon, E-Mail und Anfrageformular sind auf allen Seiten deutlich erkennbar. Aus dem Internet-Auftritt geht klar hervor, dass die GmbH sowohl auf der Suche nach Käufern als auch Verkäufern ist. Lisa und Birger machen viele Fotos und Videos von den Dachböden, welche sie nicht nur auf der eigenen Homepage, sondern auch auf Flickr, Picasa und YouTube online stellen. Außerdem veröffentlichen sie laufend Tipps und Tricks zum Ausbau von Dachgeschoßen. Gestattet es ein Käufer, begleiten sie ihn beim Ausbau des

Dachbodens und führen ein Online-Tagebuch des Umbaus. Sie bewerben die Homepage offline, z.B. im Immobilienteil lokaler Tageszeitungen und Magazine. Zudem schalten sie eine Ad-Words-Kampagne und kaufen Besucher zu. Aktuelle Projekte werden zusätzlich auf großen Immobilienportalen wie Immo-bilienScout24 und Immonet.de inseriert, um Interessenten auf Käuferseite zu gewinnen.

Persönliche Beurteilung

Die Konzentration auf eine Nische ist sehr wichtig. Durch die Aneignung von Spezialwissen werden Sie zu *dem* Experten Ihres Themas. Das bleibt weder Interessenten noch Google verborgen. Nischenseiten tun sich wesentlich leichter, in der Suchmaschine nach vorne zu kommen, weil sie eindeutig besser zu spezifischen Suchanfragen passen als breite Allerweltsseiten. Wer mit einem Bauchladen herumläuft und alles machen will, wird nur sehr langsam vom Fleck kommen. Sich auf Dachböden im Rohzustand zu spezialisieren und keine anderen Vermittlungsaufträge anzunehmen, ist daher sinnvoll.

Fotos und Videos, die auf externen Plattformen wie Flickr, Picasa, YouTube oder Vimeo gehostet werden, erhöhen die Auffindbarkeit der eigenen Webseite. Zusammen mit Fachbeiträgen und Umbau-Tagebüchern werden sie zu den wichtigsten unbezahlten Zubringern. Menschen lieben Vorher-nachher-Fotos und Baugeschichten. Wenn Sie Fotos und Videos zusätzlich mit Ihrer Domain als Wasserzeichen „branden", können Sie den Effekt noch steigern.

Portale wie *ImmobilienScout24* und *Immonet.de* machen es einfacher, sich Käufern zu präsentieren. Sie können jedoch wenig dazu beitragen, Verkäufer zu finden. Deshalb ist es so wichtig, ein eigenes Portal aufzubauen, über das Sie sowohl kauf- als auch verkaufswillige Interessenten kontaktieren können. Zielgerichtete AdWords-Kampagnen helfen Ihnen, Ungleichgewichte zwischen Käufer- und Verkäuferseite auszugleichen.

Ble(ch)Tro(ttel)Rep(araturdienst).com

Fallbeispiel

BleTroRep.com ist die Online-Adresse von Konrads „Blechtrot-tel-Reparaturdienst". Er ist auf PC- und Netzwerkreparaturen sowie Datenrettung vor Ort spezialisiert.

✔ *Ziel:* Mehr Aufträge aus dem Internet

✔ *Zielmessinstrument:* Anzahl der Kundenanfragen über das Internet

✔ *Zielpersonen würden bei Google eintippen:* PC spinnt, Digitalkamera Fotos gelöscht, Computer geht nicht mehr, PC abgestürzt, alle Daten weg was tun, Festplatte raucht, Tastatur ohne Funktion, Windows fährt nicht hoch, Bildschirm kaputt, Internet-Verbindung weg, WLAN installieren, PC Notfall ...

Internet-Strategie

Auch in Konrads Fall geht es darum, sich als Experte zu positionieren. Die tägliche Arbeit mit Kunden bietet einen reichhaltigen Fundus. Mit einer Webseite im Blog-Stil kann Konrad die vielen Erlebnisse rund um „Blechtrottel und deren Macken" verarbeiten. Tipps und Tricks lassen sich mit amüsanten Anekdoten verknüpfen. Dabei passt Konrad auf, keinen Kunden bloßzustellen und keine Frage als „dumm" wirken zu lassen. Humor in Kombination mit der eigenen Berufserfahrung ist zweifellos ein zweischneidiges Schwert. Daher sollte sich *BleTroRep.com* in erster Linie um nützliche Inhalte drehen. Was kann man selbst reparieren, wofür braucht man BleTroRep? Was tut man am besten, wenn dies oder jenes passiert, um den Schaden nicht noch zu vergrößern? Wie heißen bestimmte Hardwareteile (Gelegenheit für Konrad, viele Fotos und Videos einzubauen), um sich bei der Fehlerbeschreibung richtig ausdrücken zu können? Und vor allem: Wie erreicht man Konrad, wenn nichts mehr läuft?

Natürlich trägt Konrad seinen Reparaturdienst auch bei Google Places ein und ergänzt die Gelben Seiten um seine Domain. Zudem nutzt er jede Gelegenheit, auch offline die Werbetrommel für seinen Webauftritt zu rühren, wie etwa in Kleinanzeigen, auf Streuartikeln oder am Pkw.

Persönliche Beurteilung

Je einprägsamer Ihre Marke ist, desto besser für Ihr Geschäft. Umso mehr, wenn Kunden Sie nicht suchen können, sobald der Hut brennt. Wer vor dem abgerauchten PC sitzt und keinen Ersatz hat, muss wissen, wie Sie erreichbar sind. Mit dem Expertenblog und einer ausgefallenen Firmenbezeichnung sorgen Sie dafür, dass sich einige der potentiellen Kunden auch „offline" an Sie erinnern können. Die Entwicklung einer Leitfigur (z.B. als Comicfigur) ist nicht so teuer, wie gewöhnlich vermutet wird, und sorgt für zusätzliche Markenwirkung. Wer im Telefonbuch auf Ihren Eintrag samt Namen und Figur kommt und Sie bereits aus dem Internet kennt, wird sich ziemlich sicher an Sie wenden. „BleTroRep" ist ein Beispiel dafür, dass man sich keine teuren Domains und Markenrechte sichern muss, um im Gedächtnis zu bleiben. Wenn es technisch möglich ist, könnten Sie den Namen im amerikanischen Stil zu Ihrer Rufnummer machen. BLETROREP = 253876737. Erklären Sie diesen Zusammenhang auf Ihrer Webseite.

Marlene macht's wieder gut

Fallbeispiel

Dr. Marlene Malowicz ist Kinderfachärztin in Wien. Sie hat einen Kassenvertrag und ihre Praxis ist grundsätzlich gut ausgelastet. Doch die Kassenpatienten sind nicht besonders lukrativ. Mittelfristig möchte Frau Dr. Malowicz ihr Stundenpensum reduzieren. Dafür braucht sie mehr Privatpatienten.

✔ *Ziel:* Mehr Privatpatienten, die über das Internet zu ihr finden

✔ *Zielmessinstrument:* Anzahl der Privatpatienten-Neukontakte (Rückfrage, wie man gefunden wurde)

✔ *Zielpersonen würden bei Google eintippen:* Qualitätsmediziner, Kind Gesundheitsvorsorge, erstklassige Kinderärzte, bester Kinderarzt Wien, Kinderarzt privat, guter Arzt für Kinder ...

Internet-Strategie

Frau Dr. Malowicz bietet auf ihrer Homepage einen Ratgeber zum kostenlosen Download an. Dieser dreht sich um das Thema „Krankheiten bei Kindern frühzeitig erkennen". Sie erstellt ein Gesundheitslexikon mit allem, was ihr Fachgebiet betreffen könnte. Einmal wöchentlich veröffentlicht sie einen längeren Beitrag zu Aktuellem aus ihrer Praxis und der Welt der Kindermedizin. Sie schreibt auch Gastbeiträge für Gesundheitsportale und ist auf Wikipedia aktiv, wo sie hin und wieder auf eigene Artikel und Lexikoneinträge verweist.

Die Webseite gibt klar zu erkennen, dass Frau Dr. Malowicz Privatpatienten behandelt. Sie nimmt dazu Stellung und streicht die Vorteile heraus, wie z.b. jederzeitige Verfügbarkeit, Hausbesuche und mehr Zeit pro Patienten. Über ein Anfrageformular bietet sie eine kostenlose Erstuntersuchung an.

Eine regional begrenzte AdWords-Kampagne bringt neue Besucher auf die Webseite. Hierbei ist auf mögliche Werbebeschränkungen für Ärzte zu achten.

Besonders wichtig ist der Eintrag in Google Places. Diesen gestaltet Frau Dr. Malowicz möglichst aussagekräftig. Sie kontrolliert regelmäßig mit Google Alerts, was im Internet über sie geschrieben wird, und reagiert zeitnah auf neue Bewertungen.

Persönliche Beurteilung

Auch Doktoren der Medizin müssen ihre Kompetenz erst unter Beweis stellen und Vertrauen schaffen. Ihr Vorteil ist, dass sich grundlegende Erkrankungen und Behandlungsmethoden nicht ändern. Erstellen Sie auf ihrer Homepage ein detailliertes, hochqualitatives Gesundheitslexikon für Ihr Fachgebiet. Dieses können Sie dann während ihrer gesamten Berufslaufbahn verwenden. Jeder einzelne Eintrag sollte sich auf einer eigenen Unterseite befinden und annähernd den Richtlinien für „perfekte Artikel" im Kapitel „Der Inhalt Ihrer Seite" entsprechen. So hat jeder einzelne Teil Ihrer eigenen Enzyklopädie seine eigene Chance, bei Google gefunden zu werden. Je mehr Inhalte, desto besser, wenn möglich auch bebildert. Aktuelle Updates aus der Praxis und der Welt der Medizin zeigen Ihren Besuchern, dass die Webseite lebt. Das ist jedenfalls besser als ein Newsletter, den ohnehin niemand liest. Internets-Surfer prüfen, von wann der letzte Eintrag auf einer Webseite stammt, und schließen daraus auf den Einsatz des Herausgebers. Der Aktualitätsfaktor darf nicht unterschätzt werden. Über das Lexikon kommen Sie langfristig (über die Google-Suche) zu Besuchern, und mit dem wöchentlichen Beitrag signalisieren Sie: „Ich bin für Euch da."

Die Mitwirkung auf etablierten Internet-Gesundheitsportalen und Wikipedia unterstreicht Ihre Kompetenz und bietet die Gelegenheit, Besucher über dort platzierte Links auf die eigene Seite zu bekommen. Vor allem im Fall von Wikipedia kann sich das auch positiv auf die Suchmaschinenposition der Webseite auswirken, da die Online-Enzyklopädie zu den vertrauenswürdigsten Seiten überhaupt zählt. Ich halte zwar generell nicht viel von „Links um der Suchmaschine Willen", doch eine so hochwertige Verlinkung wäre tatsächlich erstrebenswert. Ob und wie schnell das gelingt, steht in den Sternen. Vieles hängt davon ab, ob das, was Sie verlinken wollen, einen einzigartigen Nutzen bietet; womit wir wieder beim Thema „Inhalte mit Mehrwert" wären.

Da auch Ärzte mittlerweile bewertet werden können, z.B. bei Qype, Jameda, Docfinder und Google Places, haben selbst die Götter in Weiß einen Ruf zu verlieren. Suchen Sie bei Google nach „Arzt" und Sie sehen eine Google Places-Sektion samt interaktiver Karte mit Ärzten in Ihrem Umkreis. Je nach Menge der abgegebenen Bewertungen erhält der Eintrag sogar ein Sternerating. Google Places fasst dabei wie im Hotel- und Restaurantbeispiel die Kundenmeinungen verschiedener Portale zusammen und bildet hieraus ein Durchschnittsrating. Es gilt, die Augen offenzuhalten und bei neuen Einträgen rasch zu reagieren. Neben Google Alerts sollten Sie den eigenen Places-Eintrag mindestens einmal pro Monat prüfen. Die Bewertungsabgabe durch zufriedene Kunden lässt sich (wie bereits mehrmals erwähnt, siehe z.B. Kapitel „Kundenmeinung und Reputation") auf seriöse Art und Weise fördern.

Beamter im Ruhestand und Künstler

Fallbeispiel

Der Finanzbeamte Karl Gutringer malt seit vielen Jahren. Nun ist er im Ruhestand und möchte sich „das mit dem Internet" genauer ansehen. Er will seine Malerei einem größeren Kreis von Interessierten zugänglich machen. Dabei hat er keine vordergründig kommerziellen Interessen. Es geht ihm eher um Bekanntheit. Als gut situierter Rentner ist er bereit, Zeit und Geld zu investieren.

✔ *Ziel:* Viele Menschen sollen die Bilder sehen. Herr Gutringer möchte sich einen Namen machen.

✔ *Zielmessinstrument:* Anzahl der Seitenbesucher, Seitenansichten pro Besuch, Verweildauer auf der Seite (Webseitenstatistik)

✔ *Zielpersonen würden bei Google eintippen: –*

Internet-Strategie

Der Künstler fertigt hochwertige Fotos seiner Bilder an und stellt diese auf seine selbst gehostete WordPress-Installation. Für die Veröffentlichung der Fotos bedient er sich eines *WordPress Themes* (Seitenlayout), das seine Bilder nicht nur eindrucksvoll in den Mittelpunkt des Geschehens rückt, sondern auch deren Upload und Verwaltung vereinfacht. Im Randbereich der Seite weist er auf Kontaktmöglichkeiten und Aktuelles hin, lässt ansonsten aber die Bilder für sich sprechen. Die wenigen Texte, die er braucht, könnte er gleich mehrsprachig anbieten. Er meldet sich auf Kunstportalen an, bei denen er sowohl seine Bilder online stellen als auch seine Homepage verlinken kann.

Er macht regelmäßig klassische PR-Arbeit für die Homepage. Er kontaktiert Multiplikatoren wie Kunstzeitschriften und Kulturredakteure persönlich, um diese auf seine Seite zu bringen. Bei seiner nächsten Ausstellung präsentiert er den Anwesenden kurz seinen Online-Auftritt. Auf Drucksachen, Ankündigungen, Inseraten und Werbeartikeln ist seine Domain deutlich erkennbar.

Persönliche Beurteilung

Vielen Menschen geht es eher um Bekanntheit und Anerkennung als um Geld. Gerade Künstler stehen im Ruf, den Faktor Geld aus ihrem Bewusstsein verdrängt zu haben und mehr schlecht als recht über die Runden zu kommen. Herr Gutringer ist ein Sonderfall, da er sowohl Zeit als auch Geld hat, die er in sein Marketing investieren kann.

Maler sind im visuellen Bereich tätig. Es wäre wohl kontraproduktiv, eine textlastige Informationsseite aufzubauen. Das Medium ist das Bild, und dieses gilt es zu inszenieren. WordPress bietet sich aufgrund seiner Flexibilität und Erweiterbarkeit als Verwaltungssystem an. Es gibt großartige Designs (*WordPress Themes*) für Fotografen und Künstler, wie z.B. *ANAN* von Peerapong Pulpipatnan. Sehen Sie sich die entsprechende Designkategorie auf dem Design-Marktplatz *themeforest* an: *http:// themeforest.net/category/wordpress/creative*. Für wenig Geld bekommen Sie dort eine vorgefertigte Lösung. Mit dem Austausch des Hintergrunds ist das Design augenblicklich unverwechselbar. Ob es sich angesichts dessen noch auszahlt, einen Webdesigner zu beauftragen?

Es geht Herrn Gutringer darum, sich bildhaft zu präsentieren. Natürlich könnte er auch Kunstinhalte aufbauen und versuchen, in den organischen Suchergebnissen auf vordere Plätze zu gelangen. Relevante Suchanfragen wären z.B. „Malerei Online", „Online Galerie" oder „Künstler Malerei" sowie Schlagwörter rund um seine Maltechniken. Doch dafür bedarf es vor allem guter Texte. Die Google Bildersuche und Google AdWords wären neben der Textsuche weitere mögliche Besucherquellen. Aber ob sich Herr Gutringer wirklich auf so ausgefeilte Methoden einlassen will? Insgesamt denke ich nicht, dass Google einen besonderen Beitrag zu seinem Projekt leisten wird.

Auf eBay finden Sie eine ganze Reihe von Bildern zum Kauf. Wie immer geht es auf der Auktionsplattform vor allem um eines: „billiger, billiger". Dementsprechend tief sind die Preise angesiedelt, die gar nicht selten unter den Materialkosten liegen. Es herrscht ein deutlicher Angebotsüberhang, und nur weil Sie astronomisch hohe Mindestgebote einstellen, sehen sich trotzdem nicht mehr Menschen Ihre Angebotsseite an. eBay ist für Kunstwerke unbekannter Künstler nicht geeignet. Und bekannte Künstler brauchen kein eBay.

Wer Zeit und Geld hat, kann seine Webseite außerhalb der Welt aus Bits und Bytes bewerben. Dafür gibt es viele Möglichkeiten, von der Kontaktaufnahme zu Publizisten über selbst bezahlte Annoncen bis zu Streuartikeln sind der Kreativität keine Grenzen gesetzt. Innovative, witzige Werbeaktionen werden mit Sicherheit Menschen auf die Homepage locken.

„Irgendwie Genial!"

Fallbeispiel

„Irgendwie Genial!" heißt die Band von Meike, Olaf, Rudi und Tom. Sie setzen auf Deutschrock und tiefsinnige Texte. In ihrer Heimatstadt hatten sie schon ein paar Gigs, doch die Studenten wollen mehr aus ihrer Kunst machen.

✔ *Ziel:* Bekanntheit

✔ *Zielmessinstrument:* Musikdownloads, Facebook-Fans, Twitter-Follower, Seitenbesucher

✔ *Zielpersonen würden bei Google eintippen:* –

Internet-Strategie

Die vier teilen sich die Arbeit je nach ihren individuellen Stärken und Talenten auf. Die Homepage wird multimedial ausgerichtet. Die Songs stehen im Mittelpunkt, doch auch Fotos, Videos und Texte finden ausreichend Platz. Die Veröffentlichung neuer Beiträge erfolgt im Blog-Stil: Der aktuellste Beitrag hat die Pole-Position. Links zu Twitter-, Myspace-, YouTube-, Facebook- und anderen Social-Media-Profilen der Band sind deutlich erkennbar. Die Inhaltspflege der eigenen Webseite muss einfach und komfortabel funktionieren. Denn nun geht es darum, jede Menge Material online zu bringen – je mehr und je regelmäßiger, desto besser.

„Irgendwie Genial!" bieten ihre Lieder kostenlos zum Download an. Sie ersuchen Bekannte, Konzerte zu fotografieren und Mitschnitte in Bild und Ton anzufertigen. Von der Probe bis zum Auftritt wird eine Videokamera zum ständigen Begleiter. Die Band veröffentlicht ihre Songtexte und bietet Lernvideos für jene an, die ihre Songs nachspielen wollen. Videos, Bilder, Texte und Songs werden so aktuell wie möglich auf verschiedenen Online-Plattformen verfügbar gemacht und in die eigene Homepage eingebunden – am besten Tag für Tag. Auf der Basstrommel prangt die Internet-Adresse. Sie nutzen jede weitere Gelegenheit, ihre Webseite und deren kostenlose Angebote schmackhaft zu machen.

Persönliche Beurteilung

Viele Hände machen der Arbeit ein Ende. Für die Band wäre es optimal, wenn sie ein medienbegeistertes „fünftes Mitglied" finden würde, das Medienproduktion und Veröffentlichung erledigt. Fans verzeihen ihren Idolen schon mal, wenn ein Konzertmitschnitt nicht so professionell wirkt wie die letzte DVD von U2. Sieht man sich die Renner auf YouTube an, geht es überhaupt nicht um Videoqualität, sondern um Talent. Deshalb: Je öfter und je multimedialer die Band ihre Begabung unter Beweis stellen kann, desto besser. Da es keine Gesamtbeschränkung der hochgeladenen Videomenge gibt, könnten Sie jede Probe und jedes Konzert online stellen, zusammen mit anderen Begebenheiten, die sich in der und rund um die Band ereignen. So ermöglichen Sie den Fans, mit Ihnen „on the road" zu sein – z.B. in Form eines eigenen YouTube Channels – und erhöhen durch Variation der verwendeten Titel, Schlagworte und Beschreibungen gleichzeitig die Auffindbarkeit für neue Besucher.

Soziale Netzwerke sind für Musiker sehr wichtig, um den Fans die jeweilig bevorzugte Methode des Kontakthaltens anzubieten. Einer sieht sich News zuerst auf Twitter an, der andere auf Myspace oder Facebook, abonniert nur YouTube-Channels oder informiert sich per Feed oder direkt auf der Homepage. Wichtig ist, alle Kanäle zu öffnen und die Profile bzw. Inhalte auch zu pflegen. Sie kennen meine Einstellung: Soziale Netzwerke sind nur eine Ergänzung zur eigenen Webseite, um die sich alles drehen soll.

„Tausche Songs gegen Bekanntheit!" Unter diesem Motto könnte die aktuelle Entwicklung der Musikindustrie stehen. Früher war die Musik das Produkt, heute ist es der Künstler selbst. Was den Plattenlabels nicht gefällt, ist eine große Chance für jeden Musiker. Im digitalen Zeitalter kann man die ganze Welt erreichen, ohne einen großen Plattenkonzern im Hintergrund zu haben. Auch ohne großes Kapital. YouTube, Myspace und andere Plattformen sind kostenlos. Wie wir gesehen haben, lässt sich auch die eigene Homepage gratis betreiben. Wer ein Tonstudio braucht, kann es so günstig wie niemals zuvor buchen. Wer eine Nase für geschicktes Marketing hat, dem stehen alle Türen offen. Der Lohn des Musikers ist nicht mehr, seine

Platten zu verkaufen oder Tantiemen vom Verlag zu erhalten. Er wird mit Popularität belohnt. Wer bekannt ist, kann diesen Status ohne Probleme in Geld umwandeln, „monetarisieren". Sobald Ihre Lieder größere Kreise ziehen, werden viele Menschen bei Ihnen anklopfen. Was früher unmachbar erschien, erledigen plötzlich andere für Sie. Sie treten auf und verdienen gutes Geld damit. Sogar Ihre Musik können Sie nun verkaufen, z.B. in Form von Premium-CD-Ausgaben mit besonderen Beigaben oder eben „ganz normal" in Plattenläden und den Internet-Download-Stores. Ich würde meinen, dass sich die Gratisarbeit zu Beginn der Karriere in jedem Fall auszahlt!

FineMaxx

Fallbeispiel

FineMaxx ist ein Magazin für erfolgreiche Manager und solche, die es gerne wären. Die Zielgruppe sind Männer ab 25, die von Berufs wegen Anzug tragen, in höheren Kreisen verkehren und ein Faible für kleine technische Spielereien (Gadgets) haben.

- ✔ *Ziel:* FineMaxx braucht mehr Abonnenten.

- ✔ *Zielmessinstrument:* Zahl der Abo-Direktabschlüsse über die eigene Homepage

- ✔ *Zielpersonen würden bei Google eintippen:* Magazin für Manager, Businessmagazin, Zeitschrift Gadgets, technische Gadgets, neue Gadgets, Smartphone Vergleich, Manager Smartphones, Alltag eines Managers, Business Dresscode, Knigge für Männer im Büro, Accessoires Anzug, Männerzubehör, Krawatten-Guide, Anzug Mode, Anzug Karriere ...

Internet-Strategie

FineMaxx nutzt die Inhalte seines Magazins auch auf der Homepage. Texte, Fotos und andere Medien lassen sich recht einfach der „Zweitverwertung" zuführen. In einer Art „Magazin light" werden laufend neue, thematisch passende Inhalte auf

Finemaxx.com publiziert. Die Online-Version ist gratis, denn es geht ausschließlich darum, Besucher zu Zeitschriftabonnenten zu machen. Besucher werden konsequent, doch nicht aufdringlich zum Abo-Abschluss geführt.

Regelmäßig bietet FineMaxx kostenlose Ratgeber, Tools, Vergleiche und Guides rund um Dresscode, Knigge, Karriere, Must-haves und andere zielgerichtete Themen als PDF-Datei zum Download an und erlaubt deren Weiterverbreitung. FineMaxx wirbt neben klassischen Magazin-Zielgruppenbesitzern (Multiplikatoren, z.B. Arztpraxen, Flughäfen, Golfclubs, Bars, Warteräume aller Art) auch um Online-Multiplikatoren. Betreiber von einschlägigen Portalen, Blogs und Foren werden mit kostenlosen Abos beschenkt. Über ein Partnerprogramm werden diese zu Vertriebspartnern der Zeitschrift gemacht.

Mit der Schaltung von Google-AdWords-Anzeigen in Kombination mit dem Conversion-Optimierungstool wird der Anteil jener eingekauften Besucher maximiert, die tatsächlich ein Abo für das Magazin abschließen.

Persönliche Beurteilung

Als Herausgeber eines Magazins für Manager können Sie sprichwörtlich „aus dem Vollen schöpfen" und auf der gesamten Klaviatur des Online-Marketings spielen.

Die Inhalte, die Publizisten früherer Tage für ihre Zeitungen und Magazine produzierten, waren nach deren Erscheinen verloren. Sie verstaubten in Archiven und trugen nichts mehr zum Geschäftserfolg des Mediums bei. Das Internet hat das geändert. Professionell erstellte, hochqualitative Inhalte sind geradezu prädestiniert dafür, einer Zweitverwertung zugeführt zu werden. Natürlich bedeutet das nicht, den gesamten Magazininhalt eins zu eins auf die Internet-Seite zu packen. Doch Inhalte können gekürzt, kombiniert, überarbeitet oder kommentiert werden, sodass nicht der Eindruck entsteht, das Abo wäre überflüssig. Dieses „Aufwärmen" funktioniert auch umgekehrt. Merkt man, dass ein Online-Artikel besonders gut bei den Gästen ankommt, wird dieser überarbeitet und in die nächste Magazinausgabe übernommen. Die Webseite lässt sich so zum Marktforschungsinstrument machen. Online-Inhalte sorgen für einen konstanten Strom neuer Besucher und potentieller Abonnenten.

Menschen lieben kostenlose Tools und Ratgeber aller Art. Umso mehr, wenn sie wirklich nützlich sind. Die Quellen werden sehr gerne verlinkt, und Nutzbringendes verbreitet sich wie von selbst. Sie sollten daher nicht auf Ihrem Copyright herumreiten, sondern ausdrücklich gestatten, Heruntergeladenes (in unveränderter Form) weiterzuverbreiten. Über Links und Informationen in diesen Downloads machen Sie kräftig Werbung für Ihr Magazin.

Nutzer, die zum ersten mal auf Ihre Homepage gelangen, sollen sofort erkennen, dass es sich um ein klassisches Magazin handelt und wie sie sich mit wenigen Klicks über das Abo informieren und dieses abschließen können. Die Webseite muss so aufgebaut sein, dass Ihr Ziel nur eine oder maximal zwei Seiten vom Besucher entfernt ist. Wenn man sich erst durch viele Seiten klicken muss, um zum Bestellformular zu gelangen, geht viel Geschäft verloren.

Geht es um Vertriebspartnerschaften mit Foren, Blogs und anderen Webseiten, so bieten sich Affiliate-Netzwerke wie Affili.net oder Zanox für deren technische Umsetzung an. Als Advertiser zahlen Sie eine Provision an fremde Webseitenbetreiber, die Ihnen neue Abonnenten vermitteln. Doch mit der Anmeldung alleine ist es nicht getan. Um lohnende Partnerschaften aufzubauen, müssen Sie die interessanten Webmaster persönlich umwerben und von Ihrem Partnerprogramm überzeugen. Ein Gratisabo (oder gleich mehrere zur freien Vergabe) kann ein guter Einstieg in diese Geschäftsbeziehung sein. Gehen Sie nicht ausschließlich auf Riesen-Internet-Portale zu, denn diese bekommen täglich eine Unmenge von Anfragen aller Art. Sie können von Glück reden, wenn Sie überhaupt eine Antwort erhalten. Mittelgroße, aufstrebende „Publisher" werden über Ihre Kontaktaufnahme erfreut und eher bereit sein, Ihr Partnerprogramm zu testen. Aufgrund der gleichen Interessenslage von Magazinherausgeber und Portalbetreiber machen kostenlose Abonnements besonders viel Freude, zeugen von Anerkennung des Webmasters und können den Beginn einer langfristigen Webseiten-Partnerschaft bedeuten.

Google-AdWords-Anzeigen könnten sich ebenfalls lohnen. Wieder einmal lege ich Ihnen den Einsatz des Conversion-Optimierungstools von Google nahe, denn wenn es einer schafft, Ihnen bei der Auswahl wahrscheinlicher Abonnenten zu helfen, dann ist es die Suchmaschine.

KAPITEL

Doch lieber auslagern?

Der Umgang mit dem Internet ist heute einfacher als jemals zuvor. Wenn Sie aus Zeitmangel oder anderen Gründen doch lieber einen Dienstleister beauftragen möchten, so sind noch ein paar wichtige Fragen offen.

11

Doch lieber auslagern?

Was brauche ich, und was nicht?

Zwei Zutaten sind entscheidend: Der Wille zum Erfolg und Ihr Einsatz. Den Willen können Sie nicht auslagern, den Einsatz schon. Wenn Sie gewillt sind, online erfolgreich zu werden, so werden Sie stets über den Dingen stehen und ein wachsames Auge auf jene werfen, die für Sie am Webauftritt arbeiten. Wer *will*, der kann auch neben seiner Arbeit damit beginnen, den Grundstein für den Internet-Erfolg zu legen. Wenn Ihnen „das mit dem Internet" eigentlich egal ist und Sie es nur machen, „damit man eben eine Webseite hat" oder „weil es die Konkurrenz auch hat", wird man mit Ihnen Schlitten fahren. Also: *Wollen* Sie *wirklich*?

Ihr persönlicher Einsatz lässt sich (teilweise) delegieren. Sie können externe Dienstleister oder Mitarbeiter damit beauftragen, Ihren Webauftritt zu erstellen und dessen Inhalte zu pflegen. Dennoch müssen Sie die Kontrolle behalten und die Fäden ziehen. „Es" einfach abzuschieben, weil man sich nicht „damit" auskennt, führt garantiert ins Chaos. Der Stärkere gewinnt. Wer ist bei Ihnen stärker: Werbeagentur, Produktentwicklung, Buchhaltung oder Vertrieb? Die Machtverhältnisse inner- und außerhalb größerer Unternehmen haben großen Unterhaltungswert. Das führt nicht selten zu einem kuriosen Ungleichgewicht im Auftritt nach außen. Deshalb: Auch „das mit dem Internet" ist Chefsache.

Sie brauchen definitiv kein Geld aufzuwenden, um online erfolgreich zu werden. Über Dienste wie Google Blogger werden Sie binnen Minuten zum Webmaster, ohne einen Cent dafür zu bezahlen. Persönlichen Einsatz und Zeit vorausgesetzt. Da jedoch viele Unternehmer unter notorischem Zeitmangel leiden, muss man einzelne Aufgaben delegieren. Im Kapitel „Achtung: 11 Stolpersteine" erwähnte ich Fallen, die viel Geld kosten und großen Schaden anrichten können. Versuchen Sie, die gängigsten Fehler zu vermeiden, und dieses Buch hat sich bereits x-fach amortisiert.

Es spricht nichts dagegen, sich von einer Web- oder Werbeagentur beraten zu lassen und diese mit der Erstellung Ihrer Homepage zu beauftragen. Das bedeutet eine einmalige Investition und möglicherweise laufende Kosten für Wartung und Instandhaltung. Zudem fallen Webspace- und Domainkosten an, die jedoch nicht ins Gewicht fallen sollten. Selbst weitere Schritte wie die Medienproduktion und das Content-Management lassen sich an Dienstleister oder Mitarbeiter auslagern. Bleiben Sie jedoch immer am Ball und überwachen Sie, ob die Richtung stimmt.

Wie erkenne ich einen guten Dienstleister?

Ich komme regelmäßig zu Unternehmen, deren IT-Entscheidern man scheinbar alles erzählen könnte. Weil es am grundlegenden Fachwissen fehlt, werden viele Unternehmen von ihren Agenturen schamlos ausgenutzt. Wenn Sie die Verantwortung für den Internet-Auftritt tragen, so lesen Sie dieses Buch, selbst wenn Sie Umsetzungsmaßnahmen delegieren. Probieren Sie das eine oder andere Tool selbst aus. Das wird Ihnen die nötigen Kenntnisse vermitteln, um mitreden zu können. Fühlen Sie Dienstleistern auf den Zahn, bevor Sie sie beauftragen. Mit den richtigen Fragen trennen Sie die Spreu vom Weizen. Als Einstiegshilfe nenne ich Ihnen ein paar unorthodoxe Punkte, die Sie schnell hinter die Kulissen der blitzblanken Angebote blicken lassen.

Gute Full-Service-Webagenturen ...

✔ betreiben auch eigene Internet-Projekte, statt nur für Kunden zu arbeiten

✔ verhandeln nicht beim Preis und schenken Ihnen nichts

✔ arbeiten auf Wunsch auch nach Stundensatz samt Tätig-keitsprotokoll

✔ machen sich nicht selbst zum Eigentümer Ihrer Homepage und fesseln Sie nicht mit Klauseln und Mindestvertragsdau-er

✔ verkaufen keine 100-Euro-pro-Monat-Webhosting-Pauscha-le, Zusatztools, Software und sonstiges „Beiwerk"

✔ sind weder Schüler noch Studenten, die sich in der Freizeit etwas dazuverdienen möchten

✔ stellen die Optik einer Homepage nicht vor deren Benutz-barkeit

✔ schimpfen nicht über Joomla, WordPress oder Blogger

✔ setzen nicht auf schickes Flash

✔ sprechen nicht von Linktausch und PageRank

✔ wollen die Suchmaschine nicht „austricksen" oder „mani-pulieren"

✔ versprechen Ihnen nicht Platz 1 mit „Klempnermeister Jo-hann Öttl" oder „guter Spengler für Fiat Punto in Osna-brück" als Suchanfragen

✔ versprechen überhaupt keine Plätze auf Plattformen, die ih-nen nicht selbst gehören

✔ machen kein Drama aus Twitter und Facebook

✔ setzen nicht alles auf eine einzige Besucherquelle

✔ gehen individuell auf Sie, Ihre Ziele und Ihre Branche ein

Diese Liste ließe sich noch viel weiter fortsetzen. Doch es ver-hält sich wie bei der Einstellung neuer Mitarbeiter. Manchen gelingt es, sich ins Unternehmen zu schwindeln. Dass sie nichts draufhaben, merkt man erst hinterher. Man kann sich jedoch leichter von externen Dienstleistern trennen, als von Angestellten. Wechseln Sie so lange den Anbieter, bis Leistung und Ergebnis stimmen.

Was darf „das mit dem Internet" kosten?

Webdesign und Webentwicklung

Die Branche arbeitet mit Pauschalen. Die Homepage kostet 4.000 Euro, das Buchungstool 10.000 Euro, die Anbindung an die Buchhaltung 5.500 Euro und so weiter. Schwer zu durchblicken. Der Pauschalen-Vergleich zwischen mehreren Anbietern bringt Sie auch nicht wirklich weiter. Lassen Sie sich deshalb immer aufschlüsseln, mit wie vielen Stunden und welchen Stundensätzen solche Summen kalkuliert wurden. Mit etwas Hintergrundwissen können Sie abschätzen, ob die veranschlagte Zeit realistisch ist. Der Erstaufbau einer normalen Firmen-Webseite ohne Sonderfunktionen hat bei uns noch nie mehr als 20 Arbeitsstunden verursacht. Da man heute auf viele vorgefertigte Bausteine zurückgreifen kann, reduziert sich der Arbeitsaufwand immer weiter. Vor allem WordPress fasziniert mit seiner Flexibilität. Egal, ob Webshop, Buchungstool oder Community – mit Plug-ins und Template-Frameworks kann ich Ihnen binnen weniger Arbeitstage eine schicke, performante Webseite bauen, die nach Hunderten Arbeitsstunden aussieht. In diesem Maßstab könnte ich sie wohl auch anbieten und verrechnen. Leider gibt es in unserer Branche viele Anbieter, die genau das tun. Ich halte minutengenaue Abrechnungen auf Basis vereinbarter Stundensätze für die ehrlichste und beste Variante – für beide Seiten. Wenn ein Dienstleister so nicht arbeiten möchte, sollten Sie sich fragen, warum.

Der Stundensatz selbst ist eine relative Angelegenheit. Schüler und Studenten, die in ihrer Freizeit Homepages basteln, haben mit Dumpingpreisen erreicht, dass manche EDV-Dienstleister sich nicht trauen, mehr als 40 Euro netto pro Stunde zu verrechnen. Dabei müssten sie weit darüber liegen, um die nachhaltige Entwicklung ihres Betriebs und damit die Versorgungssicher-

Kapitel 11 | Doch lieber auslagern? | 325

heit für ihre Kunden sicherzustellen. Unproduktive Zeit, Administration und Infrastruktur werden in der Preiskalkulation sehr oft vergessen, was dann zu ruinösen Stundenpreisen führt. Anwälte, Steuerberater und Notare nehmen unter 100 Euro die Stunde nicht einmal den Bleistift in die Hand. Sie können sich schon glücklich schätzen, einen Kfz-Mechaniker oder Spengler zu diesem Tarif zu finden. Wenn Ihr IT-Dienstleister weniger als die Hälfte dessen verlangt, kann etwas nicht stimmen. Hat er es so nötig, Ihren Auftrag zu bekommen? Dann gibt es ihn wohl bald nicht mehr. Ist seine Arbeit so minderwertig? Arbeitet er als One-Man-Show von zu Hause aus und ist im Urlaubs- und Krankheitsfall einfach nicht verfügbar? Macht er die Dumpingpreise durch Schwindeln bei den Stunden wett?

Ich habe gesehen, dass wenige Mausklicks zu wahren Umsatzexplosionen führen können. Wenn Sie einen Dienstleister finden, der für Sie an den richtigen Stellschrauben dreht, sind auch 200 Euro pro Stunde schnell amortisiert. Deshalb: Der Stundensatz ist relativ und sollte keinesfalls zum Entscheidungskriterium werden, welchen Dienstleister Sie beauftragen wollen.

Software, Tools, Programme

Ich habe mich in diesem Buch auf frei verfügbare Tools und Open-Source-Software konzentriert. Für vieles davon gibt es auch kommerzielle Alternativen. Aber warum sollen Sie Geld für etwas ausgeben, das Sie gratis bekommen können? Selbst wenn das Bezahlteil zusätzliche Funktionen bieten sollte: Rechtfertigt das wirklich den Preissprung?

In kaum einem Bereich der Internet-Dienstleistungen wird so gut verdient wie bei der Suchmaschinenoptimierung. Das gilt auch für Tools, die die „Optimierung" automatisieren, kontrollieren und in Statistiken aufbereiten. Vom automatischen Linktausch bis zum täglichen Check, wo Ihre Seite bei Google steht, bleibt kein Wunsch unerfüllt. Da ich generell nicht viel von Suchmaschinenoptimierung halte, würde ich für Dienste dieser Art keinen Cent ausgeben.

Domain und Webhosting

Beliebte Domains wie *.de*, *.com* oder *.net* kosten zwischen 5 und 12 Euro pro Jahr. Der Rest ist Profit Ihres Anbieters. Beim Webhosting gilt „nach oben offen". Die meisten Klein- und Mittelbetriebe kommen mit einem Mini-Hostingpaket aus, das sie maximal 10 Euro pro Monat kostet. Wer nicht mehr als ein paar hundert Besucher pro Tag auf seiner Seite hat, braucht sicher keinen eigenen Webserver. Meine größte Seite hat ca. 5.000 Hits pro Tag und läuft seit Jahren problemlos mit einem Einsteiger-Paket. Wozu mit Kanonen auf Spatzen schießen?

Liegen Ihre Zugriffszahlen deutlich darüber, geht es im ersten Schritt an den eigenen Server, den Sie schon für ca. 100 Euro monatlich mieten können. Konzerne und Großportale brauchen sogar mehrere Server samt Lastverteilung, Datenspiegelung und anderen Raffinessen, was deutlich kostenintensiver ist und schnell mehrere Tausend Euro pro Monat verschlingen kann. Wir sprechen hier aber von sechsstelligen Besucherzahlen (pro Tag), die gestemmt werden müssen. Ich schätze, dass 99 % aller Unternehmen mit einem stabilen Mini-Hostingpaket bestens bedient sind. Von Gratisdiensten rate ich ab – was nichts kostet, ist nichts wert!

KAPITEL

Ihre Firmen-EDV zum Nulltarif

Das Internet kann Ihnen nicht nur zu mehr Umsatz verhelfen, sondern auch große Einsparungen bewirken. Als Bonus-Kapitel möchte ich Ihnen zeigen, wie wenig Sie heute in Ihre Unternehmens-IT investieren müssen.

12

Ihre Firmen-EDV zum Nulltarif

Bis vor wenigen Jahren war der Aufbau einer vernetzten EDV-Infrastruktur für Klein- und Mittelbetriebe mit großem finanziellem Aufwand verbunden. Für die Umsetzung waren teure Server, Software und Wartungsverträge nötig. Nur so konnte man auf gemeinsame E-Mails, Kalendereinträge und andere zentrale Datenressourcen zugreifen. Die Kosten gerieten schnell in den fünfstelligen Bereich. Das hinderte viele Firmen daran, die Möglichkeiten des Informationszeitalters voll einzusetzen.

Heute ist alles anders. Wir stehen am Beginn der Cloud-Computing-Revolution. Sie können ein voll funktionsfähiges, firmeninternes EDV-Netzwerk zu minimalen Kosten aufbauen. Alles, was Sie benötigen, sind Rechner mit Internet-Zugang.

E-Mails, Kalender, gemeinsame Dokumente und Funktionen existieren virtuell, in der so genannten Cloud oder Datenwolke. Die braucht Sie nicht zu kümmern. Ein vollwertiger PC-Arbeitsplatz kostet Sie nur noch Hardware-, Strom- und Internet-Gebühren. Mit Benutzernamen und Passwort können sich Ihre Mitarbeiter theoretisch von überall auf der Welt aus in das Firmennetzwerk einloggen. Geht ein PC kaputt, wird er einfach getauscht, denn alle Daten befinden sich in der externen Cloud. Der Computer ist nur noch das Interface zwischen Mensch und virtueller IT. Kein Firmenserver, keine Softwarelizenzen und keine Wartungsverträge mehr. Aufgrund der außerordentlichen Sicherheit und Stabilität der Cloud-Lösung sind Ihre Daten hier wahrscheinlich viel sicherer aufgehoben als am eigenen Server. Internet-Verbindungen sind heute so stabil, dass nichts mehr gegen den virtuellen Arbeitsplatz spricht. Selbst diesen Unsicherheitsfaktor kann man mit einer zweiten Internet-Leitung einfach ausschalten.

Ich betreibe meine Firmen-IT seit mehreren Jahren in der Google-Cloud. Kommt ein Mitarbeiter hinzu, wird er einfach per Mausklick angelegt. Ein neuer Arbeitsplatz kostet mich weniger als 500 Euro – im Wesentlichen die Hardware. Berechtigungen und Sicherheitslevel lassen sich sehr einfach konfigurieren. Jeder einzelne Mitarbeiter hat sieben Gigabyte Mail- und Dokumentspeicherplatz. Und jetzt kommt das Beste: Für bis zu zehn Mitarbeiter können Sie Ihr Netzwerk kostenlos bei Google Apps betreiben! Die kommerzielle Variante, welche sich nicht nur an größere Unternehmen richtet, sondern auch mehr Speicherplatz und Funktionalität bietet, kostet 40 Euro pro Nutzer und Jahr. Selbst dieser Preis steht in keinem Verhältnis zum EDV-Aufwand früherer Tage.

Wenn Sie Vorbehalte gegenüber Google hegen, was Datensicherheit, Datenschutz und Verfügbarkeit der Dienste betrifft, möchte ich auf meine Ausführungen unter „Kann ich Google vertrauen?" im Kapitel „Ihr Auftritt, bitte" verweisen. Kurz gesagt: Google könnte sich niemals die Blamage leisten, Ihre Daten zu verlieren. Auch eine „Downtime", also Stillstandszeit, sorgt unverzüglich für weltweite Negativschlagzeilen. Die Medien lauern regelrecht darauf, dass sich Google die Blöße gibt. Außerdem ist es wesentlich wahrscheinlicher, dass Ihr Firmenserver plötzlich das Zeitliche segnet als die Google-Cloud. Niemand weiß, was die Zukunft bringt, doch aus heutiger Sicht ist Google für mich die beste, günstigste und sicherste Option, meine Firma virtuell abzubilden.

Einrichtung von Google Apps

Um mit Google Apps zu starten, gehen Sie zuerst auf die Einstiegsseite *www.google.com/apps/intl/de/group/index.html*.

Passen Sie auf, dass Sie nicht auf der Seite *Google Apps for Business – Jetzt kostenlos testen* landen, die nur 30 Tage lang kostenlos ist. Google möchte Geld mit seinen Unternehmenskunden verdienen und versteckt die kostenlose Variante unter der oben angeführten Adresse.

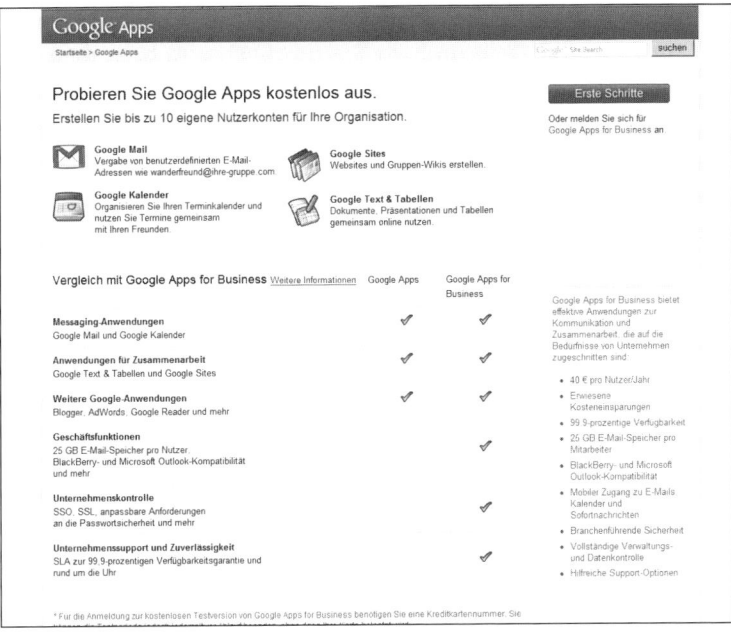

Abbildung 12.1: Google Apps: Startseite der kostenlosen Version

Sie brauchen für die Nutzung von Google Apps eine Domain, unter der Ihre Dienste erreichbar sind. Diese können Sie im Rahmen der Einrichtung von Google Apps erwerben. Der große Vorteil besteht darin, dass die Domain automatisch für die Nutzung von Google Apps vorkonfiguriert wird und Sie sich um nichts mehr zu kümmern brauchen. Diese Adresse wird dann auch für die E-Mails verwendet. Würde ich z.B. *www. firma-fischler.com* kaufen, so wären *info@firma-fischler.com* oder *huber@firma-fischler.com* mögliche Adressen für mich und meine Mitarbeiter. Wenn Sie die Domain hier kaufen, können Sie diese zusätzlich für Ihren eigentlichen Webauftritt (Homepage) verwenden, da Sie volle Kontrolle über die Domaineinstellungen erhalten. Über die so genannte DNS-Konfiguration der Domain könnte ich *login.firma-fischler.com* als Log-in-Seite für Google Apps definieren, während *www.firma-fischler.com* zur eigentlichen Homepage führt. Wie man das macht, hängt davon ab, wie und wo Sie Ihre Webseite betreiben. Auf www.fischler. cc finden Sie nähere Details und Anleitungen.

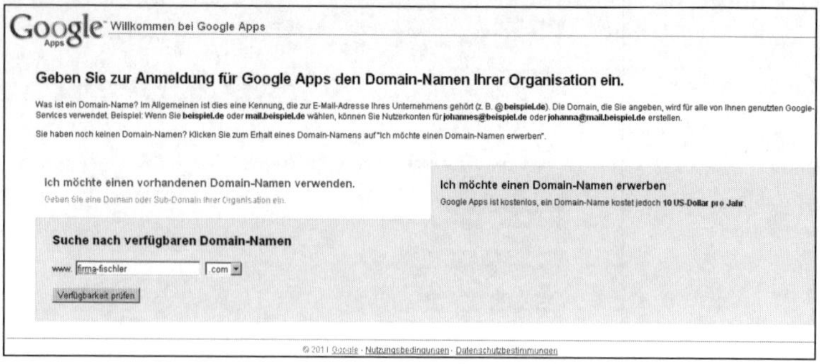

Abbildung 12.2: Google Apps: Domain-Namen erwerben

Abbildung 12.3: Allgemeine Daten und Einstellungen eingeben

Nach der Eingabe allgemeiner Daten richten Sie das erste Administratorkonto ein und akzeptieren die Nutzungsbedingungen.

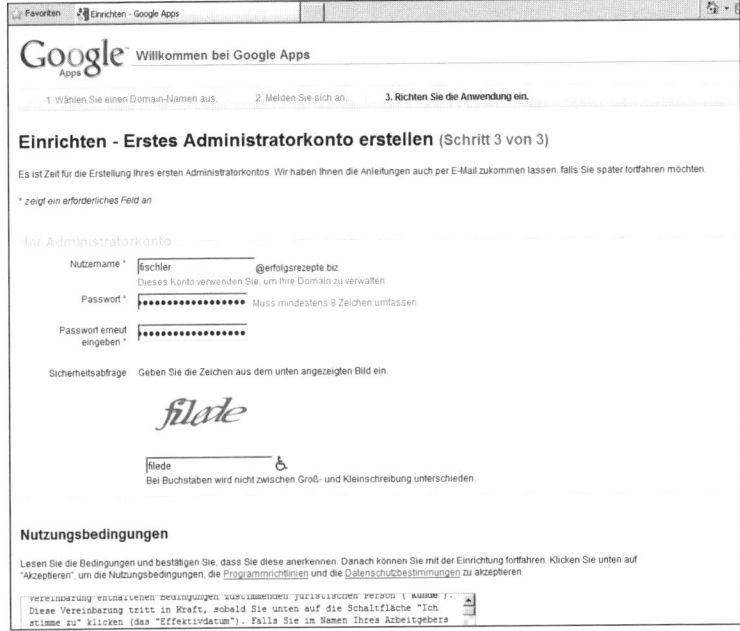

Abbildung 12.4: Erstes Administratorkonto erstellen

Es folgt der Einrichtungsassistent, der Sie durch die grundlegenden Konfigurationsmöglichkeiten führt.

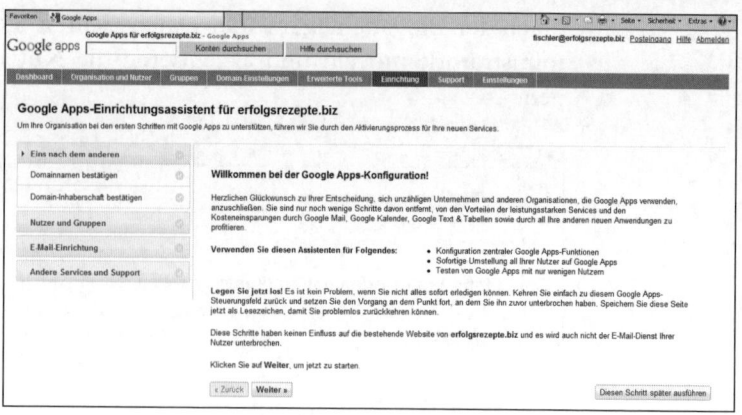

Abbildung 12.5: Google Apps-Einrichtungsassistent

Nach Beendigung des Einrichtungsassistenten gelangen Sie auf das *Dashboard*, die Startseite Ihrer Google-Apps-Administratoroberfläche. Von hier aus können Sie Benutzer anlegen, bearbeiten und löschen, Berechtigungen vergeben, grundlegende Konfigurationen ändern und vieles mehr.

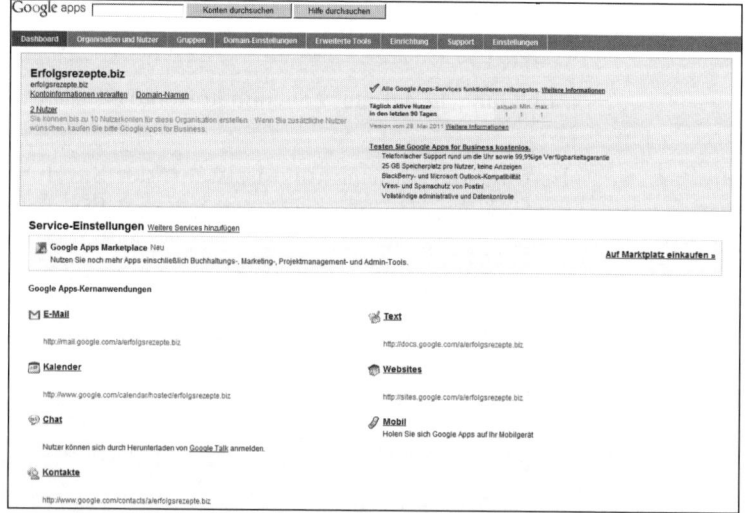

Abbildung 12.6: Das Dashboard (die Startseite) von Google Apps

Unter *Organisation und Nutzer* können Sie neue Nutzer anlegen und grundlegende Berechtigungen vergeben.

Abbildung 12.7: Tab *Organisation und Nutzer*

Mit Klick auf *Neuen Nutzer erstellen* öffnet sich ein Fenster. *Vorname, Nachname, E-Mail-Adresse*, fertig!

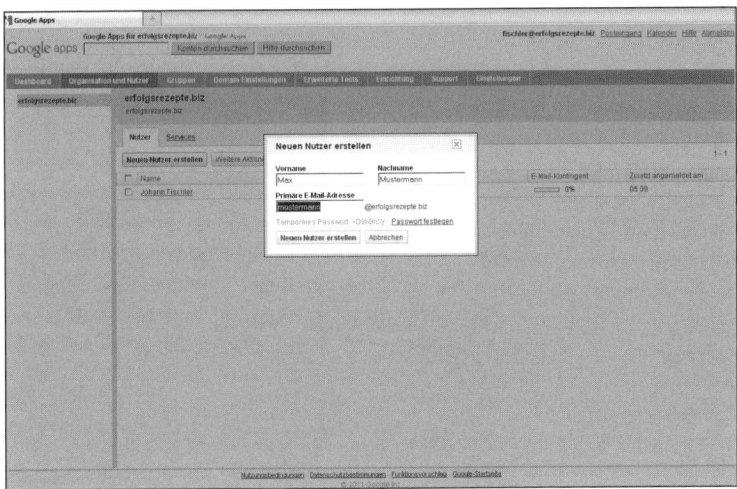

Abbildung 12.8: *Neuen Nutzer erstellen*

Nach Erstellung erhalten Sie Log-in-Details und ein temporäres Passwort für den neuen Benutzer. Dieses können Sie ausdrucken oder gleich per E-Mail versenden.

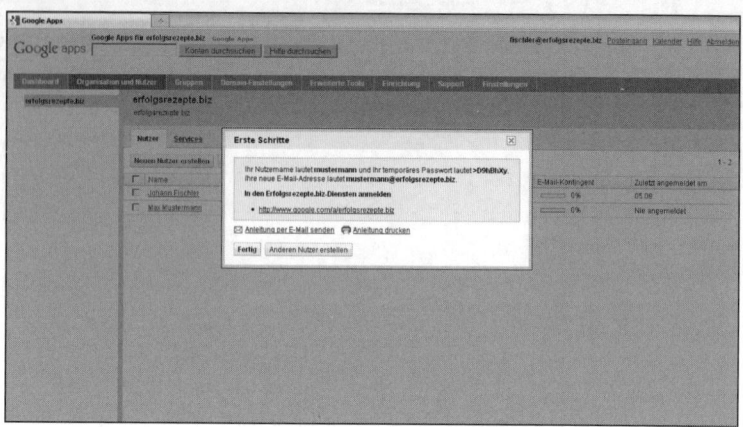

Abbildung 12.9: Informationen zum neuen Benutzer

Im Reiter *Services* rechts neben *Nutzer* können Sie festlegen, welche Google-Dienste Ihre Mitarbeiter im Rahmen der Nutzung von Google Apps benutzen dürfen.

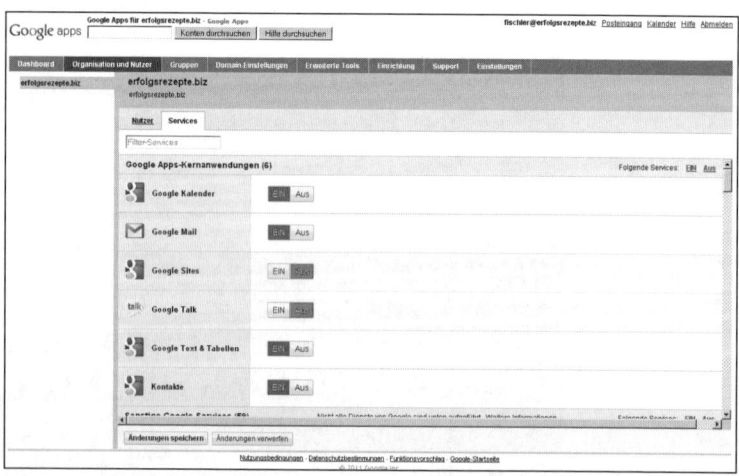

Abbildung 12.10: Verfügbare Services definieren

Klicken Sie sich durch die anderen Menüs und sehen Sie sich die großteils selbsterklärenden Punkte an. In den *Einstellungen* können Sie Log-in-Adressen für die Dienste ändern, Sicherheitsstufen festlegen, Freigabemöglichkeiten und Auffangadressen definieren, E-Mail-Delegation erlauben und vieles mehr. So können Sie die Google Apps perfekt an Ihre internen Gebräuche anpassen.

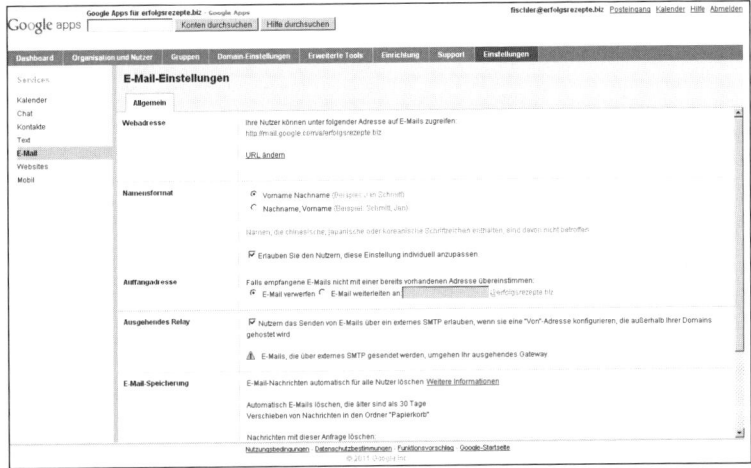

Abbildung 12.11: Diverse Einstellungen in Google Apps

Google Mail (Österreich: Gmail) nennt sich der E-Mail-Dienst von Google, der Ihnen und Ihren Mitarbeitern im Rahmen von Google Apps automatisch zur Verfügung gestellt wird. Ich verwende Google Mail seit Jahren, da Google wesentlich effizienter mit Spam umgeht als andere Maildienste. Zudem können einzelne Mails sehr gut gefiltert und mit verschiedenen Markierungen versehen werden, was die Übersichtlichkeit und das Arbeitstempo verbessert. Jedem Ihrer Apps-Nutzer stehen über sieben Gigabyte Speicherplatz zur Verfügung. Eine klare Empfehlung von meiner Seite!

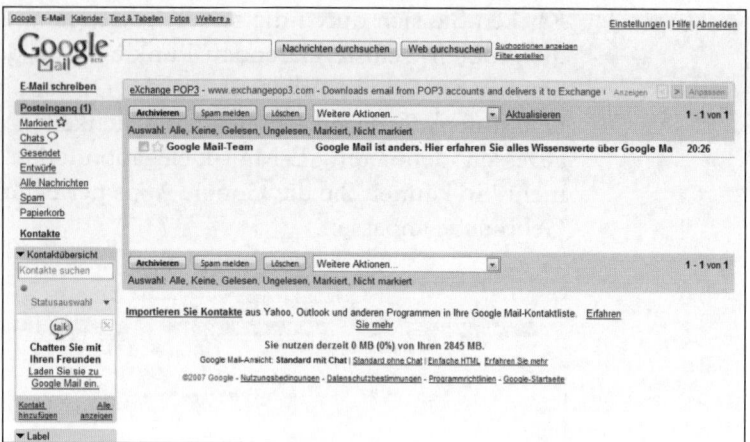

Abbildung 12.12: Google Mail: Der E-Mail-Dienst von Google

Google Calendar ist die Kalenderapplikation der Google Apps. Die Kalender können allen oder nur bestimmten Mitarbeitern freigegeben werden, wobei sich natürlich festlegen lässt, ob alle Termindetails oder nur Ihre Verfügbarkeit angezeigt werden soll.

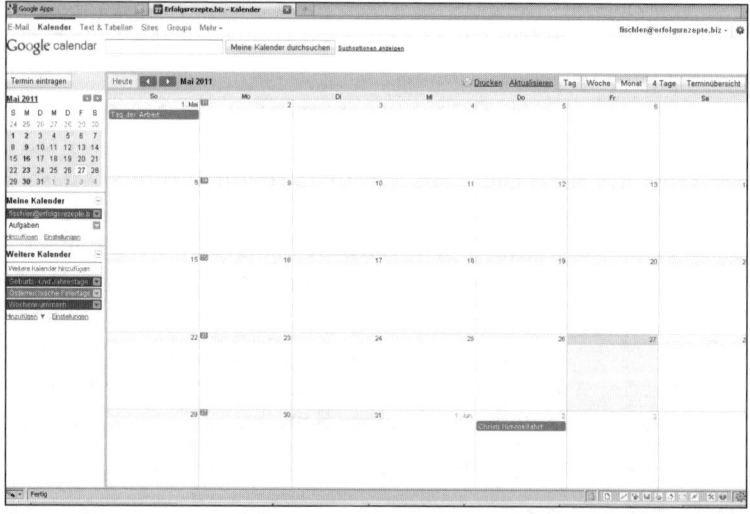

Abbildung 12.13: Google Calendar im Rahmen von Google Apps

Diese und alle weiteren Dienste machen Google Apps zu einer interessanten Alternative für herkömmliche IT-Systeme. Da immer mehr Firmen und Organisationen auf Google Apps umsteigen, ist mit einer laufenden Verbesserung der Dienste zu rechnen. Dem Cloud-Computing gehört die Zukunft!

Konfiguration der eigenen Domain (optional)

Die Verwendung einer bereits registrierten Domain für Google Apps ist ebenso möglich. Was auf den ersten Blick kompliziert erscheint, ist es in Wahrheit gar nicht. Zudem stellt Google umfangreiche Informationen bereit. Lassen Sie sich darauf ein, denn es lohnt sich. Wählen Sie zu Beginn *Ich möchte einen vorhandenen Domain-Namen verwenden.*

Abbildung 12.14: Verwendung von Google Apps mit einem vorhandenen Domain-Namen

Nach der Eingabe der allgemeinen Daten müssen Sie sich zuerst als Eigentümer der Domain verifizieren lassen. Dafür stehen Ihnen verschiedene Methoden zur Verfügung. Sie können eine HTML-Bestätigungsseite herunterladen und ins Hauptverzeichnis Ihre Domain legen. Diese Methode ist besonders für jene geeignet, die eine selbst gehostete Webseite betreiben und FTP-Zugriff auf ihren Server haben.

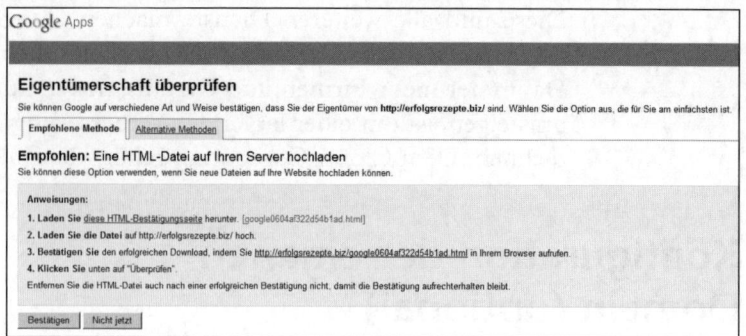

Abbildung 12.15: Domain-Eigentümerschaft mit HTML-Datei überprüfen

Darüber hinaus können Sie die Domain-Eigentümerschaft auch mittels Meta-Tag überprüfen lassen. In diesem Fall kopieren Sie den HTML-Code in den <head>-Bereich Ihrer Webseite. Bei WordPress gehen Sie unter *Design / Editor* in die Datei *header.php* und fügen die Codezeile im Bereich zwischen <head> und </head> ein. Die meisten Content-Management-Systeme verfügen über solche Editoren – suchen Sie einfach nach dem entsprechenden Code-Abschnitt und Fügen Sie den Meta-Tag ein. Dies dürfte die einfachste Methode der Überprüfung sein.

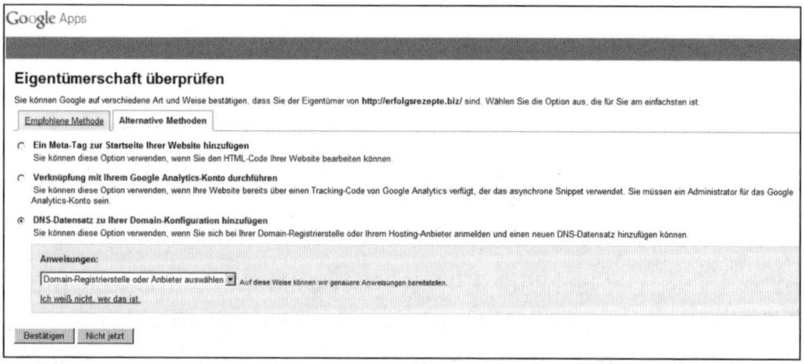

Abbildung 12.16: Domain-Eigentümerschaft mit DNS-Datensatz überprüfen

Wer seine Domain selbst verwaltet, kann die Verifikation auch mittels DNS-Datensatz durchführen. Fügen Sie den Google-

Code in den DNS-Einstellungen als TXT-Eintrag hinzu. Wenn Sie einen bekannten Domainhost verwenden, finden Sie genau passende Anleitungen für Ihren Anbieter im Listenfeld *Anweisungen:*

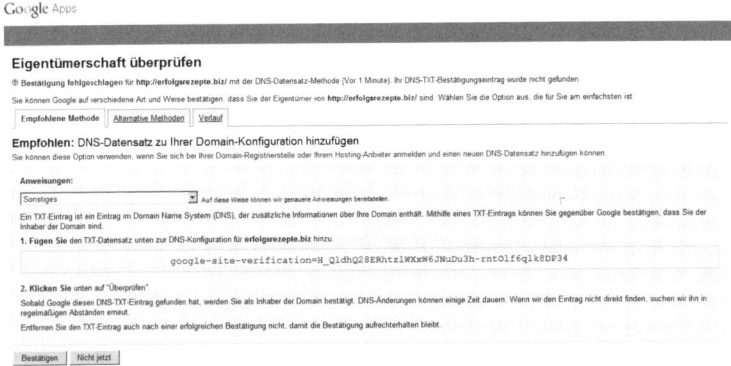

Abbildung 12.17: DNS-Datensatz hinzufügen: Anleitung und Code

Meine Domain *erfolgsrezepte.biz* liegt beim Anbieter InterNetworX. Dort wähle ich sie aus und bearbeite den DNS-Datensatz.

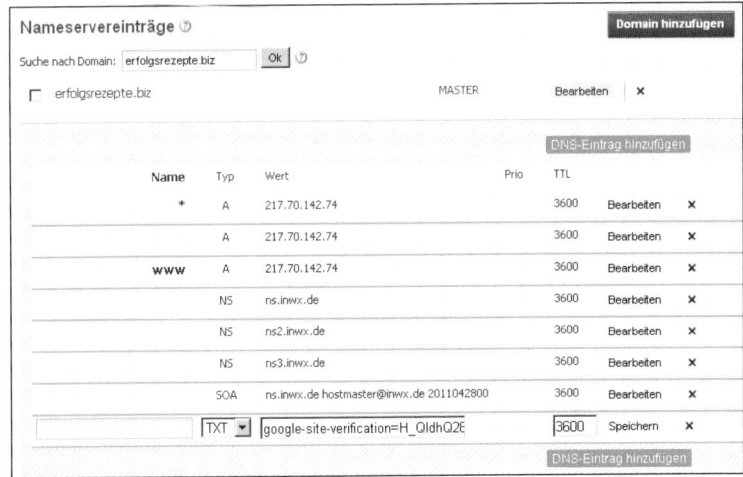

Abbildung 12.18: TXT-Datensatz hinzugefügt

Für die Nutzung der E-Mails ist es ebenfalls erforderlich, den DNS-Datensatz der Domain zu bearbeiten. Google stellt genaue Anleitungen bereit, wie bei der E-Mail-Zustellung vorgegangen wird.

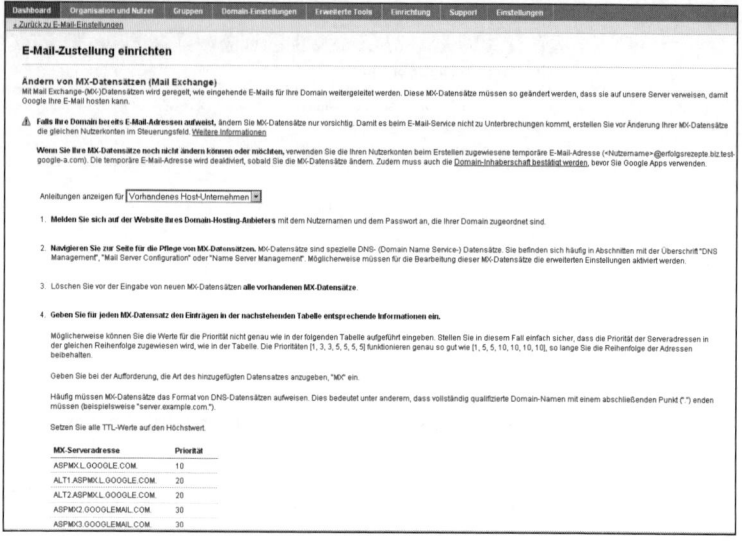

Abbildung 12.19: E-Mail-Zustellung für externe Domain einrichten

Um die E-Mails Ihrer Domain mit Google Apps zu verknüpfen, sind sieben MX-Einträge vorzunehmen. Ist dies erfolgt, wird die E-Mail-Funktion von Google Apps binnen weniger Stunden freigegeben. Nun ist Ihre externe Domain voll in Google Apps integriert.

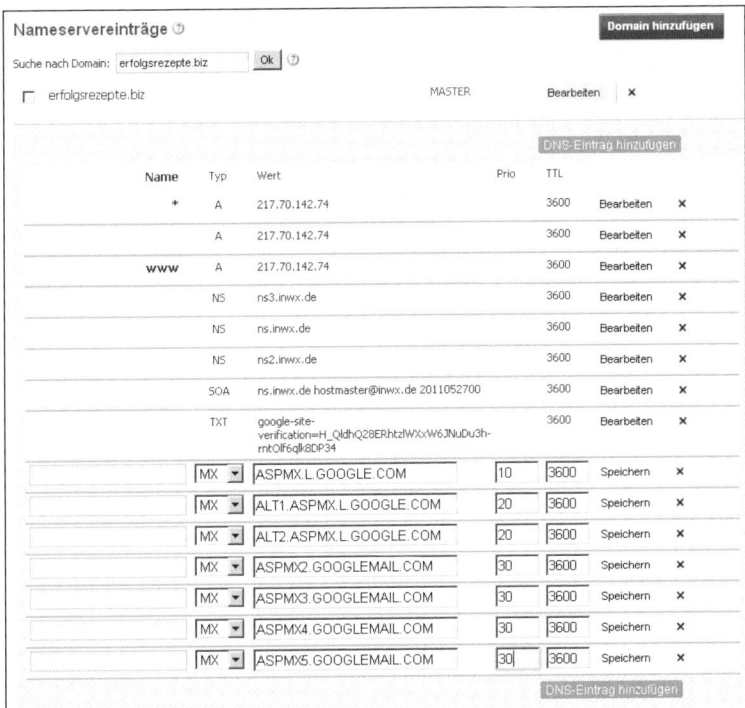

Abbildung 12.20: MX-Einträge gemäß Google-Anleitung hinzugefügt

Index

Bleiben Sie in Kontakt.

www.mitp.de

Hier finden Sie alle unsere Bücher, kostenlose Leseproben
und ergänzendes Material zum Download.

Auf Twitter und Facebook erfahren Sie Neues aus dem Verlag
und zu unseren Produkten.

Folgen Sie uns auf:

www.twitter.com/mitp_verlag

Finden Sie uns auf Facebook:

www.facebook.com/mitp.verlag